“十二五”普通高等教育本科国家级规划教材
普通高等教育“十一五”国家级规划教材

计算机软件技术基础

李　金　编著
刘晓胜　刘　胜　主审

机 械 工 业 出 版 社

本书为“十二五”普通高等教育本科国家级规划教材，也是普通高等教育“十一五”国家级规划教材。本书以软件基础知识为中心，以提高学生的综合素质为宗旨，目的是通过有限的篇幅，使学生掌握开发应用软件所必备的基础知识、方法和技能，建立开发软件系统的总体思路。在内容取材上既注重基础，又吸收了软件技术发展的最新成果，少而精，重点突出，层次性强。

本书的主要内容包括：数据结构的基础知识和应用；计算机系统体系结构的发展和 Windows 编程的核心技术；操作系统的基本原理；软件的定义和特征、软件开发的工程化方法和测试方法；数据库管理技术和常见的数据库系统；新型数据库和数据仓库等软件新技术。

本书配有电子课件，欢迎选用本书作教材的老师登录 www.cmpedu.com 下载。

本书可作为高等院校理工科非计算机专业的教材，也可作为计算机软件设计人员的参考用书。

图书在版编目（CIP）数据

计算机软件技术基础/李金编著.—北京：机械工业出版社，2008.7（2023.1 重印）

普通高等教育“十一五”国家级规划教材

ISBN 978-7-111-24628-2

Ⅰ.计… Ⅱ.李… Ⅲ.软件—高等学校—教材 Ⅳ.TP31

中国版本图书馆 CIP 数据核字（2008）第 103751 号

机械工业出版社（北京市百万庄大街 22 号 邮政编码 100037）
策划编辑：王保家 责任编辑：王雅新 责任校对：张晓蓉
封面设计：王洪流 责任印制：单爱军
北京虎彩文化传播有限公司印刷
2023 年 1 月第 1 版第 5 次印刷
184mm×260mm · 15 印张 · 370 千字
标准书号：ISBN 978-7-111-24628-2
定价：39.80 元

电话服务	网络服务
客服电话：010-88361066	机 工 官 网：www.cmpbook.com
010-88379833	机 工 官 博：weibo.com/cmp1952
010-68326294	金 书 网：www.golden-book.com
封底无防伪标均为盗版	机工教育服务网：www.cmpedu.com

全国高等学校电气工程与自动化系列教材
编 审 委 员 会

序

随着科学技术的不断进步，电气工程与自动化技术正以令人瞩目的发展速度，改变着我国工业的整体面貌。同时，对社会的生产方式、人们的生活方式和思想观念也产生了重大的影响，并在现代化建设中发挥着越来越重要的作用。随着与信息科学、计算机科学和能源科学等相关学科的交叉融合，它正在向智能化、网络化和集成化的方向发展。

教育是培养人才和增强民族创新能力的基础，高等学校作为国家培养人才的主要基地，肩负着教书育人的神圣使命。在实际教学中，根据社会需求，构建具有时代特征、反映最新科技成果的知识体系是每个教育工作者义不容辞的光荣任务。

教书育人，教材先行。机械工业出版社几十年来出版了大量的电气工程与自动化类教材，有些教材十几年、几十年长盛不衰，有着很好的基础。为了适应我国目前高等学校电气工程与自动化类专业人才培养的需要，配合各高等学校的教学改革进程，满足不同类型、不同层次的学校在课程设置上的需求，由中国机械工业教育协会电气工程及自动化学科教育委员会、中国电工技术学会高校工业自动化教育专业委员会、机械工业出版社共同发起成立了“全国高等学校电气工程与自动化系列教材编审委员会”，组织出版新的电气工程与自动化类系列教材。这类教材基于**“加强基础，削枝强干，循序渐进，力求创新”**的原则，通过对传统课程内容的整合、交融和改革，以不同的模块组合来满足各类学校特色办学的需要。并力求做到：

1. 适用性：结合电气工程与自动化类专业的培养目标、专业定位，按技术基础课、专业基础课、专业课和教学实践等环节进行选材组稿。对有的具有特色的教材采取一纲多本的方法。注重课程之间的交叉与衔接，在满足系统性的前提下，尽量减少内容上的重复。

2. 示范性：力求教材中展现的教学理念、知识体系、知识点和实施方案在本领域中具有广泛的辐射性和示范性，代表并引导教学发展的趋势和方向。

3. 创新性：在教材编写中强调与时俱进，对原有的知识体系进行实质性的改革和发展，鼓励教材涵盖新体系、新内容、新技术，注重教学理论创新和实践创新，以适应新形势下的教学规律。

4. 权威性：本系列教材的编委由长期工作在教学第一线的知名教授和学者组成。他们知识渊博，经验丰富。组稿过程严谨细致，对书目确定、主编征集、资料申报和专家评审等都有明确的规范和要求，为确保教材的高质量提供了有力保障。

此套教材的顺利出版，先后得到全国数十所高校相关领导的大力支持和广大骨干教师的积极参与，在此谨表示衷心的感谢，并欢迎广大师生提出宝贵的意见和建议。

此套教材的出版如能在转变教学思想、推动教学改革、更新专业知识体系、创造适应学生个性和多样化发展的学习环境、培养学生的创新能力等方面收到成效，我们将会感到莫大的欣慰。

全国高等学校电气工程与自动化系列教材编审委员会

汪槱生 陈伯时 郑大钟

前　言

本书为普通高等教育“十一五”国家级规划教材。

在当今社会中，计算机技术的发展已经成为各行各业、各种门类科学技术发展的先导。在计算机技术的发展过程中，硬件和软件的发展相互促进，把软件的发展推向了一次又一次的高潮。处于信息技术核心地位的软件技术，在经济发展和社会进步中发挥着越来越大的作用，甚至是不可缺少的。因此，掌握计算机应用技能，成为时代对大学生素质的基本要求。作者在总结近几年来教学实践经验并结合当前教学要求的基础上，编写了本书，全书共分6章。

第1章介绍了数据结构，包括表、栈和队列等基本的线性数据结构，树、图等非线性数据结构，以及递归、排序和查找等基本的程序操作。

第2章介绍了计算机系统体系结构和Windows编程机制，包括客户端/服务器计算机、事件驱动的程序设计、消息循环和处理机制等。

第3章介绍了操作系统，包括操作系统的形成和发展，操作系统的作用与类型，处理器管理，存储管理，设备管理和文件管理等。

第4章介绍了软件工程，包括软件的生命周期，软件开发的工程化方法，软件的测试策略与测试方法，以及软件质量的度量等。

第5章介绍了数据库技术，包括数据库管理技术的发展历程，数据库的安全性、完整性和并发控制，常用数据库系统概述，关系数据库理论基础及关系数据库管理系统的设计等。

第6章介绍了软件新技术，包括Internet与Intranet，多媒体技术，数据库技术与其他学科的有机结合所产生的新一代数据库技术，如分布式数据库、并行数据库、多媒体数据库、面向对象数据库、工程数据库和空间数据库等，以及办公自动化软件等。

各章之间在知识层次上有一定的联系，但在内容上都独立成章，可以根据实际情况安排教学。书中安排的具有可操作性的示例程序均在计算机上调试通过。

本书由哈尔滨工程大学李金教授编写，由哈尔滨工业大学刘晓胜教授和哈尔滨工程大学刘胜教授主审。

本书配有免费电子课件，欢迎选用本书作教材的老师登录www.cmpedu.com下载或发邮件到wbj@cmpbook.com索取。

由于软件技术发展很快，而作者水平有限，书中难免存在疏漏，敬请广大读者和专家批评指正。

编　者

目　　录

序
前言
第1章　数据结构 …… 1
1.1　绪论 …… 1
1.1.1　数据结构产生的背景 …… 1
1.1.2　什么是数据结构 …… 1
1.1.3　数据结构的重要性 …… 2
1.1.4　数据结构的基本概念和术语 …… 3
1.1.5　算法和算法分析 …… 4
1.2　线性数据结构 …… 6
1.2.1　线性表的逻辑结构定义 …… 6
1.2.2　顺序存储的线性表及其运算 …… 6
1.2.3　链式存储的线性表及其运算 …… 22
1.3　递归与非线性数据结构 …… 45
1.3.1　递归 …… 45
1.3.2　树 …… 47
1.3.3　图 …… 55
1.4　内部排序 …… 70
1.4.1　内部排序简介 …… 70
1.4.2　插入排序 …… 71
1.4.3　快速排序 …… 75
1.4.4　堆排序 …… 78
1.4.5　基数排序 …… 82
1.5　查找 …… 86
1.5.1　基本概念 …… 86
1.5.2　线性表查找 …… 86
1.5.3　哈希表查找 …… 91
习题 …… 99
第2章　计算机系统体系结构与Windows编程机制 …… 101
2.1　计算机系统体系结构 …… 101
2.1.1　批处理阶段 …… 101
2.1.2　中心主机远程处理阶段 …… 101
2.1.3　共享资源服务器阶段 …… 102
2.1.4　客户端/服务器阶段 …… 102
2.2　Windows 编程机制 …… 105
2.2.1　面向对象的程序设计 …… 105
2.2.2　控制和对象的概念 …… 106
2.2.3　封装 …… 106
2.2.4　类 …… 106
2.2.5　继承 …… 107
2.2.6　事件驱动的程序设计 …… 107
2.2.7　消息循环和处理机制 …… 108
2.2.8　事务的完整性 …… 108
习题 …… 109
第3章　操作系统 …… 110
3.1　操作系统概述 …… 110
3.1.1　操作系统的地位 …… 110
3.1.2　操作系统的基本概念和术语 …… 111
3.1.3　操作系统的形成和发展 …… 112
3.1.4　操作系统的作用 …… 113
3.1.5　现代操作系统的新特性 …… 114
3.1.6　操作系统的类型 …… 115
3.2　处理器管理 …… 119
3.2.1　作业调度 …… 119
3.2.2　进程调度 …… 120
3.2.3　调度算法 …… 121
3.2.4　交通控制 …… 122
3.3　存储管理 …… 123
3.3.1　实存储器管理技术 …… 124
3.3.2　虚拟存储器管理技术 …… 125
3.4　设备管理 …… 128
3.4.1　外部设备的种类 …… 128
3.4.2　计算机访问外设的方式 …… 128
3.4.3　设备管理的任务 …… 128
3.5　文件管理 …… 129
3.5.1　文件和文件系统 …… 129
3.5.2　文件分类 …… 129
3.5.3　文件系统的功能 …… 130
3.5.4　文件的逻辑组织和物理组织 …… 130
3.5.5　文件目录 …… 130
3.5.6　文件的共享与文件系统的安全性 …… 131
习题 …… 131

第 4 章 软件工程 …… 132
4.1 软件的定义及软件产品的特征 …… 132
4.1.1 软件的定义 …… 132
4.1.2 软件产品的特征 …… 133
4.2 软件危机及软件工程学的形成 …… 134
4.2.1 软件开发技术的发展历程 …… 134
4.2.2 软件危机 …… 134
4.2.3 软件工程学的形成 …… 135
4.2.4 软件工程的定义及基本原则 …… 135
4.3 软件的生命周期 …… 136
4.3.1 问题的定义 …… 136
4.3.2 可行性研究 …… 137
4.3.3 需求分析 …… 137
4.3.4 规格说明书 …… 137
4.3.5 软件设计 …… 137
4.3.6 编码 …… 138
4.3.7 软件测试 …… 138
4.3.8 软件维护 …… 138
4.4 软件开发的工程化方法 …… 139
4.4.1 软件开发的工程化方法简介 …… 139
4.4.2 系统流程图法 …… 140
4.4.3 结构化分析方法 …… 140
4.4.4 结构化设计方法 …… 141
4.4.5 结构化程序设计 …… 142
4.4.6 面向对象的分析方法和面向对象的设计方法 …… 142
4.5 软件的测试策略与测试方法 …… 143
4.5.1 软件的测试策略 …… 143
4.5.2 软件的测试方法 …… 143
4.5.3 白盒测试法 …… 144
4.5.4 黑盒测试法 …… 145
4.6 软件开发工具与开发环境 …… 146
4.6.1 软件开发工具 …… 146
4.6.2 软件开发环境 …… 146
4.7 软件文档 …… 147
4.7.1 系统文挡 …… 147
4.7.2 用户文档 …… 147
4.8 软件质量的度量 …… 148
4.8.1 软件质量 …… 148
4.8.2 软件质量的度量标准 …… 148
4.8.3 软件质量保证 …… 149
习题 …… 149
第 5 章 数据库技术 …… 150
5.1 数据库技术的重要性 …… 150
5.2 数据库技术的基本概念 …… 150
5.2.1 信息 …… 150
5.2.2 数据 …… 151
5.2.3 信息与数据的关系 …… 151
5.2.4 数据处理 …… 151
5.2.5 数据管理 …… 151
5.3 数据库管理技术的发展历程 …… 151
5.3.1 人工管理阶段 …… 152
5.3.2 文件系统阶段 …… 153
5.3.3 数据库系统阶段 …… 153
5.4 数据库管理系统 …… 156
5.5 数据库的安全与保护 …… 156
5.5.1 安全性 …… 156
5.5.2 完整性 …… 158
5.5.3 并发控制 …… 159
5.5.4 数据库的恢复 …… 161
5.6 数据模型及数据库的基本类型 …… 162
5.6.1 什么是数据模型 …… 162
5.6.2 常见数据模型 …… 162
5.6.3 数据库的基本类型 …… 163
5.7 常用数据库系统概述 …… 164
5.7.1 FoxPro …… 164
5.7.2 Visual FoxPro …… 164
5.7.3 SQL …… 166
5.7.4 Oracle …… 167
5.7.5 SYBASE …… 168
5.7.6 PowerBuilder …… 169
5.8 关系数据库理论基础及关系数据库管理系统 FoxPro …… 172
5.8.1 关系数据库理论基础 …… 172
5.8.2 关系数据库管理系统 FoxPro …… 174
习题 …… 200
第 6 章 软件新技术 …… 201
6.1 Internet 与 Intranet …… 201
6.1.1 Internet 简介 …… 201
6.1.2 Internet 的地址 …… 202
6.1.3 Internet 的域名服务 …… 203
6.1.4 超文本和超媒体 …… 203
6.1.5 什么是 WWW …… 204
6.1.6 Intranet 简介 …… 204
6.2 多媒体技术 …… 204
6.2.1 多媒体技术与多媒体计算机 …… 204

6.2.2　多媒体技术的特点 …………………… 205
6.2.3　多媒体技术中的关键问题 ……… 205
6.2.4　多媒体计算机的应用 …………… 206
6.3　数据库研究和应用的新领域 ………… 207
6.3.1　数据库技术研究的新特点 ……… 207
6.3.2　分布式数据库 …………………… 207
6.3.3　并行数据库 ……………………… 210
6.3.4　多媒体数据库 …………………… 212
6.3.5　面向对象数据库 ………………… 213
6.3.6　对象—关系数据库 ……………… 214
6.3.7　工程数据库 ……………………… 215
6.3.8　空间数据库 ……………………… 216
6.4　数据仓库 ……………………………… 217
6.4.1　什么是数据仓库 ………………… 217
6.4.2　操作型数据与分析型数据的区别 ……………………………… 217
6.4.3　数据仓库与数据库的区别 ……… 218
6.4.4　统计分析软件包 SAS …………… 219
6.5　办公自动化 …………………………… 221
6.5.1　群件的概念 ……………………… 221
6.5.2　什么是 Lotus Notes …………… 221
6.5.3　Lotus Notes 的主要特点 ……… 221
6.6　程序设计语言 ………………………… 222
6.6.1　程序设计语言的发展 …………… 222
6.6.2　Visual Basic …………………… 223
6.6.3　Visual C ++ …………………… 223
6.6.4　BORLAND C ++ ……………… 224
6.6.5　MATLAB ………………………… 224
6.6.6　Java ……………………………… 225
6.6.7　Delphi …………………………… 226
习题 ………………………………………… 226
参考文献 …………………………………… 228

第1章 数据结构

1.1 绪论

1.1.1 数据结构产生的背景

计算机科学和软件工程的迅速发展使计算机的应用已渗透到各个领域，有效地解决了数值计算的各种问题。

但是，解决数值计算问题的许多理论、方法和技术一般不适用于解决诸如数据的分类与查找、情报检索、数据库、企业管理、系统工程、图形图像处理、人工智能及日常生活等领域的非数值处理问题。计算机若要有效地处理这些非数值问题，就需要探索新的方法和技术。“数据结构”就是为研究和解决这些非数值问题而提出的理论和方法，是解决这些问题的重要基础知识。

1.1.2 什么是数据结构

从提出一个实际问题到计算机计算出答案需要经过下列步骤：

1）从实际问题中抽取出数学模型。

2）设计相应的算法。

3）编程序、调试并求解。

抽取数学模型，就是提取操作的对象及这些操作对象之间的关系。但并不是所有的实际问题都能用抽取数学模型的方法，来看下面的3个例子。

例1.1 学生入学情况简表（见表1.1）。

这是一张二维表，其中每行均是一名学生的有关情况。要查找某人的情况只能用顺序检索的方法，这显然不是一个好方法。

表1.1 学生入学情况简表

准考证号	姓名	性别	年龄	总分	来自何地

例1.2 学校组织体系（见图1.1）。

在这种情况下，各数据元素之间的逻辑关系不是线性的，所以应采用树形结构分级管理。

要查找某位教师，即可顺着“系—教研室—个人”的顺序往下查找，显然，这种结构便于检索。

例1.3 部分城市公路交通网（见图1.2）。

因为任意两个城市之间都可能有公路相通，所以，这是一种比树形结构更复杂的数据结构，称其为图结构。

从上面的例子可以看出，描述这类问题的数学模型不再是数值方程，而是诸如表、树、

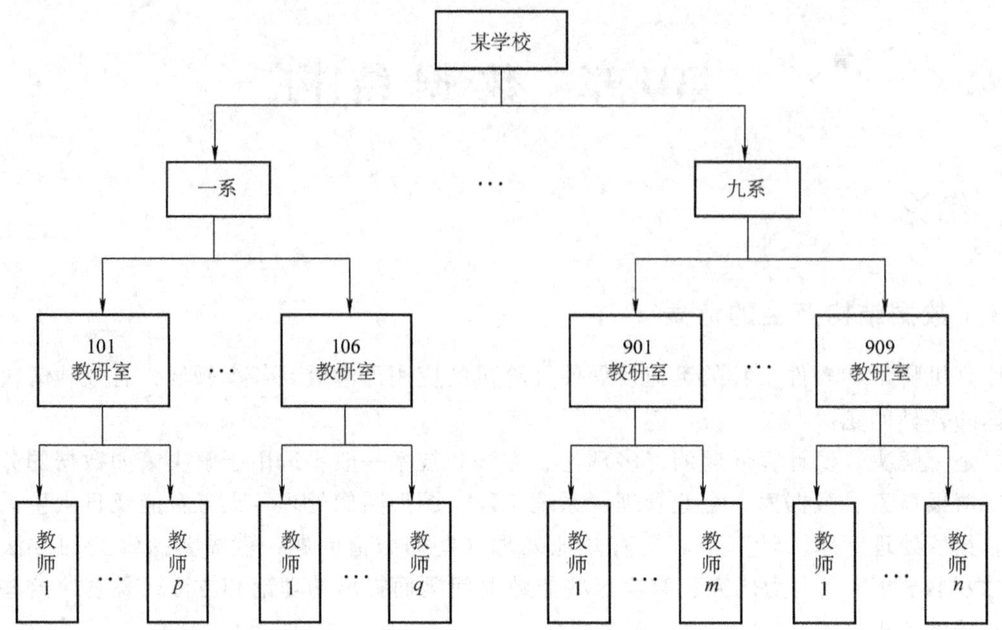

图 1.1 学校组织体系示意图

图等非数值处理的数据结构及其运算。对数据进行不同的组织，便可以形成不同的结构。

因此，简单地说，数据结构是一门研究非数值应用型程序设计中的对象，以及它们之间的关系和运算等的学科，即研究数据的逻辑结构、物理结构，适合这些结构的运算方法，以及各种结构在计算机科学中的应用等问题。

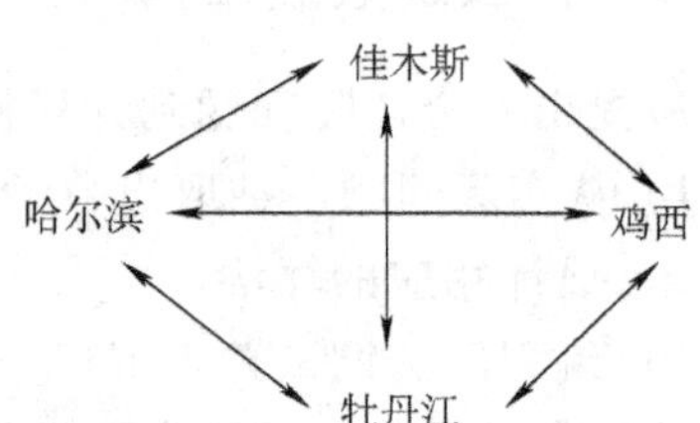

图 1.2 部分城市公路交通网

1.1.3 数据结构的重要性

程序设计语言大体可以分成两类。一类以程序为中心，这种语言侧重于建立程序。程序是在简单的数据结构上进行复杂的运算，适用于数值计算问题。

另一类以数据为中心，它把数据结构作为问题的中心部分（如数据库），而程序则围绕数据结构进行加工。它有时查询，有时对数据进行修改。这类系统要求采用复杂的数据结构来描述系统的状态。

可以说，程序设计中以数据为中心的语言对数据结构的发展起到了积极的推动作用。

近几十年来，由于社会生产力的高速发展、新技术的不断涌现和信息量的急剧膨胀，迫使人们对信息的处理和数据的利用实行自动化、网络化和社会化。

计算机在企业的管理工作中发挥了巨大的作用，如情报检索、企业管理、数据处理、数据库、网络通信和人工智能等。在这些领域中，数据结构是重要的基础和有效的手段。

计算机所处理的信息决不是杂乱无章的数据堆积，而是存在着内在联系的。只有分析清楚它们之间的内在联系并采取适当的结构，才能对数据进行行之有效的处理。因此，单纯依靠程序设计人员的经验和技巧已不能编制出高效率的处理程序，必须对程序的设计方法进行系统的研究。这不仅涉及到程序的结构和算法，也包含了研究程序加工的对象——数据的结构。也就是说，为解决给定的问题而设计的程序，其有效性、清晰性和复杂性与程序中用到的数据的组织形式，即其数据结构有着密切的联系。

应该指出的是，算法和数据结构之间存在着本质的联系。因为研究某种类型的数据结构时总要讨论加于这种数据结构之上的运算（如插入、删除等），只有通过某种算法实现这些运算，数据结构才能体现出它的意义和作用；反之，当研究某种算法时也要考虑该算法处理对象所采取的数据结构。

数据结构的研究不仅涉及到计算机硬件（特别是编码理论、存储器和存取方法等）的研究范围，而且与计算机软件的研究有着更密切的联系。另外，在研究信息检索时也必须考虑如何组织数据。因此，可以认为数据结构是介于数学、计算机硬件和计算机软件三者之间的一门核心课程，如图 1.3 所示。

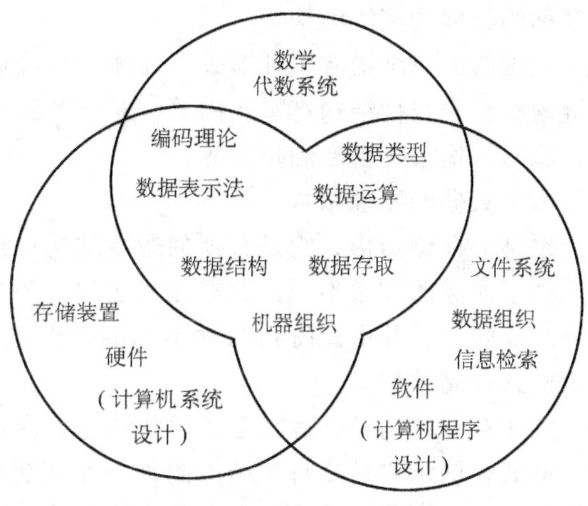

图 1.3 数据结构的地位

数据结构不仅是一般程序设计（特别是非数值应用型程序设计）的基础，而且是设计和实现编译程序、操作系统，以及其他系统程序和大型应用程序的重要基础。

近年来，数据库和人工智能的发展大大促进了数据结构的研究，但对非计算机专业的学生来说，数据结构主要侧重于实践和应用。本章列举了许多应用实例并附有上机调试通过的程序，以帮助理解和应用。

1.1.4 数据结构的基本概念和术语

1. 数据

数据是描述客观事物的数字、字符，以及所有能输入到计算机中，并被计算机程序处理的符号的集合。例如，计算所用的数据是数字，事务处理所用的数据可能既有数字也有字符，编译程序所使用的数据则是程序员编写的源程序。因此，对计算机来说，数据的含义极为广泛，如图形、图像和声音等都属于数据的范畴。

2. 数据项

数据项是数据的最小单位，是不可再分的。例如，表 1.1 中每一行的每一项如准考证号、姓名等均为数据项。

3. 数据元素

数据元素是数据的基本单位，即数据集合中的一个个体。一个数据元素可由若干个数据项组成。例如，表 1.1 中每一行为一个数据元素，它由准考证号、姓名等数据项组成。

4. 数据对象

数据对象是性质相同的数据元素的集合。例如，表 1.1 就是一个数据对象，它由每一个学生的情况组成。又如，整数的集合 N = {0, ±1, ±2, …}；一周 7 天的集合 Date =

{Sunday，Monday，…，Saturday}。N 和 Date 都是数据对象，而其中的单个项：0，±1 或 Sunday，Monday 等都是数据元素，这种情况下数据元素由单个数据项组成。

5. 数据结构

通常数据对象中的元素不是孤立的，而是彼此之间存在着某种联系，数据元素相互之间的这种关系称为数据结构。

（1）数据的逻辑结构

用计算机处理数据时，首先应该研究数据元素之间的相互关系，选用一个合适的结构将这些数据组织起来，以便于提高程序编制的质量和计算机运行的效率。数据元素之间的逻辑关系称为数据的逻辑结构。

数据的逻辑结构有多种形式，大体上分线性和非线性两种。线性结构有表、堆栈、队列和链表等；非线性结构有树和图等。对于各种逻辑结构要定义相应的运算，常见的运算有插入、删除、检索、更新和排序等。

（2）数据的物理结构

也称为存储结构，它是数据的逻辑结构在计算机中的映像（或表示）。

由于映像的方法不同，数据元素之间的关系在计算机中有两种不同的表示，即顺序映像和非顺序映像，并由此得到两种不同的存储结构，即顺序存储结构和非顺序存储结构（也称为链式存储结构）。

顺序存储结构是把逻辑上相邻的结点存储在物理上相邻的存储单元上。

链式存储结构是给每个结点附加一个指针域，用于存储其后继结点的地址（即指针），由指针把各数据元素链接起来，故指针也就是链。后继结点可以是一个也可以是多个，也就是说链可以是单链，也可以是多链，随数据的逻辑结构而定。在链式存储结构中，由于有了指针，物理结构不一定与该数据的逻辑结构相同。

任何一个算法在编制程序之前首先要选择合适的存储结构，另一方面，同一运算在不同的存储结构中实现的方法不同。

对程序设计而言，数据的逻辑结构和物理结构是紧密相连的两个方面，因此，在有些数据结构的书中并不严格区分它们。

1.1.5 算法和算法分析

1. 算法

算法（Algorithm）是对特定问题求解步骤的一种描述，它是指令的有限序列，其中每一条指令表示一个或多个操作。

算法具有有穷性、确定性、可行性、输入和输出等特性。

2. 算法语言的说明

由于研究数据结构的目的是为了更好地进行程序设计，所以本章在讲解各种数据结构的基本运算的算法时都给出了用 Turbo C 实现的程序。

C 语言是一种结构化的语言，便于进行模块化程序设计，它在处理非数值型数据方面有较强的功能，并且，其数据类型丰富，特别是指针型变量在处理非线性的数据结构（如树、图等）方面和链式存储结构都很方便。

3. 评定良好算法的标准

前面已经讲过，研究数据结构的目的是为了更好地组织数据，寻求合理的存储结构和算法。因而，评定一个良好算法的标准是：

1）正确性（Correctness），即设计或选择的算法应当能正确地反映某种需求。

2）可读性（Readablity），即结构清晰，难懂的程序易于隐藏较多的错误而难于调试和修改。

3）健壮性（Robustness），即当输入数据非法时，算法也能适当地做出反应或进行处理，而不会产生莫名其妙的输出结果。

4）效率（Efficiency），即应考虑依据算法编制成的程序在计算机中运行时所耗费的时间。

程序在计算机上运行时所耗费的时间取决于下列因素：

① 程序运行时所需输入的数据总量，即问题的规模；

② 计算机执行每条指令所需的时间；

③ 程序中的指令重复执行的次数。

前两条依赖于计算机的软、硬件资源，如果计算机可以进行脱机输入，则输入数据的时间可以忽略不计。因此，习惯上常常把语句重复执行的次数，即语句的频度（Frequency Count），作为算法的时间量度。

下面举例说明如何通过判定程序段中重复执行次数最多的语句的频度来估算算法的时间复杂度，记作 $T(n)$，n 为问题的规模。

```
① x = x + 1;                                        1
② FOR (i = 1; i < = n; i ++) x = x + 1;            n
③ FOR (i = 1; i < = n; i ++)
        FOR (j = 1; j < = n; j ++) x = x + 1。      n^2
```

其中，语句的频度如上右列所示。

引入记号“O”，$O(n^2)$ 则表示当 n 较大时，该程序的运行时间和 n^2 成正比，或者说 $T(n)$ 的数量级和 n^2 的数量级相同。

因此，上述 3 个程序段的时间复杂度分别为 $O(1)$、$O(n)$ 和 $O(n^2)$，分别称为常量阶、线性阶和平方阶。此外，还可以有指数阶 $O(2^n)$ 的算法等。显然，人们并不希望用指数阶的算法。

对于较复杂的算法，可以将它分隔成容易估算的几个部分，然后利用“O”的求和法则，得到整个算法的时间复杂度。

例如，若算法的两个部分的时间复杂度分别为 $T_1(n) = O(f(n))$，$T_2(n) = O(g(n))$，而这两部分之间的关系又是平行的，则总的时间复杂度为 $T(n) = T_1(n) + T_2(n) = O(\max f(n), g(n))$。

然而，很多程序的运行时间不仅依赖于问题的规模，而且，随着处理的数据集的不同而不同。

例如，有的排序算法对某些原始数据（如由小到大排序的原始数据），其 $T(n) = O(n)$；而对另一些数据，则 $T(n) = O(n^2)$。对这类算法，除特别指明外，均依据各种可能出现的数据集中最坏的情况，来估算算法的时间复杂度。

5）算法的存储空间需求。类似于算法的时间复杂度，以空间复杂度作为算法所需存储空间的度量，即在计算机中所占存储量的大小，记作

$$S(n) = O(f(n)) \tag{1.1}$$

本教材仅对给定算法的时间复杂度做了简单的讨论。

1.2 线性数据结构

在计算机科学与应用中，数据是加工处理的主要对象，但数据并不都是作为单个的数据项来处理的。要提高计算机处理数据的效率，就必须研究数据与数据之间的组织结构以及数据在计算机内的存储形式。根据不同的组合形式，数据之间的关系可分为线性和非线性两种。数据之间的线性关系又称为表，而非线性关系又称为树、图等。

这一节主要介绍线性数据结构。

1.2.1 线性表的逻辑结构定义

在实际问题的处理过程中，经常遇到有先后顺序的数据结构，称为线性表（Linear List)，它是应用最广泛且最简单的一种数据结构。

按照表中数据元素（也称为结点）在计算机内的不同存储形式，可分为线性表和链接表；按照数据元素在表中的存取方式来分，可有链、栈和队列等形式。

一个线性表可以抽象地写成

$$(a_1, a_2, \cdots, a_{i-1}, a_i, a_{i+1}, \cdots, a_n)$$

它是 n 个（$n \geqslant 0$）数据元素的有限序列，其中的数据元素取自某个与具体应用问题有关的集合，它可以是一个数、一个符号或其他更复杂的信息。

线性表中数据元素的个数 n 定义为线性表的长度，当 $n=0$ 时，称为空表。

例如，英文大写字母表

$$(A, B, \cdots, Z)$$

是一个按字母顺序排列的线性表，共有 26 个数据元素。表中的数据元素由单个数据项——字母组成。

在稍复杂的线性表中，一个数据元素可以由若干个数据项组成，通常把这种情况下的数据元素称为记录，把含有大量记录的线性表称为文件。例如，表 1.1 构成一个文件，表中每个学生的情况就是一个记录（数据元素），每条记录由“准考证号”、“姓名”、“性别”、“年龄”、“总分”和“来自何地”这几个数据项构成。

虽然线性表中的数据元素可根据实际意义的不同而不同，但同一线性表中的元素必定具有相同的特性，因此属于同一数据对象。

在线性表中，a_1 是第一个数据元素，a_n 是最后一个元素；a_{i-1} 领先于 a_i，称 a_{i-1} 是 a_i 的直接前趋元素，a_i 是 a_{i-1} 的直接后继元素。当 $i=1, 2, \cdots, n-1$ 时，a_i 有且仅有一个直接后继元素 a_{i+1}；当 $i=2, 3, \cdots, n$ 时，a_i 有且仅有一个直接前趋元素 a_{i-1}。换句话说，a_1 没有直接前趋元素，a_n 没有直接后继元素。因此，线性表是一个线性的结构。

1.2.2 顺序存储的线性表及其运算

1. 一般的线性表

线性表在计算机内的存储方式（即线性表的物理结构）可以是顺序的和非顺序的两种。

首先介绍线性表的顺序存储结构。

线性表的顺序存储结构是用一组地址连续的存储单元按照线性表的逻辑顺序来存放数据元素的。

线性表中每个数据元素所占的位数（即结点的长度）必须是相等的。假设每个数据元素占用 c 个存储单元，并以其所占的第一个单元的存储地址作为该数据元素的存储位置，则线性表中第 $i+1$ 个数据元素的存储位置 $Loc(a_{i+1})$ 与第 i 个数据元素的存储位置 $Loc(a_i)$ 之间满足下列关系。

$$Loc(a_{i+1}) = Loc(a_i) + c \tag{1.2}$$

一般来说，线性表的第 i 个元素 a_i 的存储位置为

$$Loc(a_i) = Loc(a_1) + (i-1) \times c \tag{1.3}$$

式中，$Loc(a_1)$ 是线性表的第一个数据元素 a_1 的存储位置，通常称作线性表的起始位置或基地址。

根据上述函数把线性表中的每个元素映射成为内存的实际地址的方法称为顺序分配或顺序映像，其特点是以元素在计算机内物理位置上的紧邻来表示线性表中数据元素之间相邻的逻辑关系，如图 1.4 所示，其中 *base* 代表 $Loc(a_1)$。

存储地址	数据元素内容	数据元素的下标
$base$	a_1	1
$base+c$	a_2	2
…	…	…
$base+(i-1)\times c$	a_i	i
…	…	…
$base+(n-1)\times c$	a_n	n
$base+n\times c$	…	空闲
…	…	
$base+(maxlen-1)\times c$	…	

图 1.4　线性表的顺序分配示意图

因为数据元素之间的关系是线性的，故寻址函数也是线性的。任给一个 i，根据式（1.3）即可很快算出 $Loc(a_i)$。

由此，只要确定了线性表的起始位置，线性表中任一数据元素都可随机存取，所以线性表的顺序存储结构是一种随机存取的存储结构。

由于程序设计语言中的一维数组（向量）在机内的表示也是顺序的映像，因此，可以

借用一维数组（向量）这种数据类型来描述线性表的顺序存储结构。

```
# define maxlen n
int data [maxlen + 1];
```

在上述描述中，线性表的顺序存储结构是一个一维数组的结构，其中 n 表示线性表可能的最大长度；data [1] ~data [maxlen] 描述了线性表中的数据元素占用的向量空间，向量的第 i 个分量为线性表中第 i 个数据元素的存储映像；data [0] 指示数据元素的实际个数。

因此，数据元素的存储位置可以用向量的下标值（即相对于线性表的起始位置的值）来表示。

下面着重讨论顺序存储线性表的几种常见运算。这里需要说明的是，为方便起见，在线性表的操作中，仅对结点的一个数据项即关键字进行操作，但需注意，结点的其他数据项实质上是存在的。

1）求某时刻线性表的实际结点数。data [0] 存储着线性表的实际长度。需要时，只要打印该数据项即可。当增加或删除数据元素时，data [0] 需要动态变化，它始终记载着线性表的实际结点的个数。

2）按关键字的值（x）检索线性表中的某结点。方法是从第一个元素开始，逐个和 x 比较直到找到或扫遍线性表也没找到时为止，程序如下：

```
int search(x,v)
/* 在线性表 v 中查找值为 x 的数据元素 ai,若存在,则返回函数值 i;否则返回函数值为 0 */
  int x;
  int v[maxlen+1];
  { int i,no;
    no=0;
    i=1;
    while (i<=v[0])
          {if (v[i]!=x)   i=i+1;
           else { no=i; i=v[0]+1; } /* 找到元素 ai */
          }
    return(no);
  }
```

此算法的执行时间与待查元素在表中的位置有关。

若表中存在值为 x 的元素 a_i，则 while 循环仅执行 i（1≤i≤data [0]）次；若不存在值为 x 的元素 a_i，则 while 循环执行 data [0] 次。因此，对长度为 n 的线性表，算法 search 的时间复杂度为 $O(n)$。

3）在第 i 个位置插入一个新结点。在第 i 个结点之前插入一个结点，是将长度为 n 的线性表

$$(a_1,\ a_2,\ \cdots,\ a_{i-1},\ a_i,\ \cdots,\ a_n)$$

变成长度为 $n+1$ 的线性表

$$(a_1,\ a_2,\ \cdots,\ a_{i-1},\ b,\ a_i,\ \cdots,\ a_n)$$

数据元素 a_{i-1} 和 a_i 之间的逻辑关系发生了变化。在线性表的顺序存储结构中，由于逻辑上相邻的数据元素在物理位置上也是相邻的，因此，需将第 n 至第 i（共 $n-i+1$）个元素向后移动一个位置。

图 1.5 表示线性表在进行插入运算前后，其数据元素在向量空间中的位置变化。

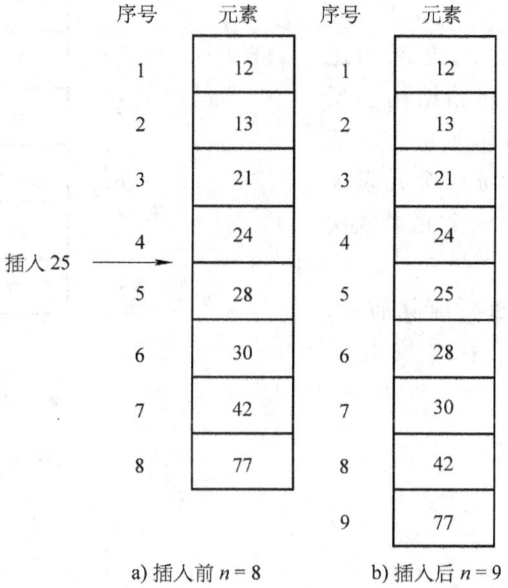

序号	元素
1	12
2	13
3	21
4	24
5	28
6	30
7	42
8	77

插入 25 →

a) 插入前 $n=8$

序号	元素
1	12
2	13
3	21
4	24
5	25
6	28
7	30
8	42
9	77

b) 插入后 $n=9$

图 1.5　线性表插入前后的状况

插入运算程序如下：

```
void insqlist(x,i,v)
  int x,i;
  int v[maxlen+1];
  {     int j;
        if (v[0]==maxlen)   printf("溢出!");
        else
          {if ((i<1) || (i>v[0]))   printf("%d 是一个不正确的插入号码\n",i);
           else {
                 for (j=v[0];j>=i;j--)
                     v[j+1]=v[j];
                 v[i]=x;
                 v[0]=v[0]+1;
                 }
          }
  }
```

4）删除线性表中的第 i 个结点。

线性表的删除运算是使长度为 n 的线性表

$(a_1, \cdots, a_{i-1}, a_i, a_{i+1}, \cdots, a_n)$

变成长度为 $n-1$ 的线性表

$(a_1, \cdots, a_{i-1}, a_{i+1}, \cdots, a_n)$

数据元素 a_{i-1}，a_i 和 a_{i+1} 之间的逻辑关系发生变化。为了在存储结构上反映这个变化，同样需要移动元素。一般情况下，删除第 i（$1 \leqslant i \leqslant n$）个元素需将第 $i+1$ 至第 n（共 $n-i$）个元素依次向前移动一个位置。

图 1.6 表示线性表在进行删除前后，其数据元素在向量空间中的位置变化。

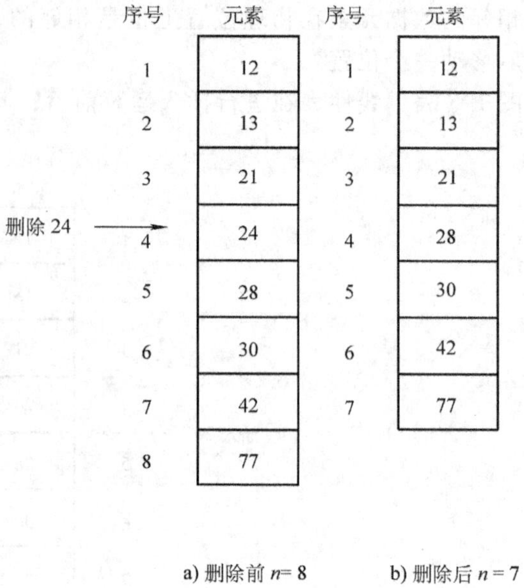

序号	元素
1	12
2	13
3	21
4	24
5	28
6	30
7	42
8	77

删除 24 →（序号 4）

a) 删除前 $n=8$

序号	元素
1	12
2	13
3	21
4	28
5	30
6	42
7	77

b) 删除后 $n=7$

图 1.6 线性表删除前后的状况

```
void delsqlist (i, v)
 int i;
 int v [maxlen+1];
 { int j;
   if (v [0] <1)    printf (" 下溢!");
   else {
         if (i<1 || i>v [0])
               printf ("% d 是一个不正确的删除号码 \ n", i);
         else {
                  for (j=i; j<v [0]; j++)
                     v [j] =v [j+1];
                  v [0] =v [0] -1;
              }
        }
 }
```

例 1.4 实现顺序存储线性表的查找、插入和删除功能的主程序。

```
# include "dos.h"
# include "bios.h"
# define maxlen 5
int find;
int data[maxlen+1];  /* 数据范围:1 ~ maxlen; 实际个数:data[0] */
int search(x,v);
void insqlist(x,i,v);
void delsqlist(i,v);
```

```
main( )
  { int i,x,last;
    printf(" 请输入数据:\n");
    for (i=1;i<=maxlen;i++)
          scanf("%d",&data[i]);
    for (i=1;i<=maxlen;i++)
          printf("%d|",data[i]);
    printf("\n");
    data[0]=maxlen;
    x=3;
    find=search(x,data);
    printf("%d 的下标为 %d\n",x,find);
    x=8;
    i=3;
    insqlist(x,i,data);
    for (i=1;i<=data[0];i++)
            printf("%d*",data[i]);
    printf("\n");
    i=3;
    delsqlist(i,data);
    for (i=1;i<=data[0];i++)
            printf("%d ",data[i]);
    printf("\n");
    x=9;
    i=3;
    insqlist(x,i,data);
    for (i=1;i<=data[0];i++)
            printf("%d-",data[i]);
    printf("\n");
}
```

运行结果如下(注:带下画线的数据表示是输入的,以下相同):

```
请输入数据:23 4 12 6 8
23|4|12|6|8|
3 的下标为 0
溢出! 23*4*12*6*8*
23 4 6 8
23-4-9-6-8-
```

从插入和删除两个算法可以看出,当在顺序存储结构的线性表中的某个位置上插入或删除一个数据元素时,其时间主要耗费在移动元素上,而移动元素的个数取决于插入或删除元素的位置。

假设 p_i 是在第 i 个位置插入一个元素的概率，则在实际个数为 n 的线性表中插入一个元素时所需移动元素次数的期望值(平均次数)为

$$E_{in} = \sum_{i=1}^{n} p_i \times (n - i + 1) \tag{1.4}$$

假设 q_i 是删除第 i 个元素的概率，则在长度为 n 的线性表中删除一个元素时所需移动元素次数的期望值(平均次数)为

$$E_{de} = \sum_{i=1}^{n} q_i \times (n - i) \tag{1.5}$$

不失一般性，假设在线性表的任何位置上插入或删除元素是等概率的，即

$$p_i = \frac{1}{n+1} \qquad q_i = \frac{1}{n}$$

则有

$$E_{in} = \sum_{i=1}^{n} \frac{1}{n+1} \times (n - i + 1) = \frac{1}{n+1}\left[\sum_{i=1}^{n}(n+1) - \sum_{i=1}^{n} i\right]$$

$$= \frac{1}{n+1}\left[(n+1) \times n - \frac{n(n+1)}{2}\right] = \frac{n}{2} \tag{1.6}$$

$$E_{de} = \sum_{i=1}^{n} \frac{1}{n} \times (n - i) = \frac{1}{n}\left[\sum_{i=1}^{n} n - \sum_{i=1}^{n} i\right]$$

$$= \frac{1}{n}\left[n \times n - \frac{n(n+1)}{2}\right] = n - \frac{n+1}{2} = \frac{n-1}{2} \tag{1.7}$$

由式（1.6）和式（1.7）可以看出，在顺序存储结构的线性表中插入或删除一个数据元素，平均需移动表中一半元素。若表的长度为 n，则算法 insqlist 和 delsqlist 的时间复杂度均为$O(n)$。

5）检索线性表中的第 i 个结点。

6）修改线性表中的第 i 个结点的数据。

7）打印第 i 个结点的值，或打印 i 的前趋结点或后继结点的值。参考上面的程序，完成算法 5） ~7）是比较容易的。

8）将两个或两个以上的线性表合并成一个线性表。这个作为习题，待学完本节后由读者自己完成。

9）将线性表中的结点重新排序。这个问题将在 1.4 节中详细介绍。

2. 堆栈

从逻辑结构上看，堆栈（简称栈）是一种特殊的线性表，其特殊性在于它的基本运算是线性表运算的子集，是运算受限的线性表。因此，也称为限定性的数据结构。

因为栈是一种应用非常广泛的简单的数据结构，它在递归等应用中起着重要的作用，所以有必要单独提出来进行讨论。

(1) 栈的定义

栈（Stack）是只能在表的一端——表尾进行插入和删除运算的线性表，表尾也称作栈顶（Top），表头也称为栈底（Bottom）。当表中没有元素时称为空栈。

若给定栈 $s=(a_1,a_2,\cdots,a_i,\cdots,a_n)$，称 a_1 是栈底的元素，a_n 是栈顶的元素，表中元素按 $a_1,a_2,\cdots,a_i,\cdots,a_n$ 的顺序进栈，退栈的第一个元素是栈顶的元素 a_n。也就是说，栈的修改是按后进先出的原则进行的，所以，有时称栈为后进先出表（简称 LIFO 表），如图 1.7 所示。

栈在日常生活中随处可见，例如在食堂把洗净的盘子堆成一摞，通常最后洗完的盘子反而最先被使用。

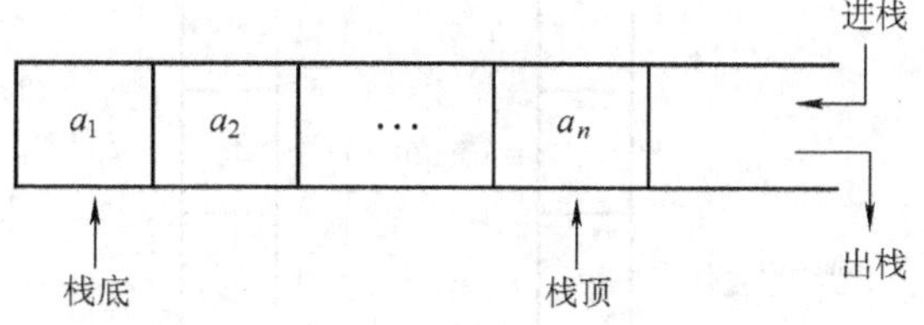

图 1.7 栈的示意图

又假定有一个问题 P，它的解决依赖于两个子问题 A 和 E 的解决；而子问题 A 的解决又依赖于问题 B 和 C 的解决；问题 C 的解决又依赖于问题 D 的解决。图 1.8 指出问题的组成和解决问题的步骤。其中，指向一个问题的箭头表示现在开始解决这个问题，或者说该问题进栈；从问题指出的箭头表示该问题已经解决，或者说该问题出栈。数字 1 ~ 12 表示解决问题的先后顺序。

(2) 栈的顺序存储结构

既然栈也是线性表，所以线性表的存储结构对栈也适用。

栈的顺序存储可用一维数组，用一个指针指示栈顶的位置。设栈的最大容量为 maxsize，则在 C 语言中可以这样来描述一个顺序存储结构的栈：

```
#define maxsize 10
int data[maxsize+1];
int *top,k,d,num,x;
```

其中，maxsize 是栈可能达到的最大容量；data[0]为栈顶指针，在元素尚未进栈(即栈空)时置 data[0]为 0；data[1]表示第一个进栈的元素；data[i]表示第 i 个进栈的元素；data[data[0]]表示栈顶元素。

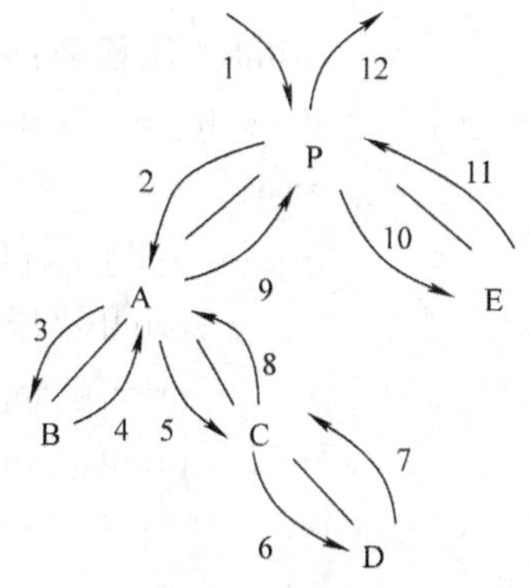

图 1.8 问题 P 的解决步骤

当 data[0] = maxsize 时，表示栈满，如果再有元素进入时，则栈要溢出，这时称为“上溢”(Overflow)；当 data[0] = 0(即栈空)时再作退栈运算，就要发生“下溢”(Underflow)。

图 1.9 给出了栈中元素和栈顶指针之间的关系。

(3) 栈的基本运算

1) 把一个给定的元素 x 压入栈内。这一过程称为进栈(Push)，它是在栈顶位置加入一个新数据项，程序如下：

```
void push_stack(x,s)
    /* 在栈顶插入数据 */
  int x;
  int s[maxsize+1];
  {
```

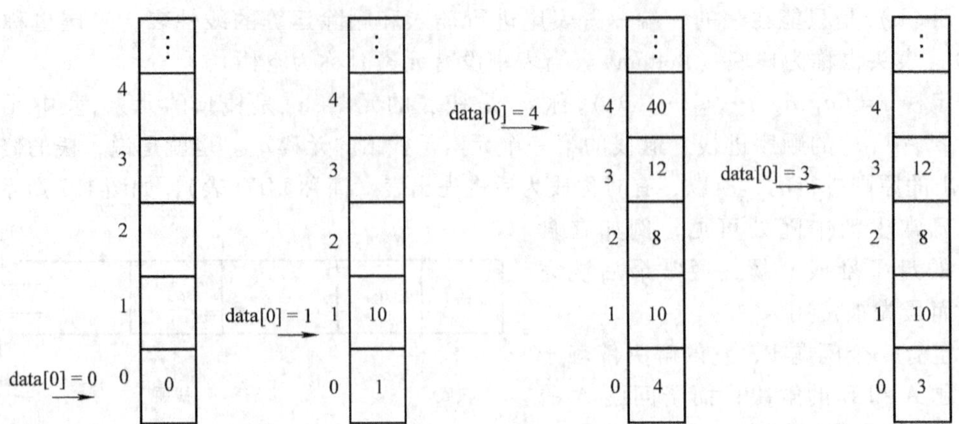

图 1.9 栈中元素和栈顶指针之间的关系

```
        printf("压栈前:  top = %d           x = %d\n", s[0], x);
        if (s[0] = =maxsize) printf("OVERFLOW\n");
        else
            {   s[0] = s[0] + 1;   s[s[0]] = x;
                printf("压栈后:");
                printf("top = %d   s[top] = %d\n", s[0], s[s[0]]);
                printf("\n");
            }
    }
```

2）弹出栈顶的元素。这一过程称为出栈(Pop)，它是从栈顶取出一个数据项，紧接这个数据项下面的数据项变为栈顶，程序如下：

```
void pop_stack(s)
                                /*弹出栈顶元素*/
  int s[maxsize + 1];
  {
        if (s[0] = =0) printf("栈空! \n");
        else
          {
            s[0] = s[0] - 1;
            printf("出栈的元素是: %d; 当前栈顶是: %d", s[s[0] + 1], s[0]);
          }
  }
```

从上面两个运算可见栈顶是随着压入或弹出数据项浮动的，而栈底则是固定的。

3）读栈顶元素。

4）判断栈是否空。

栈空常常作为控制转移的条件，这是栈的常见用法。

参考上面的程序，由读者自己完成步骤 3）、4）两个算法。

例 1.5　实现进栈和出栈功能的主程序。

```
#include "stdio.h"
#define maxsize 10
int data[maxsize+1]; /* data[0]——栈顶指针 */
int k,d,num,x;
void push_stack(x,s);
void pop_stack(s);
 main()
   {
   data[0]=0;
   pop_stack(data);
   printf("请输入数据个数:");
   scanf("%d",&num);
   printf("num=%d\n",num);
   for (k=1;k<=num;k++)
         {
              scanf("%d",&x);
              push_stack(x,data);
         }
   printf("\n");
   printf("栈中元素为:");
   for (k=1;k<=maxsize;k++)
          printf("%d-",data[k]);
   printf("\n");
   d=8;
   push_stack(d, data);
   printf("栈中元素为:");
   for (k=1;k<=maxsize;k++)
          printf("%d|", data[k]);
   printf("\n");
   pop_stack(data);
  }
```

运行结果如下：

栈空！

请输入数据个数:4
3 5 2 67
num = 4
压栈前： top = 0 x = 3
压栈后： top = 1 s[top] = 3
压栈前： top = 1 x = 5
压栈后： top = 2 s[top] = 5
压栈前： top = 2 x = 2
压栈后： top = 3 s[top] = 2
压栈前： top = 3 x = 67
压栈后： top = 4 s[top] = 67
栈中元素为:3 - 5 - 2 - 67 - 0 - 0 - 0 - 0 - 0 - 0 -
压栈前： top = 4 x = 8
压栈后： top = 5 s[top] = 8
栈中元素为:3|5|2|67|8|0|0|0|0|0|
出栈的元素是：8；当前栈顶是：4

(4) 多个栈内存空间共享问题

上面仅涉及到单个栈的物理表示和相应的运算。但在实际应用中，常常会出现在一个程序中需要同时使用多个栈的情形，为了不因栈上溢而产生错误中断，需要给每个栈分配一个较大的空间，但这并不容易做到。一则因为每个栈所需的空间大小很难估计；二则由于每个栈的实际容量在使用中都是动态变化的，往往会出现这样的情况：其中一个栈发生上溢，而其余各栈尚留有很多空间。

如果让每个栈的内存空间也可以动态变化，也就是说让这些栈的空间可以互相调整，这样可以使程序不会因一个栈发生上溢而中断执行。下面是一种可行的解决栈上溢问题的方法——栈空间共享。

设可用空间的大小为 M，如何给多个顺序存储结构的栈分配空间呢？

假设只有两个栈，则其物理表示简单而又巧妙，即可将两栈底设在该空间的两端，然后各自向中间延伸，如图 1.10 所示。

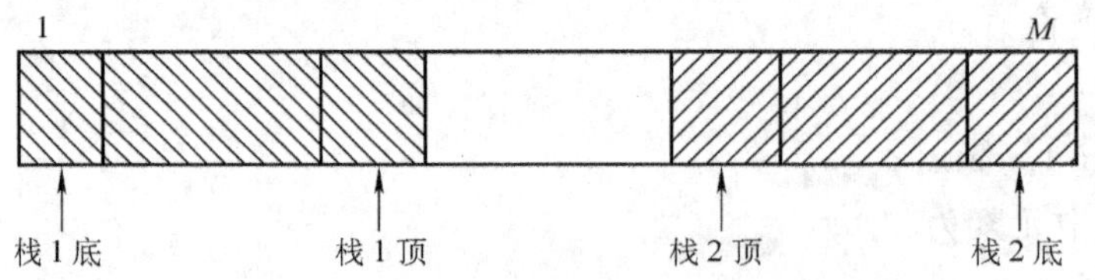

图 1.10 两个栈空间共享示意图

两个栈可以独立地增加和收缩，两栈顶之间的空间为两个栈所共享，所以仅当两个栈顶相遇（即这块空间总容量全部耗尽）时才产生上溢。因此，对每个栈来说，可用的最大空间就不只是整个空间的一半了。

若有 N 个栈共享内存空间时，不可能既使每个栈底都有一个固定的位置，又使其当 N 个栈都满时才溢出。而为了满足后一条件就必须允许整个栈浮动。

最简单的做法是：在事先无法估计每个栈的最大容量的情况下，将 M 个存储空间尽可能平均地分配给 N 个栈，而当其中任意一个栈上溢而整个空间未满时进行“浮动”再分配。

设两个数组 top 和 bot 分别存放各个栈的栈顶和栈底的位置，例如，top［i］为第 i 个栈顶的位置，bot［i］为第 i 个栈底的位置。初始状态为 top［i］＝bot［i］（$1\leqslant i\leqslant N$），如图 1.11a 所示。

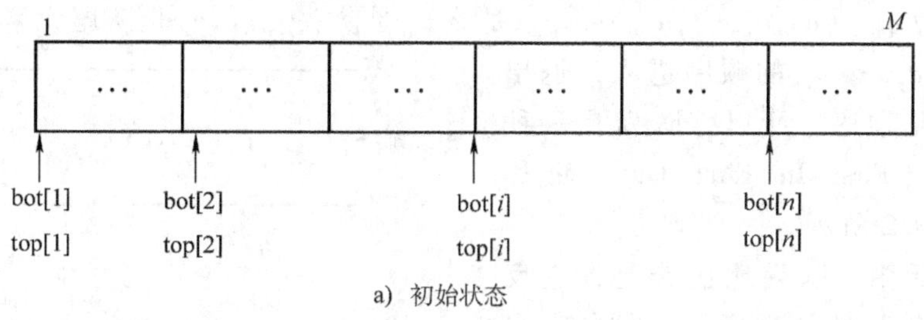

a）初始状态

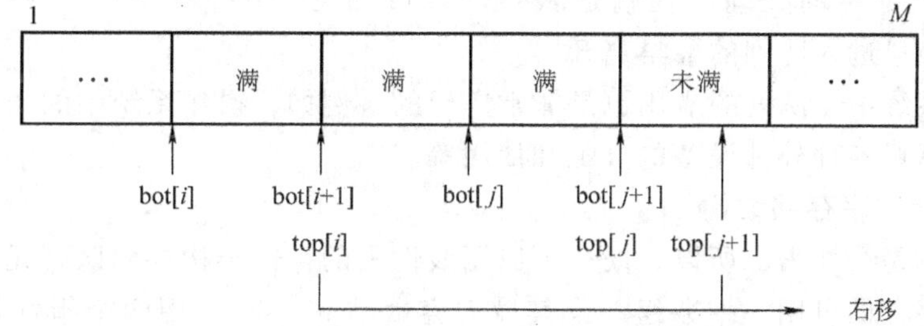

b）一个栈上溢而整个空间未满时的“浮动”再分配

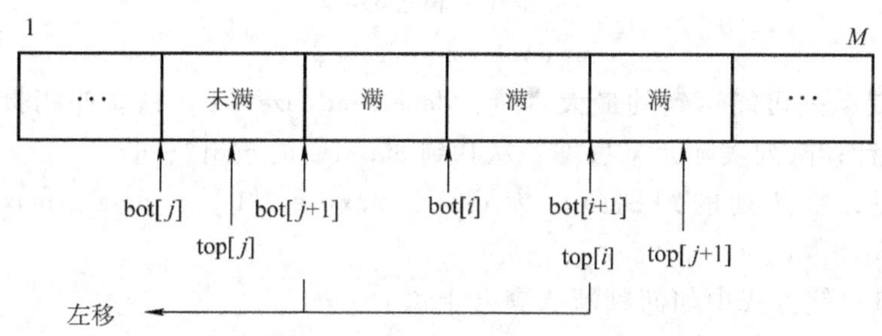

c）一个栈上溢而整个空间未满时的“浮动”再分配

图 1.11　N 个栈共享存储空间示意图

第 i 个栈上溢的条件是：top［i］＋1＝bot［$i+1$］。当第 i 个栈满时，应找到一个离 i 栈最近、且未满的栈，然后把从第 i 个栈的栈顶到未满的栈的栈顶之间的所有元素右移（或左移）一个位置，如图 1.11b 和图 1.11c 所示。这种分配方案保留着顺序分配的固有缺点，即在重新调整内存空间时，元素的移动量比较大。在整个内存空间即将充满的时候，这种情况尤为突出。

3. 队列

队列是另外一种特殊的线性表，它只处理位于表的始端和终端的结点。因此，也称为限定性的数据结构。

与栈类似，队列也是一种应用非常广泛的简单的数据结构。

（1）队列的定义

队列只允许在表的一端插入元素，而在另一端删除元素。允许插入的一端称为队尾（Rear）；允许删除的一端称为队头（Front）。

假设队列为 $q=(a_1,a_2,\cdots,a_i,\cdots,a_n)$，那么 a_1 是队头元素，a_n 是队尾元素。队列中元素是按照 $a_1,a_2,\cdots,a_i,\cdots,a_n$ 的顺序进入，退出队列也只能依此顺序。所以，队列是一种先进先出表（First In First Out，简称 FIFO），如图 1.12 所示。

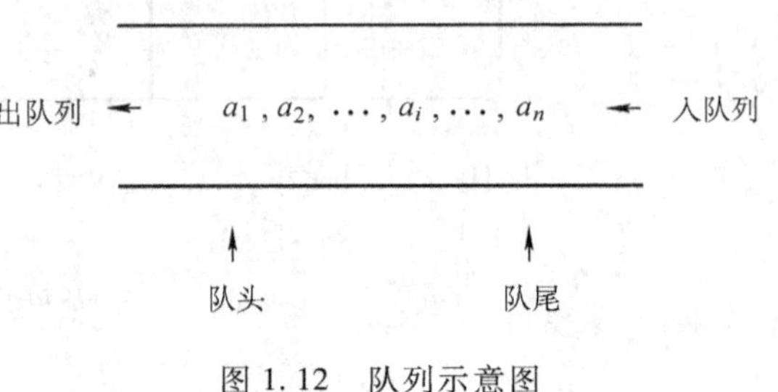

图 1.12 队列示意图

在现实生活中，队列比比皆是，它反映“先来先服务”的处理原则。例如，自动流水装配线上部件的处理过程就是队列的典型例子，最早进入队列的最早离开。

在计算机系统中，队列的应用也是非常广泛的。例如，操作系统中的作业调度队列以及共享环境下计算机各种外部设备的分配和使用等。

（2）队列的顺序存储结构

因为队列也是线性表，所以，同样可以用线性表的存储结构存储队列元素。

队列的顺序存储可用一维数组，设其最大容量是 maxsize，用两个指针指示队头元素和队尾元素在队列中的位置，规定头指针总是指向队头元素的前一位置，尾指针总是指向队尾元素。

```
#define maxsize 4
int data [maxsize +3];
```

其中，maxsize 是队列可能达到的最大容量；data [maxsize +1] 是队头指针；data [maxsize +2] 是队尾指针；队列实际元素占据着从 0 到 maxsize 的数组空间。

为简便起见，空队列的判别条件为 data [maxsize + 1] = data [maxsize + 2]，如图 1.13a 和图 1.13c 所示。

在这种向量存储方式中如何判断队满（上溢）？

假设 maxsize =4，若 data [maxsize +2] =4，data [maxsize +1] =2，如图 1.13d 所示。因为 data [maxsize +2] +1 > maxsize，所以不能做入队运算，但实际上这是一种假溢出现象。因为实际空间并没有被完全占满，可以将全部元素向前移动至头指针为 0，但要花费时间。

另一个方法是把一维数组假想成一个环形表（称为循环队列），即令数组中第一个单元紧跟在其最末一个元素之后，也就是说，如果 data [maxsize +2] +1 > maxsize，则令 data [maxsize +2] =0。因此，队列中元素占据着环形数组的连续单元。例如，若队列中有 4 个元素，其中可能有两个元素在数组的前两个单元中，而另两个元素在数组的最后两个单元中。

在图 1.14 中，如何区别队满和队空？

设循环队列当前的状态如图 1.14a 所示，现又有 3 个元素相继入队，则 rear = front = 3，

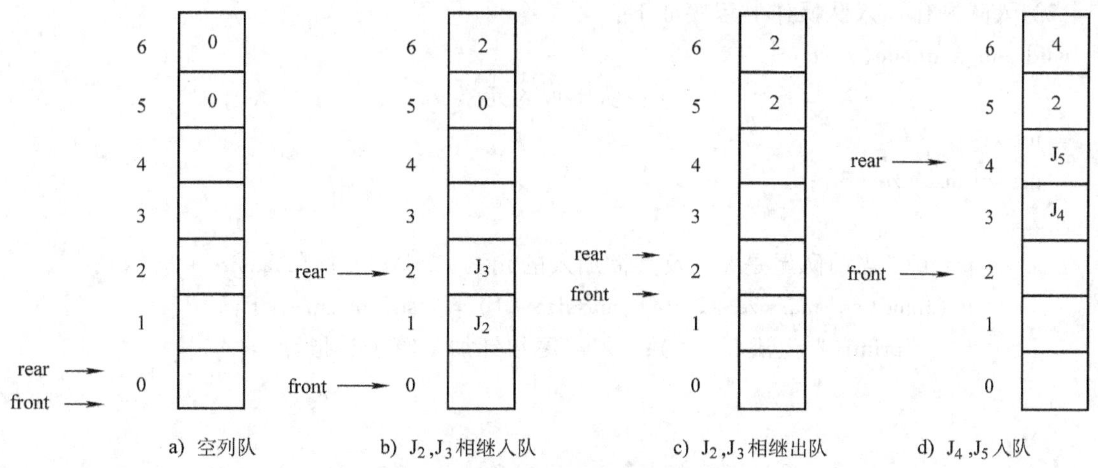

图 1.13　顺序存储的队列示意图

注：front 表示 data［maxsize + 1］（即头指针），rear 表示 data［maxsize + 2］（即尾指针）

此时队满，如图 1.14b 所示。反之，若在图 1.14a 所示的状态下，元素 J_4，J_5，J_6 相继出队，则 front = rear = 0，此时队空，如图 1.14c 所示。所以，从此例可以看出，只依据 rear = front 无法判别循环队列是空还是满。

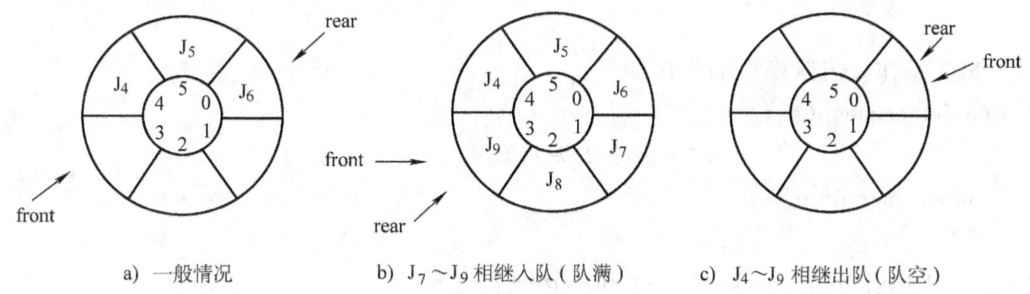

图 1.14　循环队列指针变化示例

注：front 表示 data［maxsize + 1］（即头指针），rear 表示 data［maxsize + 2］（即尾指针）

一种解决的方法是另设一个标志位以区别队列是空还是满。

另一种方法是把“尾指针从后面追上头指针”看作是队列满的特征，即尾指针加 1 等于头指针表示队满。尽管此时循环队列中尚有一个空额而损失了一个空间，但避免了由于判别另设的标志而浪费时间。

（3）循环队列的基本运算

1）置空队列操作。置空队列的程序如下：

```
void makenull_sequeue(sq)
   int sq[maxsize + 3];
      {
      sq[maxsize + 1] = 0; sq[maxsize + 2] = 0;
      for (k = 0;k < = maxsize;k ++)
            sq[k] = -1;
      }
```

2）入队操作。入队操作的程序如下：

```
void add_sequeue(x,sq)
                                    /* 在队尾加入元素 */
  int x;
  int sq[maxsize+3];
    {
      printf("当前队尾是%d 及其欲加入的元素:%d\n", sq[maxsize+2],x);
      if (fmod(sq[maxsize+2]+1,maxsize+1) = =sq[maxsize+1])
          printf(" 上溢! \n");   /* 尾指针加1等于头指针 */
      else
        {
        sq[maxsize+2]=fmod(sq[maxsize+2]+1,maxsize+1);
        sq[sq[maxsize+2]]=x;
        printf(" 入队后:");
        printf(" 队头=%d 队尾=%d\n", sq[maxsize+1],sq[maxsize+2]);
        printf("\n");
        }
    }
```

3）出队操作。出队操作的程序如下：

```
 void del_sequeue(sq)
                                  /* 删除队头元素 */
   int sq[maxsize+3];
   {
       if (sq[maxsize+1] = =sq[maxsize+2])
           printf("队列*已空! \n");
     else
         {
         sq[maxsize+1]=(int)fmod(sq[maxsize+1]+1, maxsize+1);
         printf("出队:\n  队头:%d", sq[maxsize+1]);
         sq[sq[maxsize+1]] = -1;
         printf("队尾:%d\n", sq[maxsize+2]);
         }
   }
```

例 1.6 实现置空队列、入队和出队功能的主程序。

```
#include "stdio.h"
#include "math.h"
#define maxsize 10
int data[maxsize+3]; /* data[maxsize+1]:队头; data[maxsize+2]:队尾 */
int k,mem,x,num;                 /* 循环队列从0到maxsize */
```

```
void makenull_sequeue(sq);
void add_sequeue(x,sq);
void del_sequeue(sq);
main()
  { makenull_sequeue(data);
    del_sequeue(data);
   printf("队列长最大值 = %d\n", maxsize);
   printf("请输入队长实际值小 1:");
   scanf("%d", &num);
   printf("请输入%d 个数据", num +1);
   for (k =0; k < =num; k ++)
          {
            scanf("%d", &x);
            add_sequeue(x, data);
          }
   printf("\n");
   printf("队列中的元素:\n");
   for (k =0;k < =maxsize; k ++)
          printf("%d *", data[k]);
   printf("\n");
   for (k =1;k < =num +1;k ++)
          del_sequeue(data);
   mem =12;
   add_sequeue(mem,data);
   mem =34;
   add_sequeue(mem,data);
   printf("数组中的元素:");
   for (k =0;k < =maxsize; k ++)
          printf("%d|", data[k]);
   printf("\n");
}
```

运行结果如下:

队列 * 已空!

队列长最大值 =10

请输入队长实际值小 1:2

请输入 3 个数据 10 21 6

当前队尾是 0 及其欲加入的元素: 10

入队后: 队头 =0 队尾 =1

当前队尾是 1 及其欲加入的元素: 21

入队后：队头 =0 队尾 =2

当前队尾是 2 及其欲加入的元素：6

入队后：队头 =0 队尾 =3

队列中的元素：

-1 * 10 * 21 * 6 * -1 * -1 * -1 * -1 * -1 * -1 * -1 *

出队：

队头：1　队尾：3

出队：

队头：2　队尾：3

出队：

队头：3　队尾：3

当前队尾是 3 及其欲加入的元素：12

入队后：队头 =3　队尾 =4

当前队尾是 4 及其欲加入的元素：34

入队后：队头 =3　队尾 =5

数组中的元素：-1| -1| -1| -1| 12| 34| -1| -1| -1| -1| -1|

1.2.3 链式存储的线性表及其运算

采用在内存中开辟连续单元存储数据元素的好处是，数据的存储地址可以用一个简单、直观的公式计算，因而可以方便地随机访问某一数据。在很多情况下，这是一种有效的结构。

但它也有其固有的缺陷：其一，对一个有序的线性表作插入或删除运算时，需移动大量元素；其二，当系统中多个栈或队列共享内存时，共享可用空间较难；其三，在给长度变化较大的线性表先分配空间时，必须按最大空间分配，使存储空间不能得到充分利用；其四，表的容量难以扩充，例如，原来表中已存有 1 000 个元素，如果想要把它的容量扩大一半，则需要在紧接原表的后面找到 500 个元素大小的存储空间，实现起来比较困难。

为了解决这些问题，就需要用到线性表的另一种存储结构——链式分配。由于它不要求逻辑上相邻的元素在物理位置上也相邻，所以，这一结构能有效地克服顺序存储结构的上述缺陷。但代价是在每个数据元素中增加额外的一个域来存放指针。

链式分配的形式有多种，下面介绍常见的几种。

1. 单向链表

单向链表是用任意的一组存储单元（这组存储单元可以是连续的，也可以是不连续的）存储线性表的元素。因此，为了表示每个元素 a_i，除了存储元素本身的信息之外，还需存储一个指示其直接后继元素的信息（即直接后继元素的存储位置），这两部分信息组成数据元素 a_i 的存储映像，称为结点，如图 1.15 所示。

数据	指针

图 1.15 单向链表中的一个结点

在每个结点中，存储数据元素值的域称为数据域，数据域可以有多个，但一般为了突出重点，只取一个数据域。存储直接后继存储位置的域称为指针域，指针域中存储的信息称为指针或链，指针域也可以有多个。

若链表的每个结点中只包含一个指针域，则称为单向链表。所以，单向链表是由若干个结点组成，用一个指针指向表头，这个指针称为头指针，它指示链表中第一个结点的存储位置（即第一个数据元素的存储映像）。同时，由于表的最后一个元素的指针不指向任何元素，所以最后一个结点的指针为空（NULL）。

例如，线性表（a_1，a_2，a_3，a_4，a_5）的单向链表的存储结构，如图 1.16 所示。

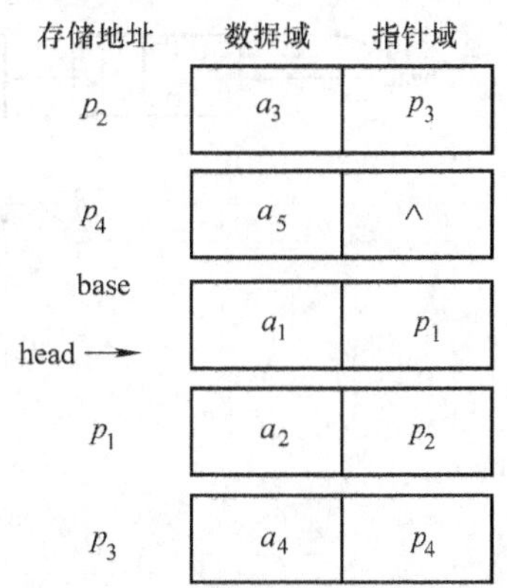

图 1.16 单向链表的物理结构

注：^表示空指针

整个链表的存取必须从头指针开始进行。

当用单向链表表示线性表时，数据元素之间的逻辑关系是由结点中的指针指示的，所以，逻辑上相邻的两元素，其物理位置并不要求紧邻，因此，这种存储结构为非顺序映像或链式映像。

通常，把链表画成用箭头相链接的结点序列，结点之间的箭头表示链域中的指针。如图 1.16 所示的单向链表可以画成图 1.17 的形式。这是因为在使用链表时，关心的只是它所表示的线性表中数据元素之间的逻辑顺序，而不是每个数据元素在存储器中的实际存储位置。

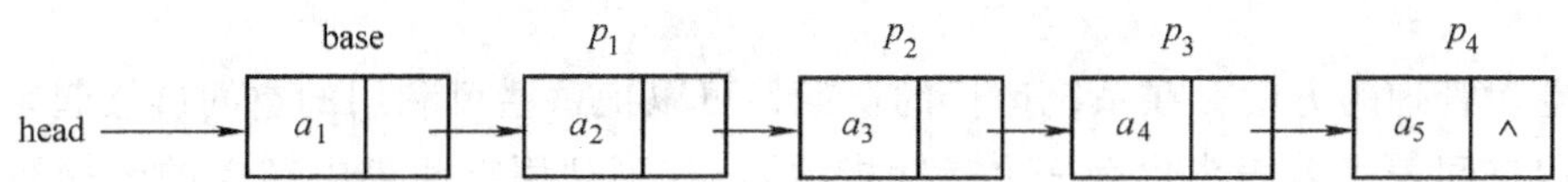

图 1.17 单向链表的逻辑结构

为了建立和使用一个单向链表，需要先定义一个数据结构以存放数据项和链指针。可以借助于高级语言中的“指针型变量”来描述一个链表，例如用 C 语言描述单向链表：

```
struct link
  { int data;
    struct link * next;
  };
struct link * head;
```

其中，link 为结构类型的指针；data 为结点的数据域，其类型为某种已经定义过的类型，如 int 等；next 为结点的指针域；head 为一个 link 类型的变量，这里它代表头指针，指向表中的第一个结点。

若 head 为空（head = "\0"），则表示线性表为空表，其长度为 0。

有时，在单向链表的第一个结点之前附设一个结点，称为头结点。头结点的数据域可以不存储任何信息，也可存储如线性表的长度等附加信息。头结点的指针域存储指向第一个结点的指针（即第一个元素结点的存储位置），如图 1.18a 所示；若单向链表为空表，则头结点的指针域为空，如图 1.18b 所示。

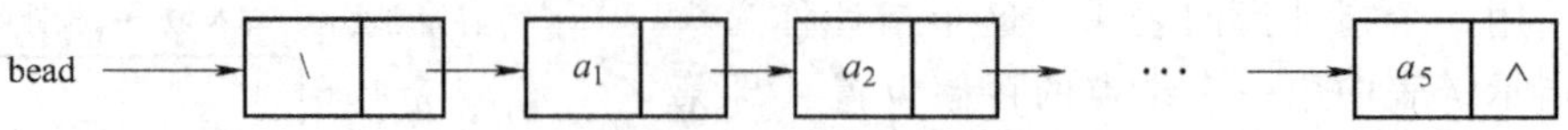

a) 不为空的带头结点的单向链表

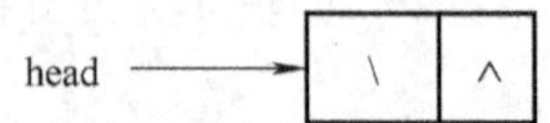

b)带头结点的“空”单向链表

图 1.18 带头结点的单向链表

设 p 为指向表中第 i 个结点的指针，则第 i 个结点的值 $a_i = p->\text{data}$，而 $p->\text{next}$ 则为指向第 $i+1$ 个结点的指针，所以，$p->\text{next}->\text{data} = a_{i+1}$。

在单向链表中，任意两个元素的存储位置之间没有固定的联系，所以，链表中结点的存取必须是沿着指针的方向依次进行，不可能像顺序分配的线性表那样随机地存取。

单向链表和顺序存储结构的线性表不同，它是一种动态结构，每个链表占用的空间不需要预先划分，而是由系统根据需要在可利用空间（存储区中当前尚未使用的空间）中即时划分的。

为了空间管理的方便，在系统运行的初期，可以把这些可利用的空间链接起来，这就形成了可利用空间表（其表头也有一个指针指示）。在可利用空间表中结点的数据域是无意义的。

当要向单向链表中插入一个结点时，则需要从可利用空间表中取得一个结点（即从可利用空间表中删除一个结点），然后再把它加入到单向链表中；当从单向链表中删除一个结点后，系统要将此空间收回，再插入到可利用空间表中去，整个可用存储空间可为多个链表共享。

在设有“指针”数据类型的高级语言中均提供了两个标准过程，来完成删除可利用空间表中的一个结点和向可利用空间表中插入一个结点的任务。例如，C 语言动态地址分配的核心是函数 malloc（）和函数 free（），它们是 C 语言标准库的一部分。

p =（struct link ＊）malloc（sizeof（struct link））：表示从可利用空间表中取得一个结点，作为要插入到单向链表中的新结点的空间，并将新分配的存储地址在函数返回时放在变量 p 当中，存储空间的大小与 p 所定义的大小相同。

free（p）：调用此函数可以释放单向链表中删除的结点 p 的空间，并将它插入到可利用空间表中去。

对单向链表所进行的操作和顺序存储的线性表的操作类似，但实现的方法不同。下面主要介绍单向链表的建立、查找、插入和删除等基本运算。

（1）动态建立单向链表

此算法的特点是先建立一个空表，然后从线性表的最后一个数据元素开始，逐个生成结点插入链表，该算法的时间复杂度为 $O(n)$，程序如下：

```
creat(head)
    struct link  * head[1];
    {
      struct link  * r, * s;
      int x;
      head[1] = NULL;                 /* 初始化,建立一个空表 */
      printf("请输入数据:");
      scanf("%d",&x);
      while (x!  =0)
        {
          r = (struct link  * ) malloc (sizeof(struct link));
          r - >data = x;        /* 生成一个数据域为 data 的结点 */
          r - >next = head[1];
          head[1] = r;           /* 将新结点插入到单向链表的第一个结点之前 */
          scanf("%d",&x);
        }
          printf("\n");
          s = head[1];
          printf("生成的单链表为: ");
          while (s!  =NULL)
                {
                 printf("%d - > ",s - >data);
                 s = s - >next;
                }
               printf("^\n");
    }
```

(2) 查找单向链表中数据域为 search_ key 的结点

由于单向链表不能随机存取，所以，必须从头指针出发沿着指针的方向顺序查找，程序如下:

```
  search_slist(head,search_key,found)
   struct link  * head[1];
   int search_key;
   int  * found;
   {
        struct link  * p;
        p = head[1];                  /* 初始化,p 指向第一个元素结点 */
         * found = 0;
        while ((p!  =NULL) && (!  * found))
          {
```

```
        if (search_key! =p - >data)
            p=p - >next;  /* 顺指针往后寻找直至找到或指针指向空 */
        else
            *found=1;
    }
}
```

(3) 在单向链表的第 i 个结点之后插入一个新结点

为插入数据元素 x，首先要生成一个数据域为 x 的结点，然后插入到单向链表中。

单向链表的插入无需挪动结点的位置，只需修改指针即可实现：当 i 大于表中结点数时，新结点插在单向链表的表尾，作为表的最后一个结点；否则，应首先找到第 i 个结点，修改第 i 个结点的指针域，令其指向结点 x，而结点 x 中的指针域指向第 $i+1$ 个结点。插入前后指针的变化如图 1.19a 和图 1.19b 所示。

在有些情况下，新插入的结点可能成为表头结点。此时，应修改表头指针，如图 1.19c 所示。

在单向链表中插入结点的程序如下：

```
void insert_slist(head,i,insert_key)
  struct link *head[1];
  int i,insert_key;
  {
   struct link *p, *q, *l;
   int j;
   q=(struct link *) malloc (sizeof(struct link));
   q - >data=insert_key;    /* 生成数据域为 insert_key 的结点 */
   p=head[1]; l=p;j=1;      /* 初始化,p 指向头结点 */
   while ((p! =NULL) && (j<i))    /* 寻找第 i 个结点 */
         {
            l=p;
            p=p - >next;
            j=j+1;
         }
         if (p! =NULL)
            {
             q - >next=p - >next; p - >next=q;
             printf("插入的位置:%d,插入的数据:%d\n",i,q - >data);
            }
         else
            { l - >next=q; q - >next=p; }
  }
```

(4) 删除单向链表中第 i 个结点

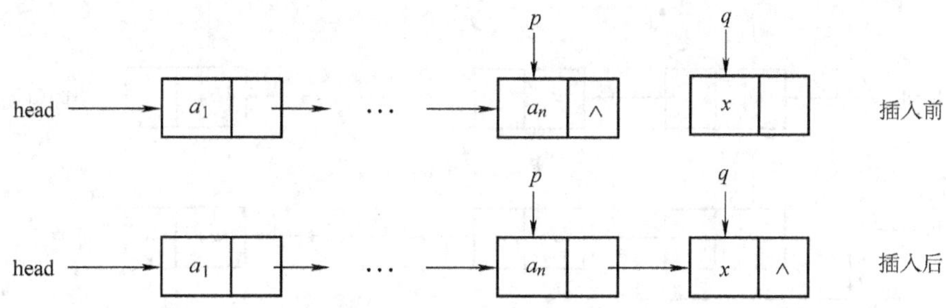

a) 新插入的结点成为表的最后结点

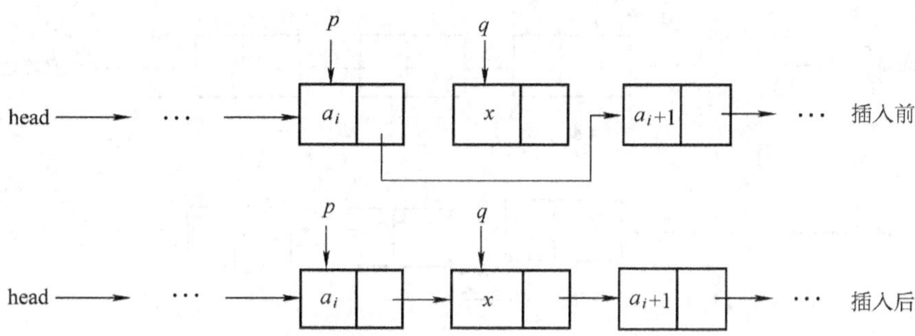

b) 将接点插入到链表的中间

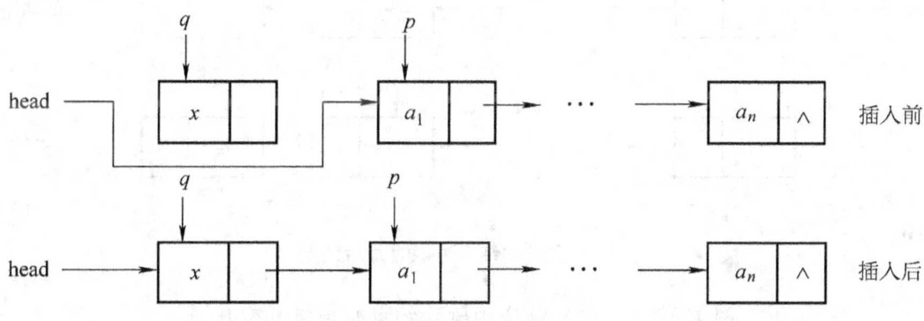

c) 新插入的结点成为表头结点

图 1.19 在单向链表中插入结点时指针的变化

删除运算就是用修改指针的方法使被删除的结点脱链，然后，释放该结点所占用的存储空间。

当 $i=1$ 时，则删除表的第一个结点，此时，应修改表头指针，如图 1.20a 所示；当 $1<i<n$ 时，删除表中间的结点，应首先找到表的第 $i-1$ 个结点，并令指针 p 指向第 $i-1$ 个结点，然后修改第 $i-1$ 个结点的指针，如图 1.20b 所示；当 $i=n$ 时，删除表最后的结点时，应首先找到表的第 $n-1$ 个结点，并令指针 p 指向第 $n-1$ 个结点，然后修改第 $n-1$ 个结点的指针，如图 1.20c 所示。

删除前后，指针变化如图 1.20 所示。

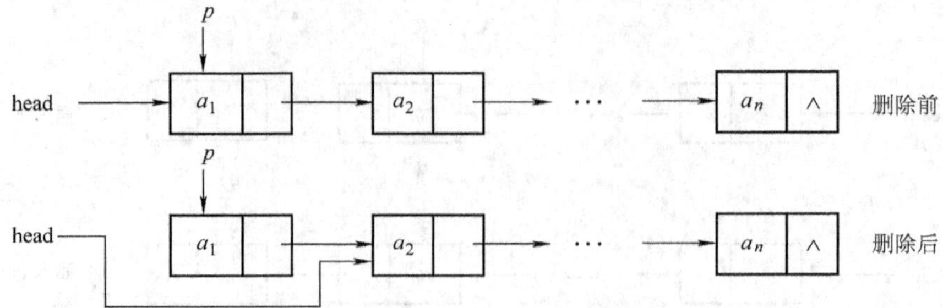

a) 欲删除的结点为表头结点

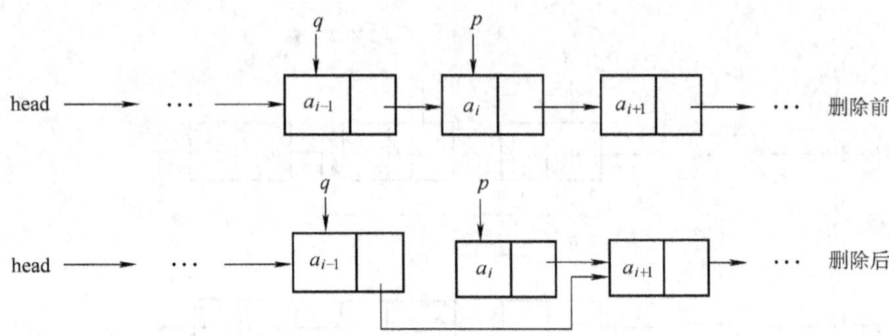

b) 欲删除的结点为表中间结点

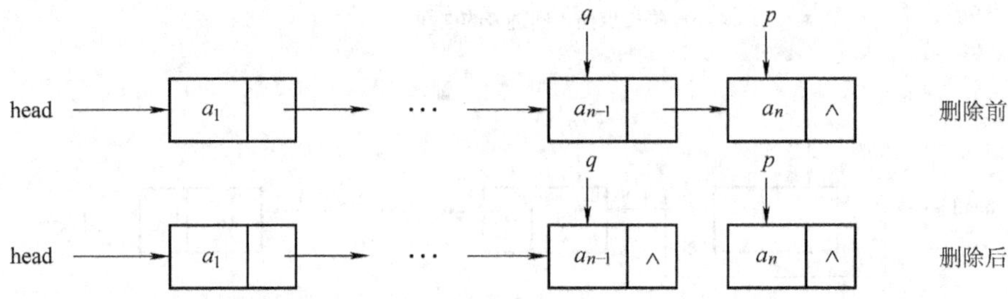

c) 欲删除的结点为表的最后结点

图 1.20 在单向链表中删除结点时指针的变化

在单向链表中删除结点的程序如下：

```
void delete_slist(head,i)
        /* 删除单向链表中第 i 个结点,head 为头指针 */
    struct link * head[1];
    int i;
    {
      struct link *p, *q;
      int j;
      p = head[1]; j = 1;
      while ((p! =NULL) && (j< =i-1))
```

```
    {      /* 寻找第 i 个结点,令 p 指向它 */
      q = p; p = p - > next; j = j + 1;
    }
  if (p = = NULL)   printf("WITHOUT!");     /* i > 表长 */
  else
   {
    if (p = = head[1])   head[1] = p - > next;
    else   q - > next = p - > next;
    free(p);                        /* 释放第 i 个结点 */
   }
  p = head[1];
  printf("删除第% d 结点后的表: ",i);
  while (p!  = NULL)
    {
     printf("% d - ",p - > data," - > ");
     p = p - > next;
    }
  printf("^\n");
}
```

例 1.7　实现单链表的建立、查找、插入和删除功能的主程序。

```
#include "stdlib. h"
#include "stdio. h"
#define NULL 0
struct link
  {int data;
     struct link  * next;
  };
struct link  * h[1];
creat(head);
search_slist(head,search_key,found);
void insert_slist(head,i,insert_key);
void delete_slist(head,i);
main()
  {   struct link  * p;
        int x,key, * exist;
        creat(h);
        key = 30;
        exist = 0;
        search_slist(h,key, * exist);
```

```
        printf("是否找到：%d\n", * exist);
        x = 8;
        insert_slist(h,2,x);
        printf("插入后的表：");
        p = h[1];
        while (p! =NULL)
          {
            printf("%d ",p->data,"->");
            p = p->next;
          }
        printf("^\n");
        x = 1;
        delete_slist(h,x);

    }
```

运行结果如下：

请输入数据：2 4 5 3 0

生成的单链表为：3 - >5 - >4 - >2 - >^

是否找到：0

插入的位置:2,插入的数据:8

插入后的表：3 5 8 4 2 ^

删除第 1 结点后的表：5 -8 -4 -2 -^

在上述插入和删除运算中，虽然不需要移动元素，但由于单向链表不是随机存取的结构，所以为寻查第 i 个元素，须从头指针出发顺着指针的方向顺序查找，所以查找、插入和删除 3 种运算的时间复杂度均为 $O(n)$。

2. 循环链表

线性链表除了单向链表外还有其他链接形式，如循环链表、双向链表等。

单链的循环链表是单向链表的一种变型，其特点是表中最后一个结点的指针域指向头结点，整个链表形成一个环，如图 1.21 所示。

从表中任一结点出发均可找到表中其他结点。从某一结点开始顺链寻查，当又碰到该结点时，则说明已查遍了表中的所有结点。

单链的循环链表的运算与单向链表基本一致，差别仅在于算法中的循环条件不是 p 或 p - >next是否为空，而是它们是否等于头指针。

3. 双向链表

从上面的讨论中可见，单向链表中的结点只有一个指示其直接后继结点的指针域，所以，从某个结点出发只能顺指针往后寻查其他结点。若要寻查结点的直接前趋结点，则须从表头指针出发。

为克服链表这种单向性的不足，在单向链表的结点中增加一个指示其直接前趋结点的指针，这就是双向链表。也就是说，双向链表的结点中有两个指针域，一个指向其直接后继结

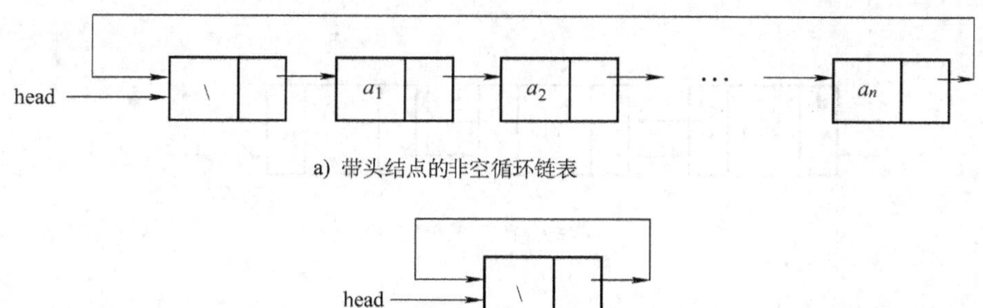

a) 带头结点的非空循环链表

b) 带头结点的空循环链表

图 1.21　单链的循环链表

点，另一个指向其直接前趋结点，如图 1.22 所示。

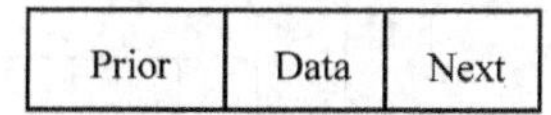

a) 双向链表的结点结构

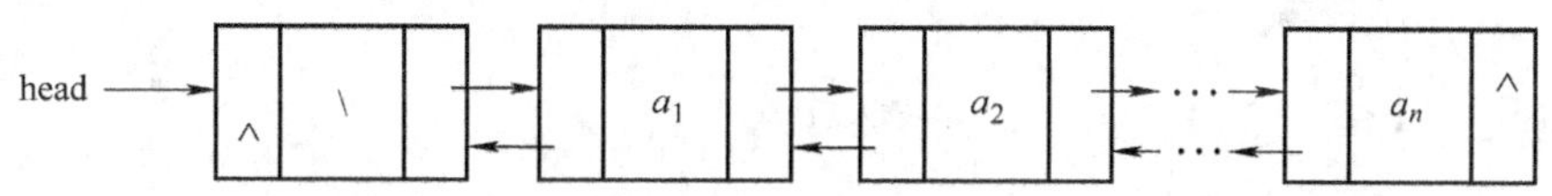

b) 带表头的双向链表

图 1.22　双向链表逻辑结构示意图

双向链表描述如下：

```
struct link
    { int data;
      struct link  * prior, * next;
    };
struct link  * head, * p, * q;
```

其中，link 是结构类型的双向链指针；data 为数据域，其类型为某种已经定义的类型，如 int 等；prior 为指向该结点的直接前趋结点的指针；next 为指向该结点的直接后继结点的指针。

在双向链表中，若 d 为指向表中某一结点的指针（d 为 link 型变量），则

$$d->next->prior = d->prior->next = d$$

该式恰当地反映了这种结构的特性。

在双向链表中，有些运算，如求表长、查询某个结点等仅需涉及一个方向的指针，其算法描述与单向链表的运算相同，但在插入、删除时须同时修改两个方向的指针。

图 1.23 给出了在双向链表的第 i 个结点之后插入一个新结点 x 时指针的变化情况。

可用下列语句描述插入运算时指针的变化：

建立结点：q = （struct link * ）malloc（sizeof（struct link））

　　　　　q - > data = x

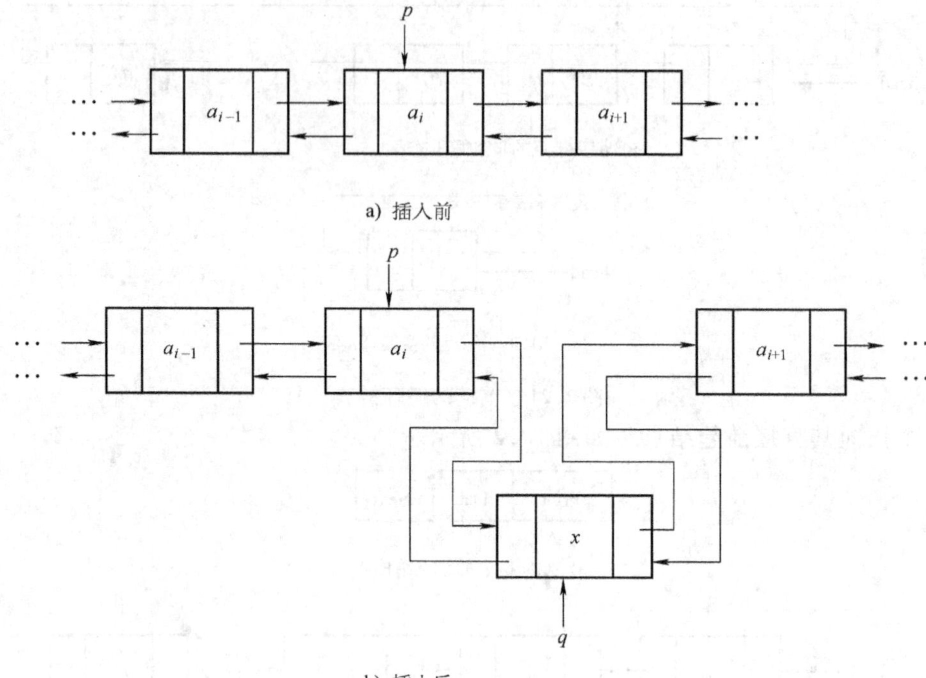

图 1.23　双向链表的插入运算示意图

修改指针：q－＞next = p－＞next

p－＞next－＞prior = q

p－＞next = q

q－＞prior = p

图 1.24 给出了在双向链表中删除第 i 个结点时指针的变化。

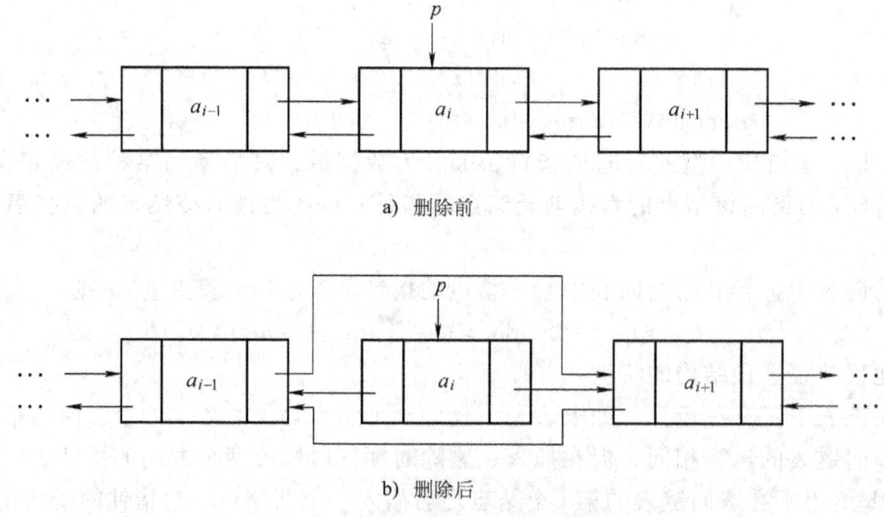

图 1.24　双向链表的删除运算示意图

可用下列语句描述删除运算时指针的变化：

脱链：p－＞prior－＞next = p－＞next;

```
p - > next - > prior = p - > prior;
```

释放空间:free(p);

完整的双向链表的插入、删除程序由读者自己完成。

4. 双向循环链表

与单向链表的循环表类似，双向链表也可以有循环表的形式，此时表中存在两个环，如图 1.25 所示。

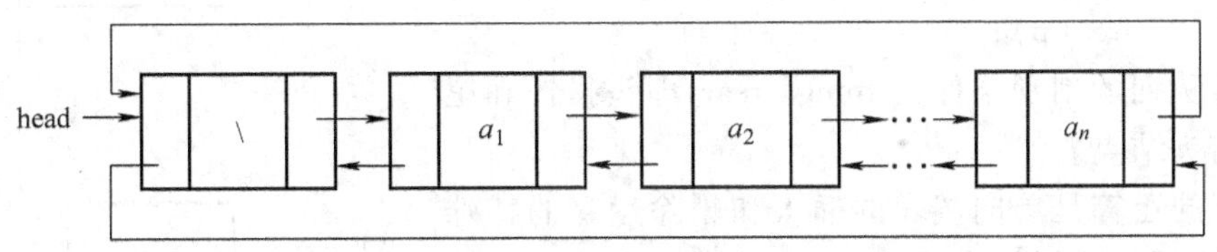

图 1.25　带表头的双向循环链表

5. 链栈

为了节省空间，可以把栈组织成单链表（简称链栈），即采用链式存储结构来存储栈中元素，如图 1.26 所示。

一个链栈由它的栈顶指针唯一确定。

设 ls 是指针型变量，它指示栈顶元素，ls = NULL 为链栈空的判断条件。

下面是链栈在入栈和出栈时的主要操作：

入栈：
```
p = (struct link *) malloc (sizeof (struct link));
p - > next = ls;
ls = p;
```

出栈：
```
p = ls;
ls = ls - > next;
free (p);
```

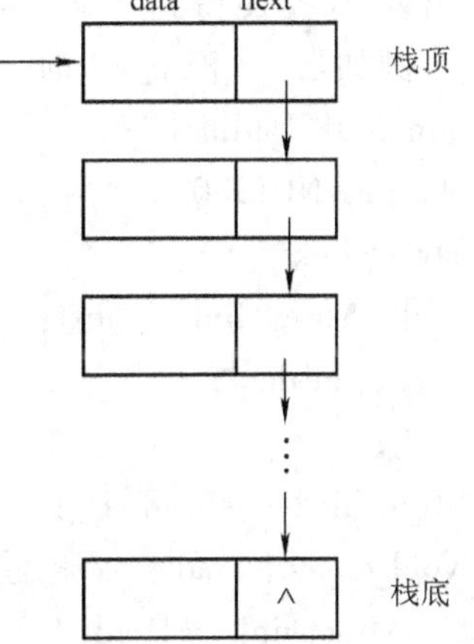

图 1.26　链栈示意图

对于链栈，不会产生单个栈满而其余栈空的情形，只有当整个可用空间都被占满，malloc ( ) 过程无法实现时才会发生上溢。因此，多个链栈共享空间也就实现了。可见，对于栈这样元素个数多变的数据结构来说，链式存储结构更适合它。

链栈的运算比较容易，相应的算法由读者自己完成。

6. 链队列

因为队列也是一种数据元素个数变动较大的数据结构，所以用链式存储结构比用顺序存储结构更方便。

用链表表示的队列简称为链队列，front 和 rear 分别称为头指针和尾指针，为方便起见，给链队列增加一个头结点，如图 1.27 所示。

下面给出带表头的链队列在入队和出队时的主要操作：

入队：p = (struct link *) malloc (sizeof(struct link)) ;
rear - > next = p;
rear = p;
rear - > next = NULL;

出队：p = front - > next;
front - > next = p - > next;
free(p);

空的链队列的判别条件为 front = rear,即头指针和尾指针均指向头结点。

链队列的运算是单向链表的插入和删除运算的特殊情况,只是还须修改尾指针或头指针,其程序由读者自己完成。

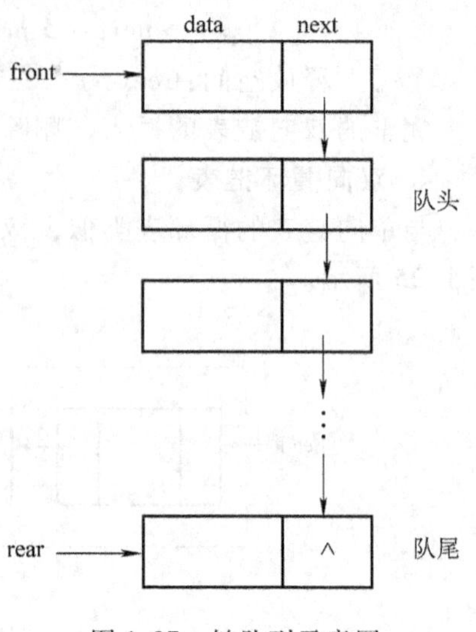

图 1.27 链队列示意图

7. 综合应用举例

例 1.8 约瑟夫问题。

设有 n 个人围坐在圆桌周围,从某个位置上的人开始报数,数到 m 的人出列;下一个人(第 $m+1$ 个人)又从 1 数起,数到 m 的人便是第二个出列的人。依次重复下去,直到最后一个人出列,于是便得到一个新的顺序。

例如当 $n=8$,$m=4$ 时,若从第一个位置数起,则所得到的顺序为 48521376,程序如下:

```
#include "stdio.h"
#define NULL 0
struct link
   {   struct link  * next;
       int data;
   };
struct link  * shead[1];
void create(head)   /*  建立循环链表 */
    struct link  * head[1];
    {struct link  * r, * s;
            int x;
            head[1] = NULL;              /* 初始化,建立一个空表 */
            s = NULL;
             printf("请输入链表的原始数据(0 - -结束):\n");
             scanf("%d",&x);
             while (x!  =0)
                 {
                   r = (struct link  * ) malloc (sizeof(struct link));
                   r - > data = x;      /* 生成一个数据域为 data 的结点 */
                                      /* 正向建立单向链表  */
```

```
            if (head[1] = =NULL)
                {head[1] =r; s=r;}
            else
                {  s - >next=r; s=r;}
             scanf("%d",&x);
          }
    s - >next=head[1];
    printf("\n");
    s=head[1];
    printf("循环链表:");
    while (s - >next!  =head[1])
        {
          printf("%d  - >",s - >data);
          s=s - >next;
        }
    printf("%d ",s - >data);
    printf("\n");
}
void number(head,item,m)
  struct link  *head[1];
  int item,m;
  {
      struct link  *p, *q;
      int j;
      p=head[1];
      while ((p - >data!  =item) && (p - >next!  =head[1]))
         p=p - >next;
      if (p - >data!  =item)
        {
          printf(" %d 不存在!",item);
          return;
        }
      while (p - >next!  =p)              /* 只剩下一个结点  */
        {
          for (j=2;j< =m;j++)
            {
              q=p; p=p - >next;
            }
          printf("%d ",p - >data);
```

```
            q->next=p->next;
            free(p);
            p=q->next;
        }
     printf("%d ",p->data);
   }
main()
   {
    struct link *p;
    int no,key;
    create(shead);
    printf("请输入开始位置的数据及间隔数：");
    scanf("%d %d",&key,&no);
    number(shead,key,no);
    printf("\n");
   }
```

运行结果如下：

```
请输入链表的原始数据(0--结束)：1 2 3 4 5 6 7 8 0
循环链表：1 ->2 ->3 ->4 ->5 ->6 ->7 ->8
请输入开始位置的数据及间隔数：1 4
4 8 5 2 1 3 7 6
```

例 1.9 编写程序，实现两个一元多项式的加法。

多项式的存储既可以采用顺序存储结构，也可以采用链式存储结构。

若采用顺序存储结构，则多项式相加运算十分简便。通常在应用中，多项式的次数可能很高，但是可能有许多项是不出现的（即系数为 0）。例如：

$$s(x)=1+5x^{14}+9.8x^{1000}$$

在该多项式中，它的最高指数达 1 000，但却只有 3 个非 0 系数。若将系数全部补齐，则需一个可容纳1 001个大小的线性表，这显然是不合理的。因此，在这种情况下就不适合采用顺序存储结构。

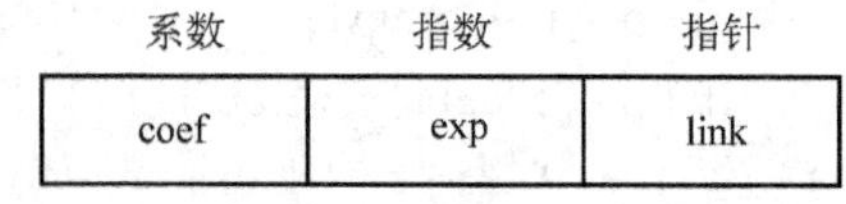

图 1.28 多项式结点格式

可以采用单链表表示一元多项式。在单链表中，用一个结点存放多项式的一项，每个结点由系数、指数和指针 3 个域构成，如图 1.28 所示。

设

$$A(x)=3x^2+4x+5$$

$$B(x)=4x^2+3$$

则

$$C(x)=A(x)+B(x)=7x^2+4x+8$$

假设头指针为 ahead 和 bhead 的单链的循环链表分别为线性表 $A(x)$ 和 $B(x)$ 的存储结构，如图 1.29a 所示。

另设 3 个指针 pa、pb 和 pc，其中，pa 和 pb 分别指向 A 表和 B 表中待比较的结点，而 pc 指

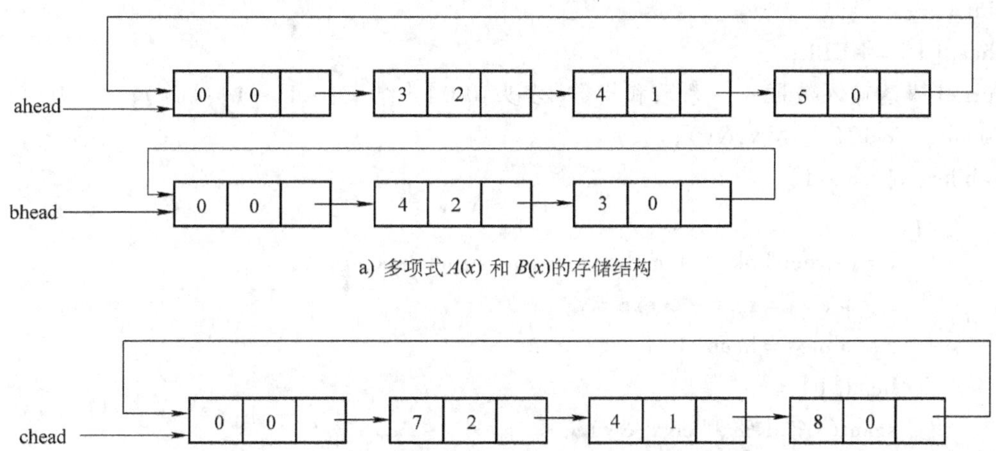

a) 多项式 $A(x)$ 和 $B(x)$的存储结构

chead
0 0
7 2
4 1
8 0

b) 多项式 $C(x)=A(x)+B(x)$的存储结构

图 1.29　链式存储的一元多项式加法

向 C 表中当前最后一个结点。

若 pa - > exp > pb - > exp，则将 pa 所指结点链接到 pc 所指结点后面，并将指针 pa 后移一个位置；若 pa - > exp = pb - > exp，则令 x = pa - > coef + pb - > coef，若 $x \neq 0$，则以 x 为系数、pa - > exp 为指数，生成一个新的结点，并将其链在 pc 所指结点的后面。然后，指针 pa 和 pb 同时后移一个位置；否则，将 pb 所指结点链接到 pc 所指结点之后，并将指针 pb 后移一个位置。

指针的初始状态为：

当 A 和 B 为非空表时，pa 和 pb 分别指向 A 表和 B 表中的第一个结点，否则，为空；pc 指向空表 C 中的头结点。

由于链表的长度是隐含的，所以，第一个循环执行的条件是 pa 和 pb 皆没指向头结点。当其中一个指向头结点时，说明一个表已链接完，则只要将另一个表的剩余部分链接在 pc 所指结点之后即可。

两个一元多项式相加后的结果如图 1.29b 所示。

由此得到以单链表表示的一元多项式的代数加法程序，程序如下：

```
#include "stdio.h"
#define NULL 0
struct link
    { int coef,exp;
        struct link *next;
    };
struct link *ahead[1],*bhead[1],*chead[1];
 void creat(head)
  struct link *head[1];
  {
   struct link *r,*s;
```

```
    int x,y;
    head[1] = NULL;
    printf("请输入数据--系数和指数[表头:0 0][结束:-1 -1]:\n");
    scanf("%d %d",&x,&y);
    while (x! = -1)
        {
          r = (struct link * ) malloc (sizeof(struct link));
          r->coef = x; r->exp = y;
          r->next = head[1];
          head[1] = r;
          scanf("%d %d",&x,&y);
        }
    s = head[1];
    printf("循环单链表:");
    while (s! = NULL)
       {
         printf("%d*x**%d->",s->coef,s->exp);
         r = s;
         s = s->next;
       }
    r->next = head[1];
    printf("head ",r->next->exp,r->next->coef);
    printf("\n");
    }

  void attach(c,e,d)
     int c,e;
     struct link *d[1];
     {
     struct link *p;
     p = (struct link * ) malloc (sizeof(struct link));
     p->coef = c; p->exp = e;
     d[1]->next = p; d[1] = p;
     }

void poly_add(ah,bh,ch)
    struct link *ah[1], *bh[1], *ch[1];
    {
     struct link *pa, *pb, *pc[1], *p;
```

```
int i,x;
i=0;
pa=ah[1]->next; pb=bh[1]->next; pc[1]=ch[1]->next;
while (pa!=ah[1] && pb!=bh[1])
    {
        if (pa->exp>pb->exp)    i=1;
        if (pa->exp==pb->exp)   i=2;
        if (pa->exp<pb->exp)    i=3;
        switch(i)
          {case 1: {
                        attach(pa->coef,pa->exp,pc);
                        pa=pa->next; break;
                        }
           case 2: {
                        x=pa->coef+pb->coef;
                        if (x!=0) attach(x,pa->exp,pc);
                        pa=pa->next; pb=pb->next;
                        break;
                        }
           case 3: {
                        attach(pb->coef,pb->exp,pc);
                        pb=pb->next; break;
                        }
          }
    }
    while (pa!=ah[1])
      {
        attach(pa->coef,pa->exp,pc);
        pa=pa->next;
      }
    while (pb!=bh[1])
      {
        attach(pb->coef,pb->exp,pc);
        pb=pb->next;
      }
    pc[1]->next=ch[1];
}
```

```
main()
{
struct link *p;
int i;
printf("\n");
creat(ahead);
creat(bhead);
chead[1] = (struct link *) malloc (sizeof(struct link));
chead[1] - > coef = 0; chead[1] - > exp = 0; chead[1] - > next = chead[1];
poly_add(ahead,bhead,chead);
printf("\n");
p = chead[1] - > next;
printf("多项式相加后的链表: ");
while (p! = chead[1])
    {
        printf("%d*x**%d - > ",p - > coef,p - > exp);
        p = p - > next;
    }
printf("^\n");
}
```

运行结果如下:

请输入数据 - - 系数和指数[表头:0 0] [结束: -1 -1]:5 0 4 1 3 2 0 0 -1 -1
循环单链表: 0 * x * * 0 - > 3 * x * * 2 - > 4 * x * * 1 - > 5 * x * * 0 - > head
请输入数据 - - 系数和指数[表头:0 0] [结束: -1 -1]:3 0 4 2 0 0 -1 -1
循环单链表: 0 * x * * 0 - > 4 * x * * 2 - > 3 * x * * 0 - > head
多项式相加后的链表: 7 * x * * 2 - > 4 * x * * 1 - > 8 * x * * 0 - > ^

注意:①每两个数据表示多项式中的一项;
②因为是逆序建立的单链表,所以,按升幂顺序输入;
③ -1 表示结束。

例 1.10 队列的实际应用举例 1——打印机问题。

在一个控制系统中,执行机构往往有多个环节,如果传输数据的相邻两个设备的传输速度不匹配,就要设立一个缓冲区,使整个执行机构的传输速度尽可能地达到速度最慢的那个设备的速度。例如,在打印的过程中,计算机处理的速度要远远大于打印机打印的速度。为了解决速度不匹配的问题,可以在内存中设置一块连续的存储区域作为打印机的缓冲区。这里把缓冲区设计成为一个队列的形式,队列有一个队首指针和一个队尾指针,其工作流程如图 1.30 所示。

计算机将待打印的数据输入缓冲区的队尾。打印机每打印完一个数据就从缓冲区的队首取出下一个需要打印的数据。这样,打印机只需检查缓冲区,如果队列非空,那么继续下一

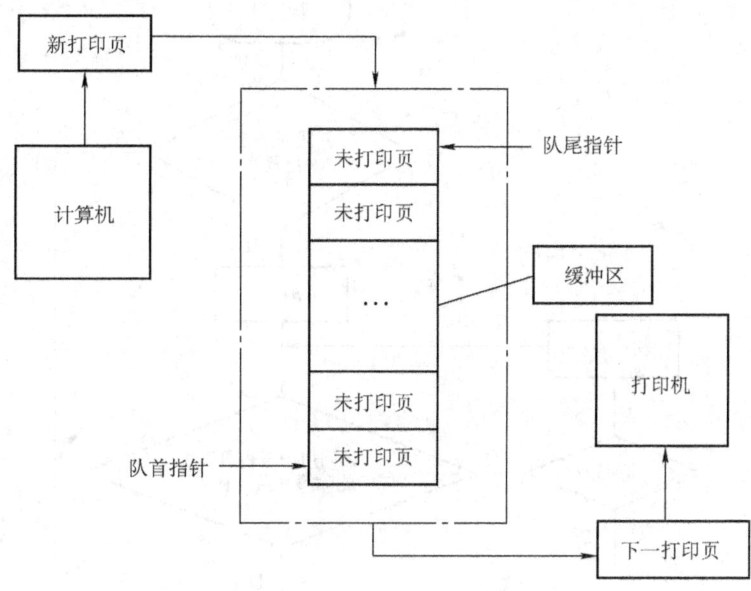

图 1.30　打印机管理问题

个打印任务；反之，则使打印机处于等待状态。避免了打印机对计算机的直接询问，提高了打印机的效率，从而使整个系统的效率得到了提高。

例 1.11　队列的实际应用举例 2——手机短信息的管理。

队列的结构可以用来实现手机短信息的管理，例如，信息的接收、删除、浏览和清空等。

假设一款手机最多可以存储 50 条信息。那么相应的，就可以将队列的大小设定为 50。如果用户在接收一条新的信息时，存储信息的队列已满，那么就需要询问用户是否删除最早接收到的信息，如果用户同意删除该条信息，则执行删除的操作，然后接收新的消息；反之，则询问第二条信息是否可以删除，依此类推。

工作流程如图 1.31 所示。

例 1.12　队列的实际应用举例 3——车厢调度问题。

一列有 n 节车厢的货运列车，每节车厢始发车站不同，终到车站也不同。如果车厢的顺序正好和终到车站的顺序一致，那么在到达每个终到车站的时候只需要将最后一节车厢卸下即可。然而事实上车厢的顺序往往是无序的，这就需要利用编组车站的缓冲轨道进行车厢的重排，从而提高货物运输的效率，如图 1.32 所示。

假设编组车站现有三条轨道可以进行重排，一条入轨，一条出轨。

货运列车位于入轨处，车厢的顺序为 4，7，1，8，5，6，3，2。先将车厢 2 移入轨道 a，车厢 3 排在车厢 2 的后面，因此也移入轨道 a；同理车厢 6 也移入轨道 a。车厢 5 比轨道 a 队末的车厢 6 编号要小，因此，移入轨道 b。车厢 8 既可以移入轨道 a 也可以移入轨道 b，这里选择队末编号较大的轨道 a。车厢 1 比轨道 a 和轨道 b 的队末车厢编号都要小，因此移入轨道 c。车厢 7 不能移入轨道 a 但可以移入轨道 b 和轨道 c，同样选择队末车厢编号较大

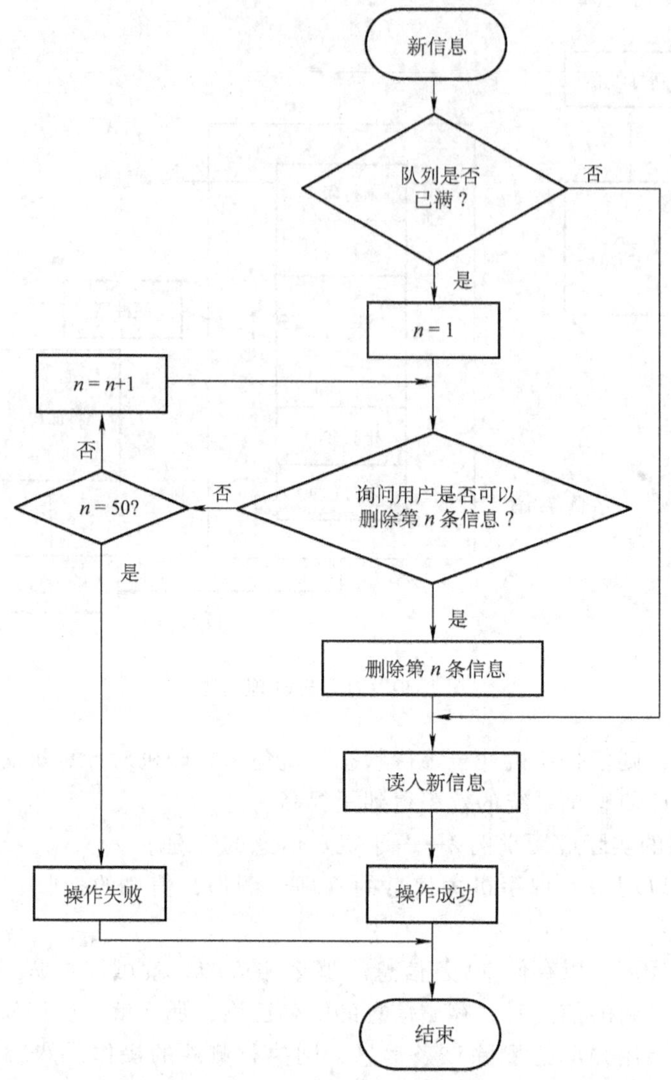

图 1.31 手机短信息的管理问题

的轨道 b。最后，车厢 4 只能移入轨道 c。这样，在出轨道的时候，依次选择 a，b，c 三条轨道中队首车厢编号最小的轨道将三条轨道上的列车依次进入出轨轨道。最后得到一列顺序排列的车厢序列，如图 1.33 所示。

需要指出的是，有时候并不能通过一次重排就实现整列列车的顺序重排，在如上的操作过程中并没有出现某一个待入轨的车厢编号，比 a，b，c 三条轨道队末车厢编号都小的情况。如果位于入轨轨道的车厢序列为 2，4，6，1，5，8，3，7，在执行入轨操作的时候就会遇到这样的困难：根据之前的规则，编号为 1 的车厢将无法找到一个合适的轨道，因为三条轨道都不是空轨道，且三条轨道的队末车厢编号都要大于 1。如图 1.34a 所示。

在这样的情况下，就需要对车厢序列在出轨之后进行第二次重排。对于车厢 1 的操作是选取队末车厢编号最大的那个轨道，这里选择轨道 b，如图 1.34b 所示。

第一次重排得到车厢序列是 4，2，1，8，7，6，5，3，如图 1.34c 所示。这个序列和终到车站的序列并不完全一致，原因在于车厢 1 的操作。

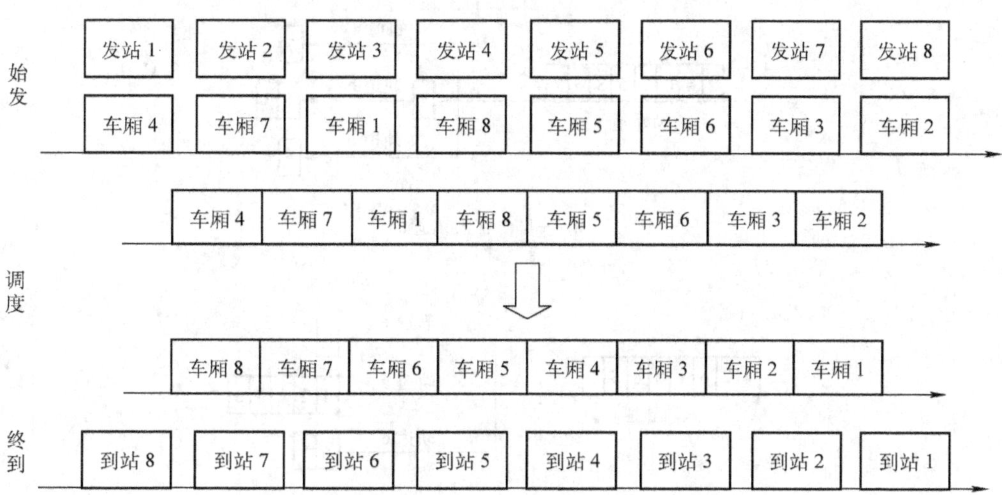

图 1.32 利用编组车站的缓冲轨道进行车厢的重排示例 1

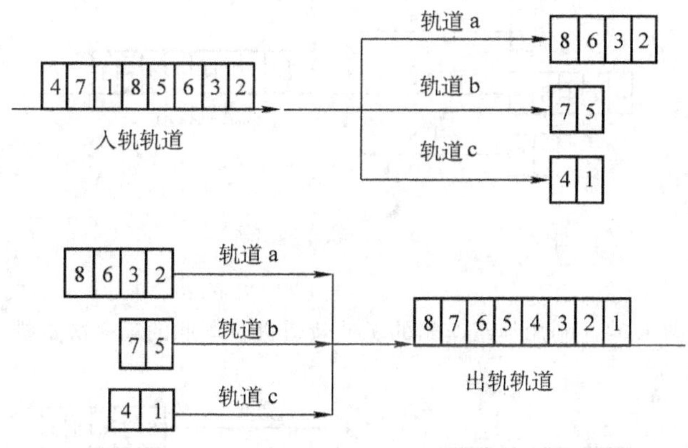

图 1.33 利用编组车站的缓冲轨道进行车厢的重排示例 2

接下来需要进行第二次重排，将位于出轨轨道的车厢序列重新退回到入轨轨道，再进行一次同样的操作，如图 1.35 所示。

这样就可以得到一个理想顺序的车厢序列 8，7，6，5，4，3，2，1。总结以上的过程，可以将重排操作归纳为以下几条原则：

对于车厢 p，

如果存在非空缓冲轨道的队末车厢编号小于 p，那么将车厢 p 移入这些轨道中队末车厢编号最大的那条轨道；

如果所有非空缓冲轨道的队末车厢编号都大于 p 但还有剩余空轨道，则将车厢 p 移入空轨道；

如果所有非空缓冲轨道的队末车厢编号都大于 p 却无剩余空轨道，那么将车厢 p 移入所有轨道中队末车厢编号最大的那条轨道，这时车厢队列出轨后需要重排。

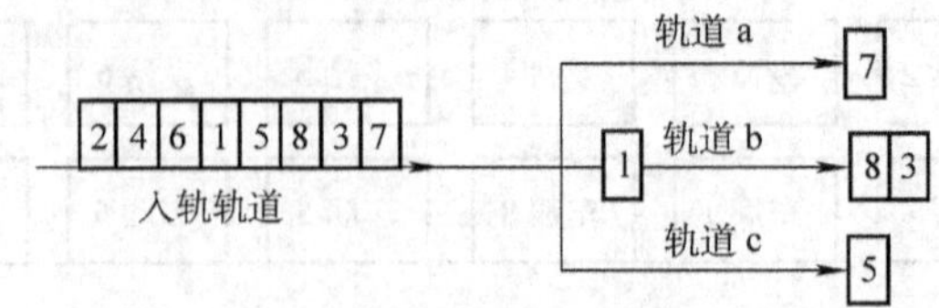

a) 车厢1移入轨道b

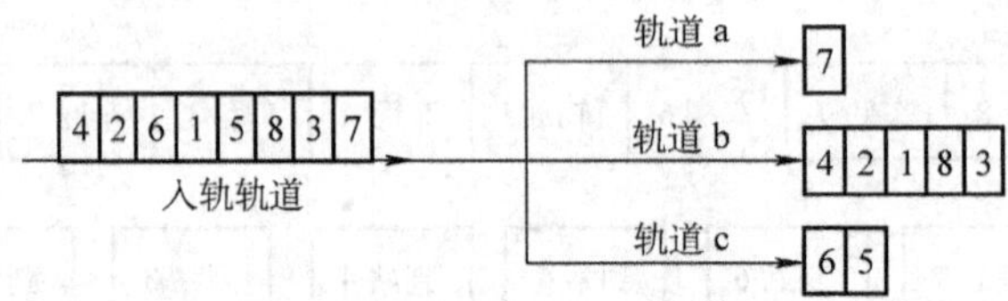

b) 第一次车厢入轨

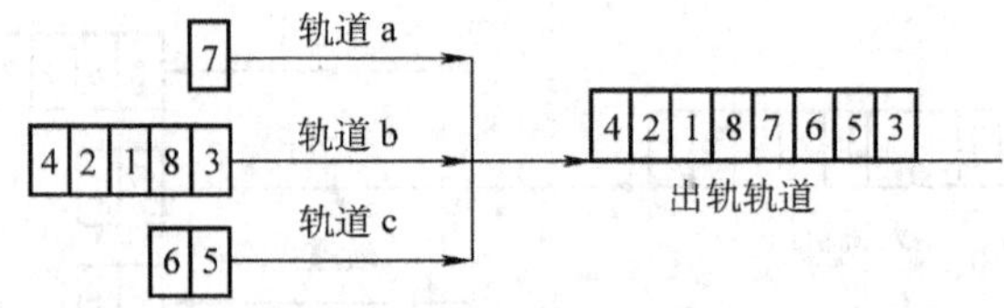

c) 第一次车厢出轨

图 1.34　利用编组车站的缓冲轨道进行车厢的第一次重排

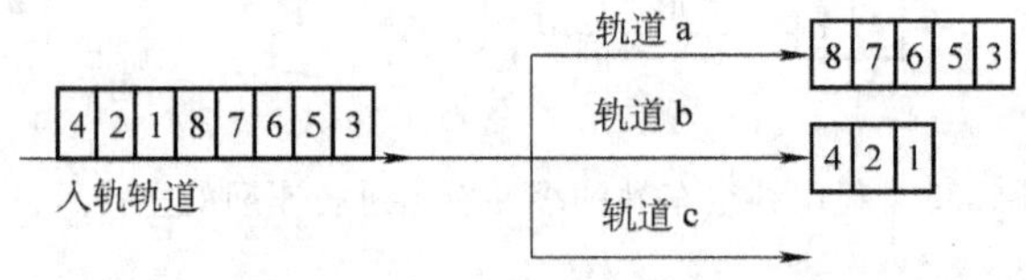

a) 第二次车厢入轨

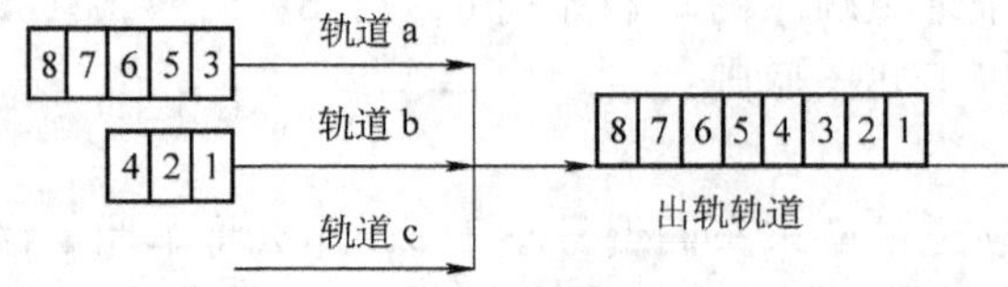

b) 第二次车厢出轨

图 1.35　利用编组车站的缓冲轨道进行车厢的第二次重排

1.3 递归与非线性数据结构

前面介绍的数据结构都是线性的，在这一节中，将介绍两种非线性的数据结构——树和图。它们都属于动态结构，在计算机科学、系统工程和社会科学等领域中应用得十分广泛。

应用递归技术来解决非线性数据结构问题，算法会变得简练、清晰，所以，首先介绍递归技术。

1.3.1 递归

递归（Recursion）作为很多程序设计语言都提供的强大的处理数据结构的工具，是定义函数、过程、树、图和几何图形等的一种通用方法。它通过列举一个或多个特定情况、并根据一个或多个以前的情况推出其他情况。

递归的概念是计算机科学中的一个重要的基本概念，也是理解树形结构的基础概念；递归技术是一种强大而又较难掌握的程序设计方法，是初学编程人员了解最少的一种方法。

下面就递归的概念入手，通过例子来介绍递归算法的执行过程及递归算法设计的基本方法。

递归对于多数人来说并不陌生。例如，有一首流传很广、且深为孩子们所喜爱的儿歌是这样唱的："从前有座山，山里有个洞，洞里有个缸，缸里有个盆，盆里有个碗，碗里有两个花生豆，我吃了，你馋了，我的故事讲完了。"

这个故事的陈述就是递归式的，它并不是简单地重复，而是逐步地深入，最后一句"碗里有两个花生豆，我吃了，你馋了，我的故事讲完了"是这个递归陈述的终止。

递归定义由两个最基本的子句构成的：一是列举被定义函数的一个或多个值的基础子句（Basic Clause）；二是说明根据以前找到的值怎样获得追加值的归纳子句（Inductive Clause）。

在数学上递归定义是很常用的，常常利用递归定义一些概念。

例 1.13 阶乘定义的描述。

$$n! = \begin{cases} 1 & (n = 0) \\ n \times (n-1)! & (n > 0) \end{cases}$$

这是用阶乘本身定义阶乘函数。这种按照问题本身的简单情况来定义问题的定义方式就称为递归定义（Recursive Definition）。它的基本思想是把计算"前面"的函数值转化为计算"后面"的函数值。例如，把求 $n!$ 的问题转化为求 $(n-1)!$ 的问题，把求 $(n-1)!$ 的问题转化为求 $(n-2)!$ 的问题……，最后，归结到求 0! 的问题，而 0! 被定义为 1。

在这个阶乘定义中，基础子句：阶乘（0）= 1

归纳子句：阶乘$(n) = n \times$ 阶乘$(n-1)$　$n > 0$

根据这个定义，不难把它编写成一个递归过程或递归函数。在下面的程序中，用的是递归函数，程序如下：

```
#include "dos.h"
#include "bios.h"
int num, y, fofn;
int f(n)
```

```
    int n;
        {
        if (n>0) y=n*f(n-1);
        else y=1;
        return(y);
        }

main()
        { int num;
        scanf("%d", &num);
        fofn=f(num);
        printf("The factorial of %d is %d\n", num, f(num));
        }
```

运行结果如下:

```
    4
    The factorial of 4 is 24
```

以 4! 为例，通过函数 f 的执行跟踪图，看一看这个递归过程是如何执行的。

图 1.36 中左边一列为递归深度，从 0 级开始，每递归一次，深度加一级，函数的参数值 n 减 1。图中用 ↓ 表示递归的方向，当 n 的值为 0 时，根据函数 f 的定义，可得 $f(0)$ 的值为 1。到此递归完成，进入反推，图中用 ↑ 表示反推方向，由 $f(0)=1$ 向上反推，逐级计算出 $f(1)$，$f(2)$，…，直到得到最终结果：$f(4)=24$。

从图中可以看出：f 函数共被调用 5 次：$f(4)$，$f(3)$，$f(2)$，$f(1)$ 和 $f(0)$，其中 $f(4)$ 是主程序调用的，其余 4 次是在 f 函数中调用的，即递归调用了 4 次。

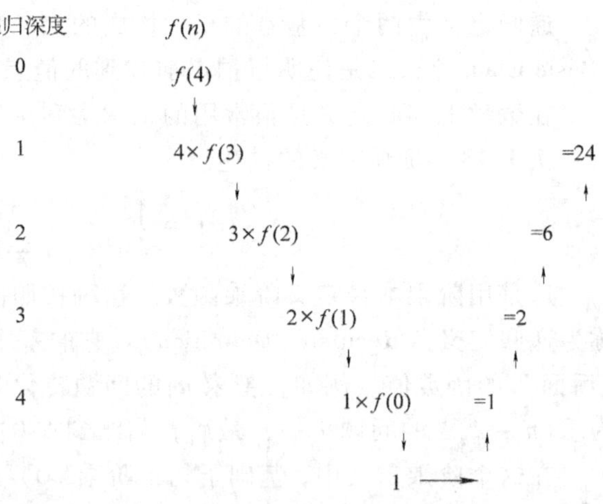

图 1.36 4! 的递归和反推示意图

递归定义的函数或过程通常带有一些局部量。每当函数或过程递归调用一次，就必须生成一组新的局部量。虽然这些新的局部量与原有的局部量分别具有相同的名字，但其分配的存储空间不同，其值也完全无关。

因此，要正确实现程序的递归调用和返回，就必须解决参数的传递和返回地址问题。具体地说，进行调用时，每递归一次都要给所有参量重新分配存储空间，并要把前一次调用的实参和本次调用后的返回点保留。递归结束时，要逐层地释放这些参数所占用的存储空间，并按后调用先返回的原则返回各层相应的返回点。

实现这种动态存储分配和管理的最有效的工具是栈。系统需要在每次执行调用过程的语句时，将调用前过程中的所有变量的值及调用后的返回地址压栈，以便在返回时能在栈顶找到正确的信息。

在递归程序的设计中有一点非常重要，即函数体中必须有结束递归的条件，也就是说，任何递归算法都必须有一条到达算法结束点的执行路径不含递归调用。常用 if 语句使函数在某种情况下返回，不再递归。例如，上例中，当 $n<1$ 时，即 0！ =1，这就是结束递归的条件。否则，程序无休止地递归下去，当存储器被分配完毕，造成栈超限错误时，程序最终被迫停止运行。

由上面的讨论可以看出，递归技术是一种很有效的程序设计方法，利用递归可以写出非常简短而又优质的程序。

然而，递归时需要一些额外的工作。执行递归过程既费时间（因为它增加了函数的调用次数，而每次调用都要保留现场，返回时又要恢复现场），又费存储空间（因为每次调用都要产生一组新的变量进栈，保存原来调用“现场”），并且追踪递归算法的控制流程是十分困难的。因此，有些语言如 FORTRAN 就禁止使用递归。

但是，递归特别符合人们的思维习惯，只要掌握了正确的思考方法，概念清楚的递归算法比完成同样功能的非递归算法更容易理解和检验。当算法是递归定义时，尤其是当涉及的数据结构是递归定义的时候，使用递归算法特别合适。通过下面对树、图的操作，将会对这一点有更深刻的认识。

1.3.2　树

树形结构是一类重要的非线性的数据结构，它在计算机科学和软件工程中有着非常广泛的应用。

从直观上看，树是以分支关系定义的层次结构。

树形结构在客观世界中广泛存在，如人类社会的族谱、各种社会组织机构等。

下面介绍有关树的基本概念，并重点讨论二叉树的存储结构及遍历等运算，最后介绍一个应用实例。

1. 树的定义和基本术语

树（Tree）是 $n(n \geqslant 0)$ 个结点的有限集。当 $n \geqslant 1$ 时满足：

1）有且仅有一个无直接前趋结点的结点，称为根。

2）除根以外的其余结点分成 $m(m \geqslant 0)$ 个互不相交的子集 T_1、T_2、…、T_m，即 T_i 中的任何结点与 T_j 中的任何结点均无前趋或后继关系$(i \neq j)$，且其中每个子集都是一棵树，称为根的子树（Subtree）。

当 $n=0$ 时称为空树。

在树的图示中，通常把根画在顶部。

如图 1.37 所示是一棵由 12 个结点构成的树，每个结点中的数据是一个字母，根结点中的数据是 A 。其余结点分成 3 个互不相交的子集：

$$T_1=\{B,E,F\},T_2=\{C,G,K,L\},T_3=\{D,H,I,J\},$$

T_1、T_2、T_3 都是根 A 的子树，且本身也是一棵树。例如 T_1，其根为 B，其余结点分成两个互不相交的子集 $T_{11}=\{E\}$，$T_{12}=\{F\}$。T_{11}、T_{12} 都是 B 的子树。

由此可见，树的定义是递归的。

下面介绍树的一些基本术语。

(1) 结点的度 (Degree)

结点拥有的子树个数称为该结点的度。例如在图 1.37 中，A 的度为 3，B 的度为 2，C 的度为 1，E 的度为 0。

(2) 树的度

树的度是树内各结点度的最大值，图 1.37 中树的度为 3。

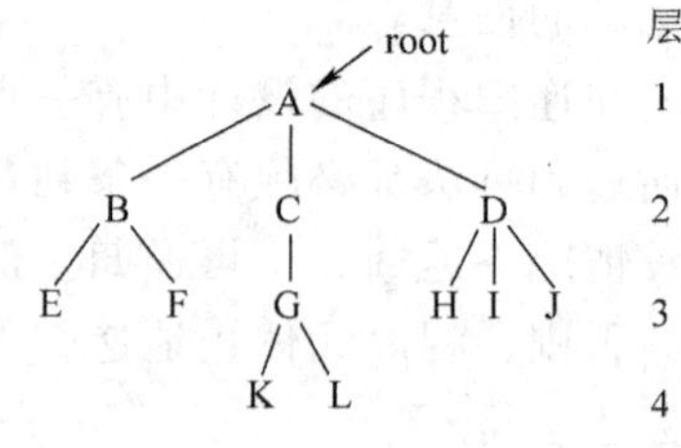

图 1.37 树

(3) 叶子 (Leaf)

度为 0 的结点称为叶子或终端结点。图 1.37 中的结点 E、F、K、L、H、I 和 J 都是树的叶子。

(4) 分支结点

度不为 0 的结点称为分支结点或非终端结点。图 1.37 中的结点 A、B、C、D 和 G 都是树的分支结点。

(5) 树中各个结点之间的关系可以借助家庭关系来描述

结点子树的根称为结点的孩子 (Child)，相应地，该结点称为孩子的双亲 (Parents)，例如，图 1.37 中，B 是 A 的孩子，A 是 B 的双亲。同一个双亲的孩子之间互称兄弟 (Sibling)，例如，H、I 和 J 互为兄弟。结点的祖先是从根结点到该结点所经分支上的所有结点，例如，图 1.37 中 K 的祖先是 A、C 和 G。反之，以某结点为根的子树中任一结点都是该结点的子孙，例如，C 的子孙是 G、K 和 L。

(6) 结点的层 (Level)

从根算起，根为第 1 层。若某个结点在第 x 层上，则该结点的儿子在第 $x+1$ 层上，如图 1.37 中最右边数字所示。

(7) 树的深度 (Depth)

树中结点的最大层称为树的高度或深度 (Depth)。图 1.37 中树的深度为 4。

(8) 结点的顺序

若树中结点的各子树看成是从左至右有次序的 (即不能交换)，则称其为有序树；否则称为无序树。图 1.38a、b 表示的是两棵不同的树，是有序树。

(9) 森林

森林是 $m(m \geqslant 0)$ 棵互不相交的树的集合。

如果去掉树的根结点，就得到一个森林。例如，图 1.37 所示树如果去掉根结点，就得到由 3 棵树组成的森林。

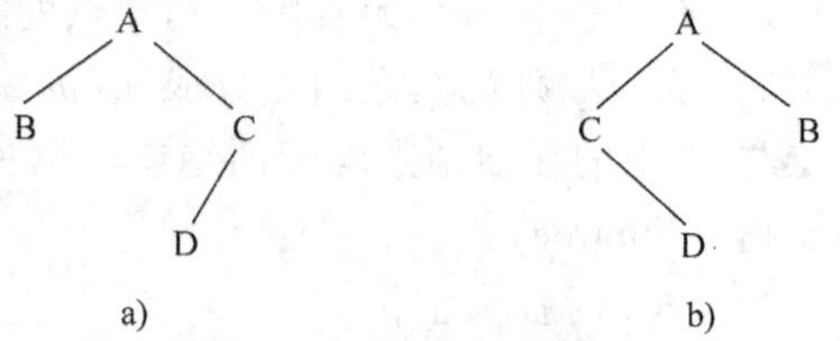

树的结点包括数据元素值及若干指向其子树的分支。因为树是一种动态、非线性的数据结构，所以，自然想到用多重链表 (含有多个指针字段) 来存储树。

a) b)

图 1.38 有序树示意图

由于树中每个结点的度不尽相同，所以，树的存储一般有两种考虑。

其一，是每个结点的指针个数随实际情况而定。也就是说，若某结点的度为 i，则该结点就有 i 个指针字段。这样做确实节省了空间，但其编程是非常复杂的。采用上述方法存储图 1.37 所示的树，结果如图 1.39a 所示。

其二，是所有的结点的结构统一。也就是说，每个结点都具有相同的指针数目，其个数与树中结点度的最大值——树的度相同。这样做的优点是编程方便，但却浪费了好多空间。采用上述方法存储图 1.37 所示的树，结果如图 1.39b 所示。

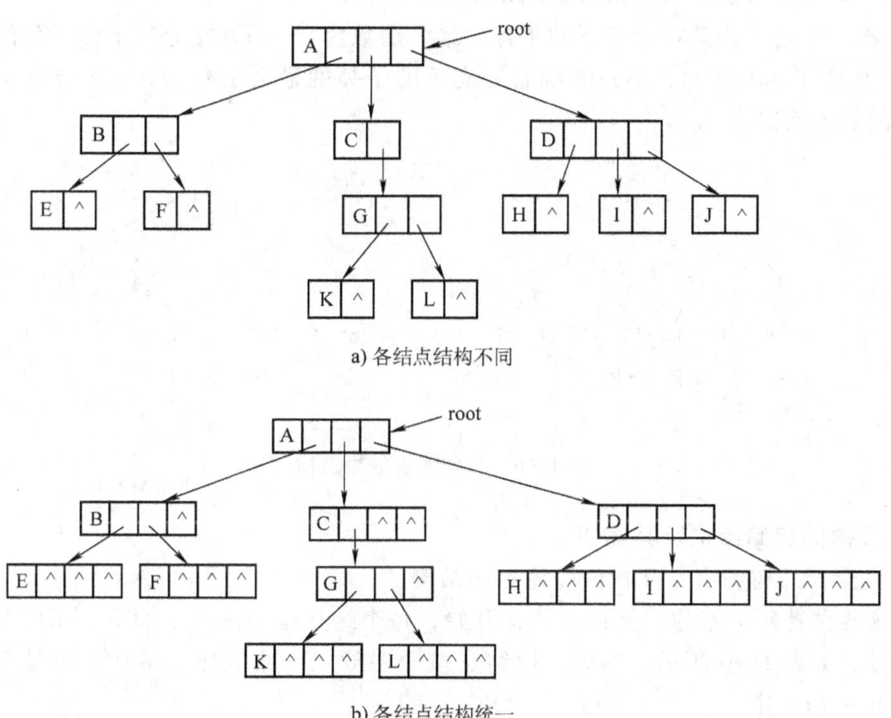

图 1.39 树的存储示意图

2. 二叉树的定义及其性质

二叉树（Binary Tree）是一种很重要的数据结构。其特点是每个结点至多只有两棵子树（即二叉树中不存在度大于 2 的结点），一棵称为左子树，另一棵称为右子树。

二叉树是有序的，其左、右子树不能任意颠倒。

前面所述的有关树的各种术语，如度、层、树高、叶子、双亲和孩子等，对二叉树也都是适用的。

二叉树具有下列一些重要性质。

1） 二叉树的第 i 层上至多有 2^{i-1} 个结点（$i \geqslant 1$）。这用归纳法很容易证明。

2） 深度为 k 的二叉树至多有 2^k-1 个结点（$k \geqslant 1$）。

利用性质 1)，可得深度为 k 的二叉树的最大结点数为

$$\sum_{i=1}^{k}（第\ i\ 层上的最大结点数）= \sum_{i=1}^{k} 2^{i-1} = 2^k - 1$$

二叉树具有两种特殊形态。

（1） 满二叉树

它是高为 k，且有 2^k-1 个结点的二叉树。其特点是每一层上的结点数都是最大结点数，例如，图 1.40a 是一棵深度为 4 的满二叉树。

(2) 完全二叉树

它是具有下述性质的二叉树。

1) 叶子结点只可能在层次最大的两层上出现。

2) 对任一结点，若其右分支下的子孙的最大层数为 x，则其左分支下的子孙的最大层次不小于 x，如图 1.40b 所示，结点 3 的右分支下的子孙的最大层数为 3，而结点 3 的左分支下的子孙的最大层次为 4。

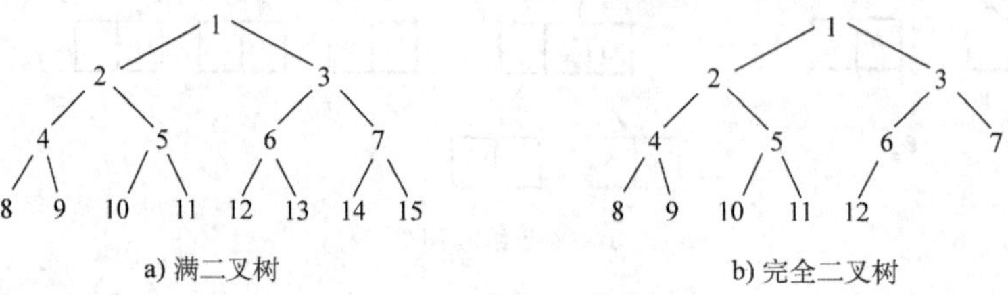

图 1.40 特殊形态的二叉树

3. 二叉树的存储结构及其遍历

(1) 完全二叉树和满二叉树的顺序存储结构

对于这两种特殊形态的二叉树，从根开始，每个结点按层次自上而下、每层自左而右进行顺序编号，如图 1.40 所示。然后，把结点按顺序放入一维数组 tree 中，即编号为 i 的结点存放在 tree [i] 中。

这种表示法，对完全二叉树或满二叉树中的任意一个结点 i，很容易找出其父结点、左儿子和右儿子的位置：

1) 若 $i=1$，则 i 是根结点；若 $i\neq 1$，则其父结点的编号是 [$i/2$]。

2) 若 $2i\leqslant n$，则 i 的左儿子的编号是 $2i$；若 $2i>n$，则 i 无左儿子。

3) 若 $2i+1\leqslant n$，则 i 的右儿子的编号是 $2i+1$；若 $2i+1>n$，则 i 无右儿子。

完全二叉树和满二叉树的这种表示法，既节省存储空间，又能很快确定其结点的位置。但这种表示法对一般二叉树并不适用。

(2) 一般二叉树的链式存储结构

因为二叉树是非线性且动态变化的数据结构，所以，一般来说用顺序存储结构存储二叉树并不方便。那么，在计算机内如何表示二叉树呢？

在二叉树的定义中，启示了一种很自然的方法：在每个结点中设一个数据域，用以存储该结点的信息（假设只有一个数据项）；设两个链域 lchild 和 rchild，使它们分别指向该结点的左子树和右子树，如图 1.41 所示。

lchild	data	rchild

图 1.41 二叉树的结点结构

用一个指针型变量 root 指向树的根结点，若树是空的，则令 root = NULL。

图 1.42 给出了一棵二叉树及其相应的链式存储结构。

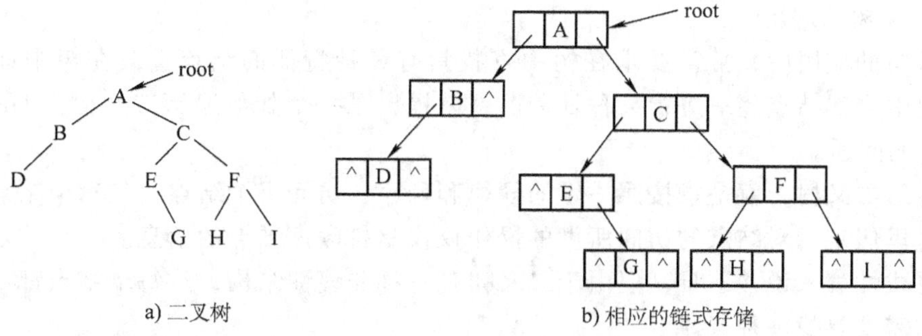

图 1.42　二叉树及其相应的链式存储结构

对这种表示法可以取下述的类型说明：

```
#define NULL 0
struct link
    { struct link * lchild, * rchild;
      char data;
    };
 struct link * root;
```

(3)链式存储的二叉树的建立

下面的过程用来建立一棵链式存储的二叉树。

```
struct link * newnode( )
 { return( (struct link * ) malloc (sizeof(struct link) ) );
 }
struct link * creattree( )
  {
  struct link * tree;
     scanf( "%c", &ch);
     printf( "%c", ch);
     if (ch! ='.')
        {  tree = newnode( );
           tree - > data = ch;
           tree - > lchild = creattree( );
           tree - > rchild = creattree( );
        }
     else
```

```
        tree = NULL;
    return(tree);
  }
```

(4) 二叉树的遍历

在二叉树的应用中，常常要求在树中查找具有某种特征的结点，或在树中插入一个结点，或对树中全部结点逐一进行某种处理。这就提出了一个如何遍历二叉树（Traversing Binary Tree）的问题。

所谓遍历二叉树，就是指按照一定的规律和顺序，访问每个结点，且每个结点恰好被访问一次。这里假定，对结点的访问所做的操作仅仅是打印该结点的信息。

遍历对线性表来说并不难，但由于二叉树是一种非线性结构，且每个结点都可能有两棵子树，因而需要寻找一种规律。

如果规定先左子树后右子树，就有3种顺序遍历二叉树，从而可得到二叉树的结点（信息）的一个线性排列。

1）先序遍历的基本思想是：若二叉树为空，则返回；否则，访问根结点，先序遍历左子树，先序遍历右子树。其过程如下：

```
void preorder(tree)
  struct link  * tree;
  {
      if (tree!  = NULL)
        { printf("% c",tree - > data);
          preorder(tree - > lchild);
          preorder(tree - > rchild);
        }
  }
```

对图1.42a，先序遍历访问结点的顺序为 A B D C E G F H I 。

2）中序遍历的基本思想是：若二叉树为空，则返回；否则，中序遍历左子树，访问根结点，中序遍历右子树。其过程如下：

```
void inorder(tree)
  struct link  * tree;
  {
      if (tree!  = NULL)
        {
          inorder(tree - > lchild);
          printf("% c",tree - > data);
          inorder(tree - > rchild);
        }
  }
```

对图1.42a，中序遍历访问结点的顺序为 D B A E G C H F I 。

3）后序遍历的基本思想是：若二叉树为空，则返回；否则，后序遍历左子树，后序遍历右子树，访问根结点。其过程如下：

```
void postorder(tree)
    struct link  * tree;
    {
        if (tree!  =NULL)
            {
                postorder(tree - > lchild);
                postorder(tree - > rchild);
                printf("% c",tree - > data);
            }
    }
```

对图 1.42a，后序遍历访问结点的顺序为 D B G E H I F C A 。

例 1.14 实现 3 种遍历的主程序。

3 种遍历的主程序如下：

```
#include "stdio.h"
#define NULL 0
struct link
        { struct link  * lchild, * rchild;
          char data;
        };
struct link  * root;
char ch;
main()
  {
    root = creattree();
    printf("\n");
    printf("先序遍历:");
    preorder(root);
    printf("\n");
    printf("中序遍历:");
    inorder(root);
    printf("\n");
    printf("后序遍历:");
    postorder(root);
    printf("\n");
  }
```

运行结果如下：

ABD. . . CE. G. . FH. . I. .

ABD. . . CE. G. . FH. . I. .

先序遍历：ABDCEGFHI

中序遍历：DBAEGCHFI

后序遍历：DBGEHIFCA

递归算法简明精炼，要设计功能相同的非递归算法，需要利用一个工作栈将一个递归过程改写为递推的过程。

4. 二叉树应用举例

例 1.15 编写程序求用二维数组存放的一棵二叉树的树高。

如图 1.43a 所示的二叉树，其对应的二维数组如图 1.43b 所示。

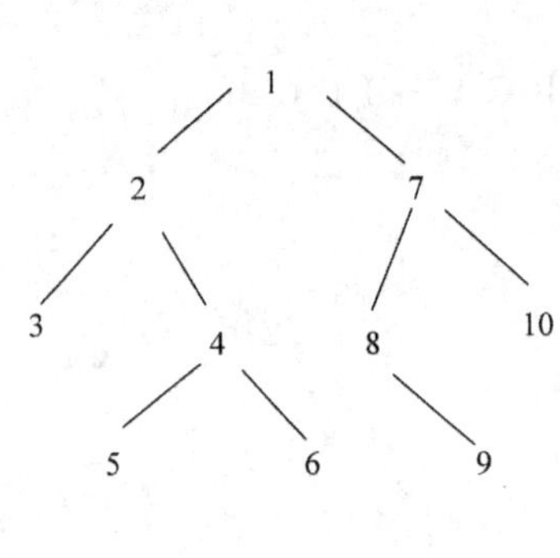

a) 一棵二叉树

	Leftchild	Rightchild
1	2	7
2	3	4
3	0	0
4	5	6
5	0	0
6	0	0
7	8	10
8	0	9
9	0	0
10	0	0

b) 二叉树的数组表示

图 1.43 一棵二叉树及其数组表示

求二叉树的树高的程序如下：

```
#include "stdlib.h"
#include "stdio.h"
#include "math.h"

#define m 10
#define n 2
int aa[m+1][n+1];
int h;
int k,l,i1;

int treehigh(maix,i)
    int maix[m+1][n+1];
    int i;
    {
        int h1,h2,hh,j;
        h1 = h2 = 0;
        if (i = = 0) hh = 0;
```

```
        else
           {
              j = maix[i][1];
              h1 = treehigh(maix,j);
              i = maix[i][2];
              h2 = treehigh(maix,i);
              if (h1 > h2) hh = h1 + 1;
              else
                     hh = h2 + 1;
           }
        return(hh);
     }

  main()
     {
       printf("请输入数据:\n");
       for (k = 1;k < = m; k ++)
              for (l = 1;l < = n; l ++)
                  scanf("%d", &aa[k][l]);
       for (k = 1;k < = m; k ++)
              for (l = 1;l < = n; l ++)
                     printf("%d ", aa[k][l]);
       printf("\n");
       i1 = 1;
       h = treehigh(aa,i1);
       printf("这棵树的树高 = %d\n", h);
  }
```

运行结果如下:

```
    请输入数据: 2 7 3 4 0 0 5 6 0 0 0 0 8 10 0 9 0 0 0 0
    2 7 3 4 0 0 5 6 0 0 0 0 8 10 0 9 0 0 0 0
    这棵树的树高 =4
```

1.3.3　图

在计算机科学、系统工程及城市建设等许多学科中，都存在需要表示数据元素之间任意关系的问题，“图”就是表达这些关系的模型。

在现代科技领域中，如电子电路、通信工程、人工智能、网络理论、系统工程、控制论、遗传学、化学成分的分析，以及社会科学等几乎所有的工程技术中都广泛地使用了图的理论，所以图结构是数据结构中非常重要的内容。

图（Graph）是一种比线性表和树更为复杂的非线性数据结构。在线性表中，数据元素之间仅有线性关系，每个数据元素只有一个直接前趋和一个直接后继；在树形结构中，数据元素之间有着明显的层次关系；而在图形结构中，结点之间的关系可以是任意的，图中任意两个元素之间都可能相关。

这里不讨论图的理论，而仅讨论几种常见的图和它们的存储结构，并给出了图的两种遍历的程序，最后举例说明图的应用。

1. 图的定义和基本术语

图是由顶点的有限集合和边的有限集合组成的，其中，每个顶点表示一个对象，每条边表示两个对象之间的关系。可表示为

$$G(V,E)$$

其中，G 表示一个图；V（G）表示图 G 顶点（Vertex）的有限集合，可写成 $V(G)=\{v_1, v_2,\cdots,v_n\}$；$E(G)$ 表示图 G 边（Edge）的有限集合，可写成 $E(G)=\{e_1,e_2,\cdots,e_m\}$。

图分有向和无向两种。如图 1.44 所示是图的示例。

a) 无向图 G_1　　b) 无向图 G_2　　c) 有向图 G_3

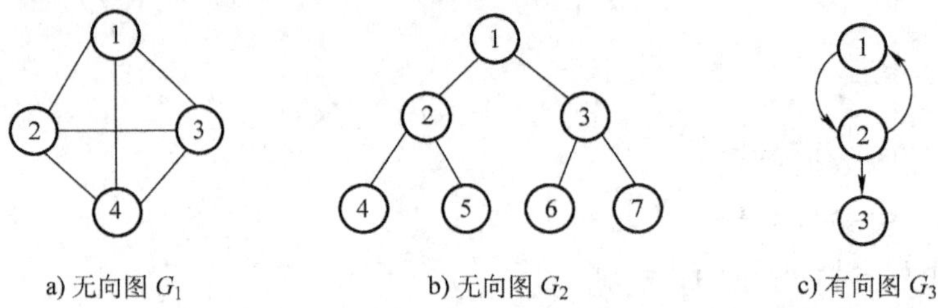

图 1.44　图的示例

下面介绍图结构的一些基本术语。

（1）无向图

无向图中的边是顶点的无序对，用圆括弧括起来的顶点对表示了边的无向性。若 v_i 和 v_j 是邻接的，则无向图中（v_i，v_j）和（v_j，v_i）表示同一条边。

图 1.44a、b 表示的是两个无向图，其中，

$V(G_1)=\{1,2,3,4\}$

$E(G_1)=\{(1,2),(1,3),(1,4),(2,3),(2,4),(3,4)\}$

$V(G_2)=\{1,2,3,4,5,6,7\}$

$E(G_2)=\{(1,2),(1,3),(2,4),(2,5),(3,6),(3,7)\}$

图 1.44b 实际上是一棵树，因此，可以认为树是图的特殊情况。

（2）无向完全图

对于无向图，若其边 m 的最大数为

$$m=C_n^2=\frac{n!}{2!\times(n-2)!}=\frac{n\times(n-1)}{2} \tag{1.8}$$

则称具有最大边数的无向图为无向完全图。

（3）有向图

如果图 G 中每条边都用箭头指明了方向，则称图 G 为有向图。

有向图中的边称为弧（Arc），它是顶点的有序对，用尖括弧括起来的顶点对表示了边的有向性。

若 $<x, y> \in E(G)$，则 $<x, y>$ 表示从 x 到 y 的一条弧，且称 x 为弧尾（Tail）或初始点（Initial Node），称 y 为弧头（Head）或终端点（Terminal Node）。

例如，图 1.44c 表示的是一个有向图，其中

$V(G_3) = \{1,2,3\}$

$E(G_3) = \{<1,2>, <2,1>, <2,3>\}$

(4) 顶点的入度和出度

在有向图中，以某顶点为终点（头）的弧的数目称为该顶点的入度（Indegree）；以某顶点为始点（尾）的弧的数目称为该顶点的出度（Outdegree）。

例如图 1.44c 中，结点 2 的入度为 1、出度为 2。

(5) 顶点的度

在无向图中，顶点具有的边的数目称为顶点的度。例如，图 1.44a 中顶点 1 的度为 3，顶点 3 的度为 3 等。

在有向图中，一个顶点的入度和出度之和称为该顶点的度。例如，图 1.44c 中，结点 2 的度为 1 + 2 = 3。

(6) 子图

假设有两个图 G 和 G'，若 $V(G') \in V(G)$，$E(G') \in E(G)$，则称 G' 为 G 的子图。图 1.45 分别给出了图 1.44 中图的一些子图。

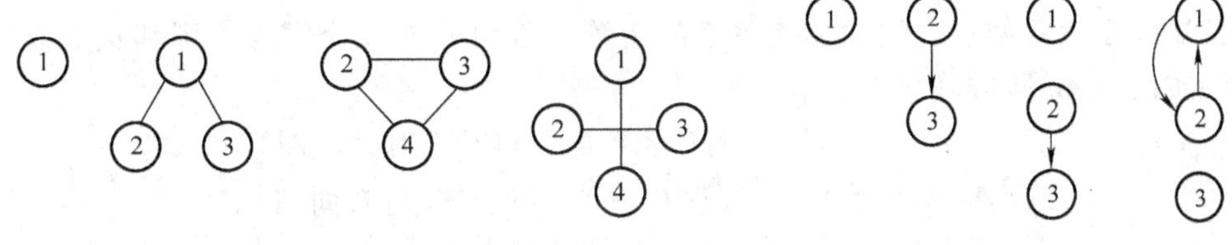

a) G_1 的一些子图　　b) G_3 的一些子图

图 1.45　子图示例

(7) 路径

在图 $G(V, E)$ 中，从顶点 V_p 到顶点 V_q 的路径是一个顶点序列（V_p，V_{i1}，V_{i2}，…，V_{in}，V_q），且（V_p，V_{i1}），（V_{i1}，V_{i2}），…，（V_{in}，V_q）都属于 $E(G)$ 中的边。若 G 为有向图，则路径也是有向的，它由 $E(G)$ 中的弧 $<V_p, V_{i1}>$，$<V_{i1}, V_{i2}>$，…，$<V_{in}, V_q>$ 组成。

(8) 路径长度

是指路径上边（弧）的数目。

(9) 简单路径

序列中，顶点不重复出现的路径称为简单路径。

(10) 回路

第一个顶点和最后一个顶点相同的路径称为回路。

(11) 连通图

对于无向图 G，若从顶点 V 到顶点 V' 有路径，则称 V 和 V' 是连通的。如果对于图中任意

两个顶点 V_i，V_j 都是连通的，则称图 G 是连通图。

(12) 图的连通分量

连通分量是无向图中的极大连通子图。如图 1.46 所示，G_4 不是连通的，但它有两个连通分量 H_1，H_2。

(13) 强连通图

在有向图 G 中，如果任意两个顶点 V_i、V_j ($V_i \neq V_j$)之间都存在 V_i 到 V_j 和 V_j 到 V_i 的路径，则称有向图 G 为强连通图。

(14) 强连通分量

有向图的极大强连通子图称为它的强连通分量。

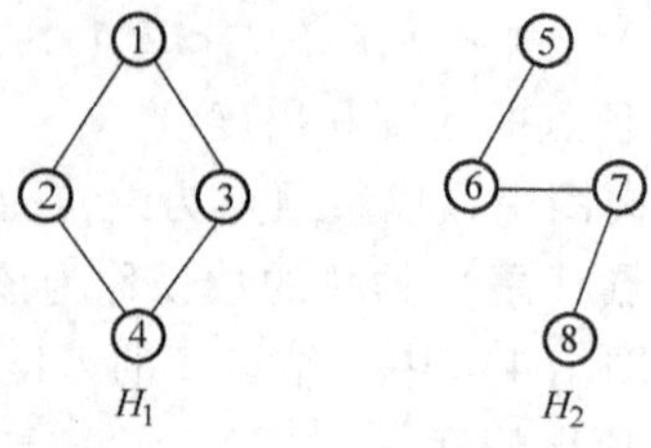

图 1.46 具有两个连通分量的无向图 G_4

如图 1.44 中的 G_3 不是个强连通图，但它有两个强连通分量，如图 1.47 所示。

2. 图的存储结构

图的结构比较复杂，存储方法也很多，需要根据具体的图形和将来所要作的运算选取适当的存储结构。

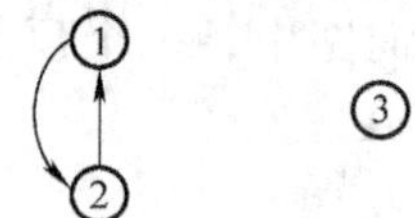

图 1.47 G_3 的两个强连通分量

下面主要介绍 3 种最常用的存储结构：邻接矩阵、邻接表和逆邻接表。

(1) 邻接矩阵

邻接矩阵是表示结点之间的邻接关系的矩阵，若图 G 有 n 个结点，则邻接矩阵 $\boldsymbol{A}$ 是具有下列性质的 $n \times n$ 阶方阵。

$$\boldsymbol{A}(i,j) = \begin{cases} 1 & \text{若}(V_i,V_j) \in V(G)(\text{对无向图}) \\ & \text{或}\langle V_i,V_j\rangle \in V(G)(\text{对有向图}) \\ 0 & G\text{ 中没有这样的边或弧} \end{cases}$$

图 1.48 中的 $\boldsymbol{A}_1$、$\boldsymbol{A}_2$ 和 $\boldsymbol{A}_3$ 分别是图 1.44 中的 G_1、G_2 和 G_3 的邻接矩阵。从图中可以看出，无向图的邻接矩阵为对称阵。所以，为了节省空间，对无向图有时采用压缩存储方式存一个上三角形（或下三角形）矩阵；有向图的邻接矩阵则不一定是对称的。

$$\boldsymbol{A}_1 = \begin{pmatrix} 0 & 1 & 1 & 1 \\ 1 & 0 & 1 & 1 \\ 1 & 1 & 0 & 1 \\ 1 & 1 & 1 & 0 \end{pmatrix} \quad \boldsymbol{A}_2 = \begin{pmatrix} 0 & 1 & 1 & 0 & 0 & 0 & 0 \\ 1 & 0 & 0 & 1 & 1 & 0 & 0 \\ 1 & 0 & 0 & 0 & 0 & 1 & 1 \\ 0 & 1 & 0 & 0 & 0 & 0 & 0 \\ 0 & 1 & 0 & 0 & 0 & 0 & 0 \\ 0 & 0 & 1 & 0 & 0 & 0 & 0 \\ 0 & 0 & 1 & 0 & 0 & 0 & 0 \end{pmatrix} \quad \boldsymbol{A}_3 = \begin{pmatrix} 0 & 1 & 0 \\ 1 & 0 & 1 \\ 0 & 0 & 0 \end{pmatrix}$$

图 1.48 图的邻接矩阵

用邻接矩阵表示图，容易判断出任意两点之间是否有边（弧）相连。

对于无向图，邻接矩阵的第 i 行元素值的和即为第 i 个结点的度数；对于有向图，第 i 行元素值的和即为第 i 个结点的出度，第 i 列元素值的和即为该结点的入度。

当用邻接矩阵表示图时，图的形式化描述如下：

```
#define vexnumber = {图的结点数};          /*结点数*/
int adjmat [vexnumber] [vexnumber];
```

用邻接矩阵法存储图时，占用的存储单元仅与图中的结点数有关，与边数无关。当图的边数比 n^2 小得多时，邻接矩阵中将出现很多零元素，造成存储空间的浪费。为解决这个问题，又提出了邻接表存储法。

（2）邻接表

邻接表是图的一种链式存储结构。在邻接表中，为图中每个结点建立一个单链表，无向图的第 i 个单链表将图中与结点 V_i 相邻的所有结点链接起来；有向图的第 i 个单链表链接的是图中以顶点 V_i 为尾的所有的边。

链表的每个结点（简称表结点）都有两个域：一个是顶点域，用以指示与 V_i 结点相邻接或以 V_i 为尾的顶点序号；另一个是指针域，用以指向与 V_i 相邻接（或以 V_i 为尾）的下一个结点。

每个链表都设有表头结点，它指向该链表中第一个结点。这些表头结点通常以向量（顺序结构）形式存储，以便能随机访问任一结点的链表。

当用邻接表表示图时，图的形式化描述如下：

```
#define NULL 0
#define n 8            /*结点数*/
struct elink
  {
    int vertex;
    struct elink *next;
  };
struct elink *vf[n+1];
struct elink *p;
```

例如，图 1.49a、b 分别为图 1.44 中 G_1 和 G_3 的邻接表。

若用邻接表表示无向图，由于每条边在它的两个结点的单链表中各有一个结点，所以若设一个结点占 c 个单元，则对于有 n 个顶点、m 条边的无向图，需用 $(n+2\times m)\times c$ 个单元。显然，在边稀疏($m << (n\times(n-1))/2$) 的情况下，用邻接表表示图比用邻接矩阵节省存储空间。

但是，这种表示方法也有一定的缺点：由于结点 V_i 的链表中可能有 n 个结点，所以，当要判断任意两个结点(V_i,V_j)之间是否有边或弧相连时，则需扫描第 i 个或第 j 个链表，需要的时间可能达 $O(n)$，这就不及邻接矩阵方便。

(3)逆邻接表

在无向图的邻接表中，结点 V_i 的度恰为第 i 个链表中的结点数。而在有向图中，第 i 个链表中的结点个数只是顶点 V_i 的出度；为求入度，必须对整个邻接表扫描一遍，其结点域中的值为 i 的结点的个数是结点 V_i 的入度。

为查找方便起见，可以建立一个有向图的逆邻接表，即对每个结点建立一个以 V_i 为头的弧的表。例如，图 1.50 是图 1.44 中 G_3 的逆邻接表。

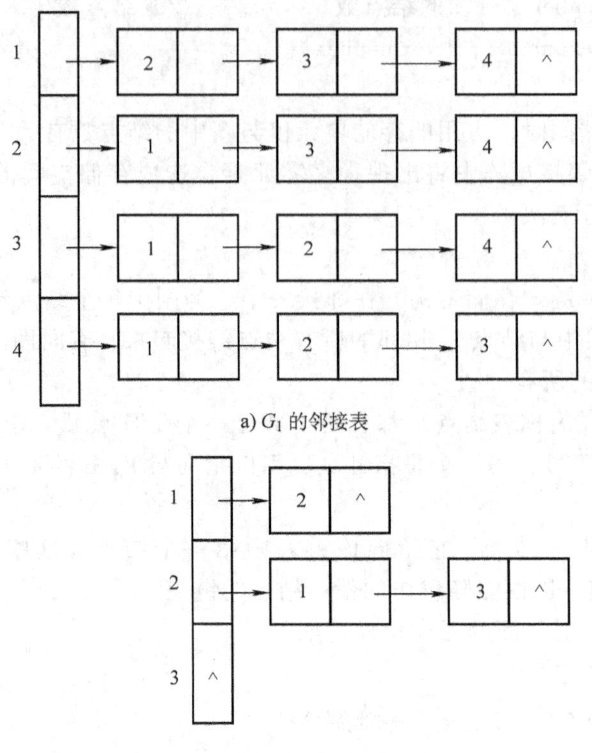

a) G_1 的邻接表

b) G_3 的邻接表

图 1.49 邻接表示例

3. 图的遍历

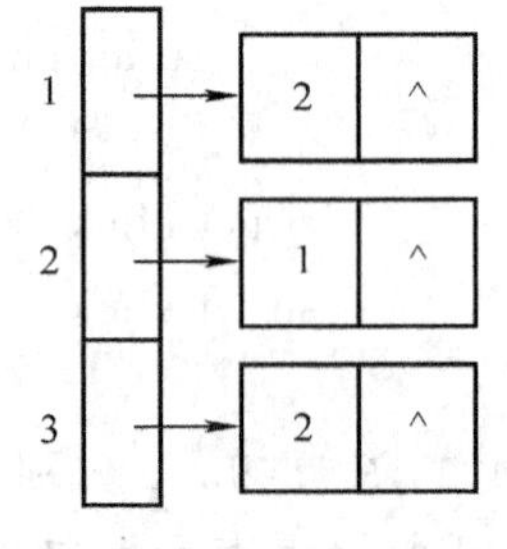

图 1.50 G_3 的逆邻接表

给定二叉树的根结点，通常要做的一件事是按某种顺序遍历该树，图也有这样的问题。与树的遍历类似，若给定的图是连通的，则从图中某一结点出发访问图中其余顶点，且使每个结点仅被访问一次，这一过程就称为图的遍历（Traversing Graph）。

按照访问相邻顶点的顺序，有两种遍历图的方法：深度优先搜索（Depth First Search，DFS）和广度优先搜索（Breadth First Search，BFS），它们对无向图和有向图都适用。

许多有关图的算法，如求图的连通性问题、拓扑排序和求关键路径等都是在深度优先搜索和广度优先搜索的基本方法上建立起来的。

然而，图的遍历要比树的遍历复杂得多，这是因为图的任一结点都可能与其余结点相邻接，所以，在访问了某个结点之后，可能沿着某条路径又回到该结点上。例如，图 1.44a 中 G_1，由于图中存在回路，因此，在访问了结点 1→2→4→3 之后，沿着边(3,1)又可访问到结点 1。

为了避免同一结点被访问多次，在遍历图的过程中，必须记下每个已访问过的结点。为此，设立一个辅助数组 vis[n]，初值为零，一旦访问了结点 i，便置 vis[i]为 1。

下面详细介绍上述两种遍历方法。

(1)深度优先搜索

假设初始状态是图中所有结点未曾被访问。从某一结点 V_i 开始访问,并标记 V_i 已被访问过(即 vis[V_i] =1);再按深度方向选择一个与 V_i 邻接的未被访问的结点 V_j 访问之,并标记 V_j 已被访问过(即 vis[V_j] =1),依次类推,重复上述过程。当遇到一个所有邻接于它的结点都被访问过的结点 V_k 时,则又回到该顶点的上一个结点并访问它的尚未被访问的相邻结点。这样依次返回新近被访问、且尚有相邻结点未被访问的结点。如此反复,直到所有结点全被访问过为止。

由于这种搜索顺序体现了优先向纵深发展的趋势,所以称其为深度优先搜索法。

以图 1.51 的 G_5 为例,看一下深度优先搜索的搜索过程。

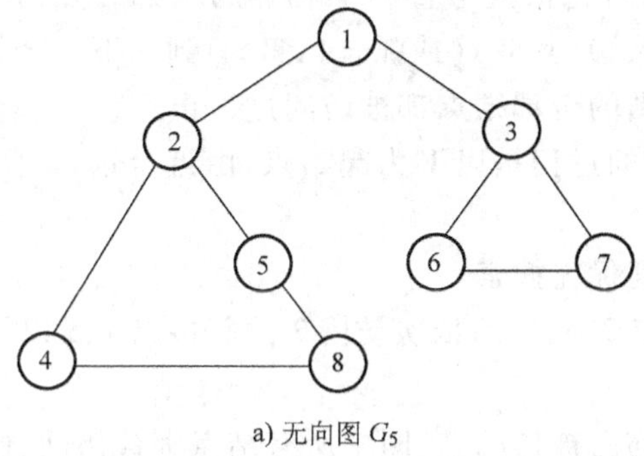

a) 无向图 G_5

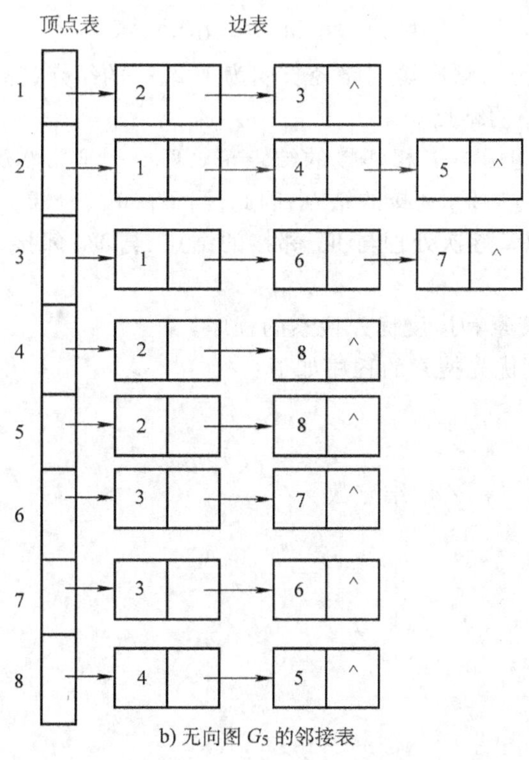

b) 无向图 G_5 的邻接表

图 1.51　无向图 G_5 及其邻接表表示

假设从结点1出发进行搜索,在访问了邻接点1后选择邻接点2,因为2未曾被访问,则从2出发进行搜索。依此类推,接着从4、8、5出发进行搜索,在访问了5之后,由于5的邻接点均已被访问过,则搜索回到8;由于同样的理由,搜索回到4、2直到1,此时由于1的另一个邻接点未被访问,则搜索又从1到3,再继续进行下去。由此,得到的结点访问序列为

$$1\to2\to4\to8\to5\to3\to6\to7$$

从上面的讨论可以看出,深度优先搜索的思想类似于树的先序遍历,是树的先序遍历的推广。

(2)广度优先搜索

广度优先搜索法遍历图的过程如下:

从图 G 的某结点 V 出发,首先依次考查和 V 相邻的全部结点,访问其中没有被访问过的结点;然后,从结点 V 沿着一条边 (V,W)(或弧 $<V,W>$)到达下一个结点 W,再考查和 W 相邻的全部结点;如此下去,直到图的全部结点都被访问过为止。

换句话说,广度优先搜索的过程是以 V 为起始点,由近至远,访问和 V 有路径相通且路径长度为1、2、…的结点。

对图1.51中 G_5 进行广度优先搜索。

首先访问1和1的邻接点2、3,然后依次访问2的邻接点4、5以及3的邻接点6和7,最后访问4的邻接点8。

由于这些结点的邻接点均已被访问,且图中所有结点都被访问,由此完成了图的遍历。结点的访问序列为

$$1\to2\to3\to4\to5\to6\to7\to8$$

在广度优先搜索中,为了顺次访问路径长度为1、2、…的结点,需增设队列 qu 以存储已被访问的路径长度为1、2、…的结点。

换句话说,由于首先遍历与 V 相邻接的结点 W_1、W_2、…、W_d,然后再遍历与 W_1 邻接的结点、与 W_2 邻接的结点、…、与 W_d 邻接的结点,因此,当 W_1、W_2、…、W_d 已遍历后,必须把这些结点放在一个队列 qu 中,以备逐次处理与 W_1 邻接的结点、与 W_2 邻接的结点、…、与 W_d 邻接的结点。

例1.16 深度优先搜索和广度优先搜索的程序。

深度优先搜索和广度优先搜索的程序如下:

```
#include "stdio.h"
#define NULL 0
#define n 8                  /* 结点数 */
struct elink
  {
    int vertex;
    struct elink *next;
  };
struct elink *vf[n+1];
struct elink *p;
int vis[n+1];
```

```
void adcreat( vf)
   struct elink  * vf[ n + 1 ] ;
   {
    struct elink  * q;
    int i,m;
    printf( "请输入结点数据:\n" ) ;
    for  ( i = 1 ;i < = n;i ++ )
        {
         q = NULL;
         scanf( "% d" ,&m) ;
         p = ( struct elink  * )  malloc  ( sizeof( struct elink) ) ;
         vf[ i] = p;  p - > vertex = m;  q = p;
         while  ( m!  = 0)
           {
           scanf( "% d" ,&m) ;
           if  ( m!  = 0)  p = ( struct elink  * )  malloc  ( sizeof( struct elink) ) ;
           else goto out;
           p - > vertex = m;  q - > next = p;  q = p;
           }
out:         p - > next = NULL;
        }
     printf( "邻接表:\n" ) ;
     for  ( i = 1 ;i < = n;i ++ )
        {
          p = vf[ i] ;
          while  ( p!  = NULL)
            {
             printf( "% d " ,p - > vertex) ;  p = p - > next;
            }
          printf( " \n" ) ;
        }
}

void dfs( p,v)
             /* 从结点 v 开始搜索 */
  struct elink  * p;
  int v;
     {
      printf( "% d " ,v) ;  vis[ v] = 1;  p = vf[ v] ;
```

```
        while (p! =NULL)
         {
            if (vis[p- >vertex] = =0)    dfs(p,p- >vertex);
            p=p- >next;
         }
     }
void bfs(v)
   int v;
     {
        int qu[n+3]; /* qu[n+1]:队头指针; qu[n+2]:队尾指针 */
        int *v1;
        printf("%d ",v); vis[v]=1;
        qu[n+1]=1; qu[n+2]=1;
        inq(qu,v);
        while (qempty(qu)! =0)
          {
               deq(qu,v1);
               p=vf[*v1];
               while (p! =NULL)
                 {
                    if (vis[p- >vertex] = =0)
                      {
                          printf("%d ",p- >vertex);
                          vis[p- >vertex]=1;
                          inq(qu,p- >vertex);
                      }
                    p=p- >next;
                 }
          }
     }
   inq(qu,v0)
      int qu[n+3];
      int v0;
      {
        if (qu[n+2]+1= =qu[n+1])
           printf("溢出! \n");
        else {
              qu[qu[n+2]]=v0;
              if (qu[n+2]= =n) qu[n+2]=1;
```

```
            else qu[n+2]=qu[n+2]+1;
          }
        }

    deq(qu,v0)
      int qu[n+2];
      int *v0;
      {
        if (qu[n+1]==qu[n+2]) printf("下溢!");
        else {
                *v0=qu[qu[n+1]];
               if (qu[n+1]==n) qu[n+1]=1;
               else qu[n+1]=qu[n+1]+1;
             }
      }

    int qempty(qu)
    int qu[n+3];
    {
     int qty;
     if (qu[n+1]==qu[n+2])   qty=0; /* 队空 */ else qty=1;
     return(qty);
    }

main()
  {
    int i,c;
    adcreat(vf);
    printf("请选择命令代码:");
    printf("0—结束   1—深度优先   2—广度优先\n");
    do
     {
     printf("请输入代码:");
     scanf("%d",&c); printf("\n");
     p=NULL;
     for (i=1;i<=n;i++) vis[i]=0;
     switch(c)
       {
         case 1:{ printf("深度优先遍历结点的序列为:");
```

```
                dfs(p,1); printf("\n"); break;
                }
          case 2:{ printf("广度优先遍历结点的序列为:");
                bfs(1); printf("\n"); break;
                }
          case 0:{ printf("\n"); break; }
          default:{ printf("命令代码输入错! 请重新选择! \n");
                break;}
          }
      }
   while (c! =0);
}
```

运行结果如下:

```
请输入结点数据:2 3 0 1 4 5 0 1 6 7 0 2 8 0 2 8 0 3 7 0 3 6 0 4 5 0
邻接表:
  2 3
  1 4 5
  1 6 7
  2 8
  2 8
  3 7
  3 6
  4 5
请选择命令代码:0—结束   1—深度优先    2—广度优先
请输入代码:1
深度优先遍历结点的序列为:1 2 4 8 5 3 6 7
请输入代码:2
广度优先遍历结点的序列为:1 2 3 4 5 6 7 8
请输入代码:0
```

4. 图的连通分量

求图的连通分量，实际上是图的遍历的一种应用。

对于无向连通图，仅需一次调用搜索过程（dfs 或 bfs），即从图中任一结点出发，便可访问图中各个结点。

对于非连通图，从图的一个结点出发不能遍历图的所有结点，而只是访问了图的连通分量的结点集，也就是说，只能访问到包含各结点的极大连通子图，所以需要多次调用搜索过程，才可得到无向图所有连通分量的结点集。实现的方法是，对图的每个结点进行检测，若已访问过，则顶点必落在连通分量上；若未访问过，则从该结点出发遍历，即可求得另一连通分量。

例 1.17 求图的连通分量算法。

求图的连通分量算法的程序如下：

```
void component(vf);
    struct elink  * vf[n+1];
    {
        for (i=1;i<=n;i++)
          vis[i]=0;
        for (i=1;i<=n;i++)
           if (vis[i]==0)dfs(i);
    }
```

5. 有向无环图及其应用——拓扑排序和关键路径

一个无环的有向图称为有向无环图（Directed Acyclic Graph，DAG）。有向无环图是描述一项工程或系统进行过程的有效工具。

除最简单的情况之外，几乎所有的工程（Project）都可分为若干个称为活动（Activity）的子工程，而这些子工程之间，通常受到一定条件的约束，例如，其中某些子工程的开始必须在另一些子工程完成之后。

对于整个工程或系统而言，人们关心的是两个方面的问题：一是工程能否顺利进行，二是估计整个工程完成所需的最短时间。这对应于有向图，即为能否进行拓扑排序和寻找关键路径问题。

（1）拓扑排序

若用有向图中的顶点表示活动、用有向边（即弧）表示活动之间的优先关系，则此有向图就称为顶点表示活动的网络（Activity On Vertex Network），简称 AOV 网。

在一个 AOV 网中，若从顶点 i 到顶点 j 存在一条有向路径，则称 i 是 j 的前趋，j 是 i 的后继，特别地，若 $<i, j>$ 是一条有向边，则称 i 是 j 的直接前趋，j 是 i 的直接后继。

所谓拓扑排序（Topological Sort），就是把 AOV 网中的各顶点按照它们之间的相互优先关系排成一个线性序列，这个序列就称为拓扑排序序列。若 AOV 网中有环（回路），则不可进行拓扑排序。

拓扑排序的方法是：

1）在有向图中选一个没有直接前趋的顶点并将其输出。

2）从图中删除该顶点和所有以它为尾的弧。

3）重复上述两步，直至全部顶点均已输出，或者图中没有直接前趋的顶点为止——这说明有向图中存在环。

以图 1.52a 中的有向图为例。

图中顶点 1 和顶点 6 没有直接前趋，则可任选一个。假设先输出顶点 6，在删除顶点 6 及弧 <6，4>、<6，5>之后，只有顶点 1 没有前趋，则输出顶点 1 且删除顶点 1 及弧 <1，2>、<1，3>和 <1，4>之后，顶点 3 和顶点 4 都没有前趋。依次类推，可从中任选一个继续进行。整个拓扑排序的过程如图 1.52b ~ 图 1.52f 所示。最后，得到该有向图的拓扑排序序列为：6—1—4—3—2—5。

需要说明的是，用同样的方法可以得到不同的拓扑序列，所以，图的拓扑排序序列不是

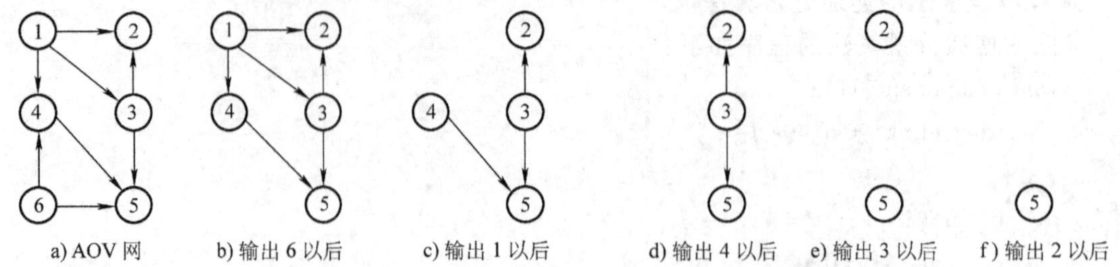

图 1.52　AOV 网及其拓扑有序序列产生的过程示例 1

唯一的。

再以图 1.53a 中的有向图为例。

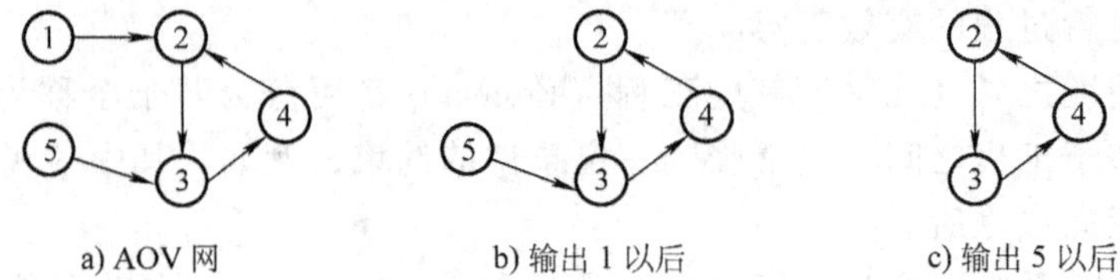

图 1.53　AOV 网及其拓扑有序序列产生的过程示例 2

显然，由于图 1.53 中存在回路（2—3—4—2），所以，无法产生其拓扑排序序列。

（2）关键路径

与 AOV 网相对应的是 AOE 网（Activity On Edge），即弧表示活动的网。AOE 网是一个带权的有向无环图，其中，顶点表示事件（Event），弧表示活动，权表示活动的持续时间。通常，可用 AOE 网来估计工程的完成时间。

例如，图 1.54a 是一个假想的有 8 项活动的 AOE 网，其中有 6 个事件 v_1、v_2、…、v_6，每个事件表示在它之前的活动已经完成、在它之后的活动可以开始。例如，v_1 表示整个工程的开始；v_4 表示活动 a_3、a_5 已经完成，活动 a_7 可以开始；……；v_6 表示整个工程的结束。

与每个活动相联系的数是执行该活动所需的时间，例如，活动 a_1 需要 3 天等。

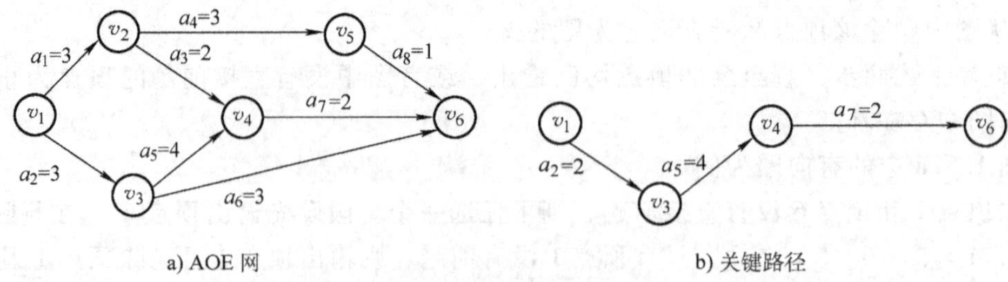

图 1.54　AOE 网及其关键路径

与 AOV 网不同，AOE 网所要回答的问题是：

1）完成整个工程至少需要多少时间？

2）哪些活动是影响工程进度的关键？

由于在 AOE 网中有些活动可以并行地进行，所以，完成工程的最短时间是从开始点到完成点最长路径的长度（这里所指的路径长度是指路径上各活动持续的时间之和，而不是路径上弧的数目）。长度最长的路径称为关键路径（Critical Path）。

假设开始点是 v_1，从 v_1 到 v_i 的最长路径长度叫做事件 v_i 的最早发生时间，这个时间决定了所有以 v_i 为尾的弧所表示的活动的最早开始的时间，用 $e(i)$ 表示活动 a_i 的最早开始时间。

另外，定义在不推迟整个工程完成的前提下，活动 a_i 最迟必须开始进行的时间为活动的最迟开始时间 $l(i)$。两者之差，即 $l(i)-e(i)$ 表明完成活动 a_i 的时间余量。

$l(i)=e(i)$ 的活动为关键活动。显然，关键路径上的所有活动都是关键活动，因此，提前完成非关键活动并不能加快工程的进度。

若活动 a_i 由弧 $<j, k>$ 表示，为求 $e(i)$ 和 $l(i)$，首先应求事件 v_j 的最早发生时间 VE (j) 和最迟发生时间 VL (j)，其算法如下：

1）向前递推，即从源点 v_1 出发，令 VE（1）=0，按拓扑有序求各顶点的最早发生时间 VE (j)。

VE（1）=0

VE (j) $=\mathop{Max}\limits_{i}$ {VE (i) + 弧 $\langle i, j\rangle$ 上活动的持续时间}（$<i, j>\in$ 所有以 j 为头的弧的集合，$2\leqslant j\leqslant n$）

2）向后递推，即从汇点 v_n 出发，令 VL (n) = VE (n)，按逆拓扑有序求各顶点的最迟发生时间 VL (i)。

VL (n) = VE (n)

VL (i) $=\mathop{Min}\limits_{j}$ {VL (j) − 弧 $\langle i, j\rangle$ 上活动的持续时间}（$<i, j>\in$ 所有以 i 为尾的弧的集合，$1\leqslant i\leqslant n-1$）

3）根据各顶点的 VE 和 VL 值，求每条弧的最早开始时间 $e(i)$ 和最迟开始时间 $l(i)$。

$e(i)=\mathrm{VE}(j)$

顶点	*ve*	*vl*	活动	*e*	*l*	*l−e*
v_1	↓ 0	0	a_1	0	1	1
v_2	3	4	a_2	0	0	0
v_3	2	2	a_3	3	4	1
v_4	6	6	a_4	3	4	1
v_5	6	7	a_5	2	2	0
v_6	8	↑ 8	a_6	2	5	3
			a_7	6	6	0
			a_8	6	7	1

图 1.55 顶点的发生时间和活动的开始时间

$l(i) = \mathrm{VL}(k) -$ 弧 $< j, k >$ 上活动的持续时间

其中，活动 a_i 由弧 $< j,k >$ 表示。

若某条弧满足条件 $e(i) = l(i)$，则活动 a_i 为关键活动。

依据上述公式，图 1.54a 的 AOE 网中各顶点的发生时间和活动的开始时间的计算结果如图 1.55 所示，其关键路径如图 1.54b 所示。

1.4 内部排序

1.4.1 内部排序简介

将一组数据按照一定的次序关系（如大小）排列就称为排序，它是计算机程序设计中的一种重要运算。

在数据处理、情报检索和企业管理等众多的计算机应用领域中，检索是极其基本而又频繁的工作，检索速度的快慢直接影响了计算机的使用效率。然而，优化的检索方法只适用于排序序列的检索。由此可见，排序的重要作用是作为检索的辅助措施，即排序可以提高查找的效率。

待排序的数据元素可以是数值型的、字符型的，也可以是更复杂的结构类型。一般来说，数值型的数据是按照数值的大小顺序排列，字符型的数据是按照它们对应的 ASCII 码顺序排列。

由于排序要花费很多的计算机时间，所以，对于一个未排序的结点序列的排序是计算机应用科学中的一个重要问题。

业已开发的巧妙的算法表明，排序本身就是一个值得剖析的有趣课题，在这方面有许多有魅力、也有些至今还是悬而未决的问题。因此，排序算法也就成了解决计算机程序设计问题的有趣实例研究。

在计算机中，由于数据的数量和存储设备不同，可将排序分为内部排序和外部排序两大类。

内部排序（Internal Sorting）是指在排序的整个过程中，数据全部存放在计算机的内部存储器里，并且，在内部存储器里调整数据的位置；反之，当文件很大以致内存不足以存放全部数据时，在排序过程中需要对外部存储器进行存取访问，称这种借助于外部存储器进行排序的方法为外部排序（External Sorting）。

这节只介绍内部排序。

内部排序的方法很多，按照对结点关键字的排序形式不同，主要分为比较型排序法和分布型排序法两大基本类型。

比较型排序法就是通过比较结点关键字的相对大小对序列进行排序；而分布型排序法则是根据结点关键字的某种特征将序列排序（如后面将要介绍的基数排序法）。

在这一节，主要介绍 4 种最典型的内部排序方法。需要说明的是，每一种排序方法均可在不同的存储结构上加以实现。若仅以向量作为存储结构，则需要移动记录来实现排序。

1.4.2　插入排序

插入排序（Insert Sorting）是一组具有“插入”这一动作的排序方法的统称。这些排序法把新元素（未排序的元素的关键字）逐个插入正在增长的顺序表中。

寻找插入位置的方法有多种，这里主要讨论直接插入排序和希尔排序。

1. 直接插入排序

直接插入排序（Direct Insert Sorting）是一种最简单的排序方法，其基本思想是：每步将一个待排序的元素按其大小插入到前面已排序的数据中的适当位置。

其具体方法是：先将第一个数据看成是一个有序的子序列，然后，从第 2 个数据起逐个插入到这个有序的子序列中去，相应的元素要移动。

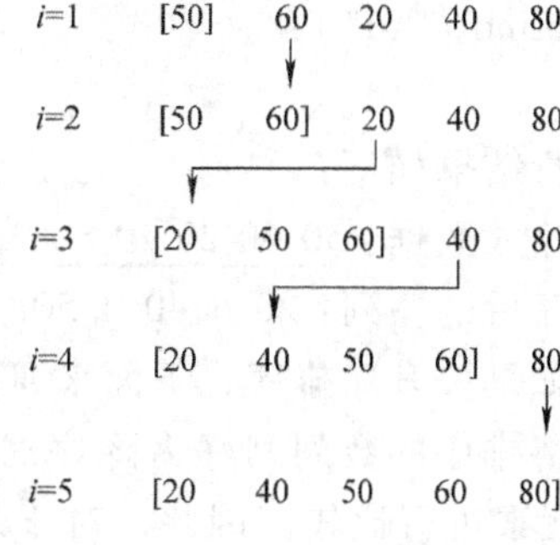

图 1.56　直接插入排序示例

例 1.18　给定一组数据 F = {50 60 20 40 80}，直接插入法排序的过程如图 1.56 所示。

直接插入排序的程序如下：

```
#include "stdio.h"
#define n 5
int ar[n+1];
int c,t;
void d_insort(a)
    int a[n+1];
        {int i,j;
            for (i=2;i<=n;i++)
            {
                t=a[i]; j=i-1;
                while ((j>0) && (t<a[j]))
                        {a[j+1]=a[j]; j=j-1;}
                a[j+1]=t;
            }
        }
main()
{   int i;
    printf("请输入数据：");
    for (i=1;i<=n;i++)
        scanf("%d",&ar[i]);
    d_insort(ar);
    printf("排序后的序列:");
```

```
    for (i=1;i<=n;i++)
        {
            printf("%d  |",ar[i]);
        }
    printf("\n");
}
```

运行结果如下：

请输入数据：50 60 20 40 80

排序后的序列：20 | 40 | 50 | 60 | 80 |

假如是按升序排序，下面来研究一下其执行时间。

当待排序的数列刚好为降序时，需进行比较的次数最多，第 i 个元素需要与其前面的 $i-1$个元素进行比较。因此，对于某一确定的 i，内 WHILE 循环执行的次数为 $O(n)$，外循环还有两次移动，所以，最坏情况下一次插入，需移动 $(i-1)+2=i+1$ 次，因而外循环的最多移动次数为

$$\begin{aligned} c \times \sum_{i=2}^{n}(i+1) &= c \times \sum_{j=3}^{n+1} j = c \times \left(\sum_{j=1}^{n+1} j - 1 - 2\right) \\ &= c \times [(n+1) \times (n+2)/2 - 3] \\ &= c \times (n+4) \times (n-1)/2 \\ &\approx c \times n^2/2 \end{aligned} \tag{1.9}$$

其中，c 为一常数。由此可见插入排序算法的时间复杂度为 $O(n^2)$。

2. 希尔排序

这是 Donald L · Shell 于 1959 年提出的排序算法，所以称为希尔排序（Shell Sorting）。这种排序方法也叫递减增量排序。从本质上讲，它也是插入排序，它是对前面介绍的插入排序算法的改进。

其基本思想是：把数据按下标的一定增量分组，对每组记录使用插入排序；随着增量的逐渐减小，所分成的组包含的记录越来越多，待增量的值减到 1 时，整个数据集合成为一组，完成排序，具体步骤如下：

1）首先选取一个整数 $d_1<n$（n 为待排序数据的个数），作为两个数据之间的距离。这样，把全部数据分成 d_1 个组，凡是距离为 d_1 的数据放在一个组里。在各组内进行内部排序，直到各组排好序为止。

2）从上述的结果序列出发，再选择 $d_2<d_1$，重复上面的分组与排序工作。

3）依次取 $d_{i+1}<d_i$，直到 $d_m=1$（设一共需要 m 次分组），即所有数据放在一组中排序为止。此时，全部数据便按顺序排好了。

在希尔排序中，d_i 的取法有多种，这里取

$$d_1=\lfloor n/2 \rfloor, d_{i+1}=\lfloor d_i/2 \rfloor, 1 \leqslant i \leqslant m, d_m=1$$

例如，设初始关键字如图 1.57 第一行所示。

第一遍，增量为 5，整个数据集合被分成 5 组，每组 2 个元素，并且对每组使用插入排序，排序后的结果称为“一遍排序结果”。

第二遍，步长减半（取整数值），整个数据集合被分成 2 组，每组 5 个元素，并且对每

组使用插入排序，排序后的结果称为“二遍排序结果”。

接下来，步长再减半，变成 1，即整个数据集合成为一组，应用插入排序后，便得到最终的排序结果，如图 1.57 所示。

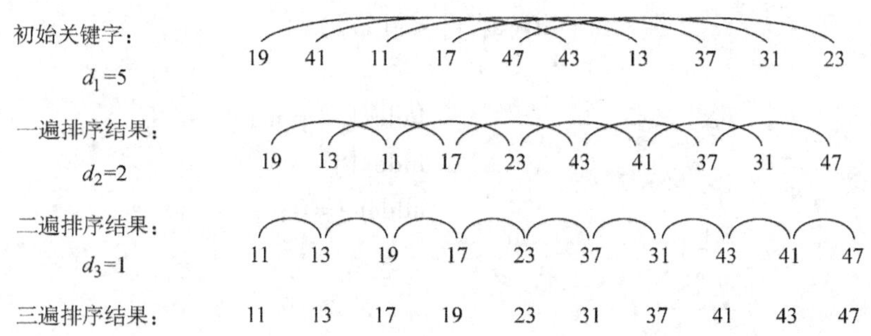

图 1.57 希尔排序示例

从上述排序过程可见希尔排序的特点是：每组的构成不是简单地“逐段分割”，而是将相隔某个“增量”的数据放在一组，每一遍以不同的增量进行插入排序。

由于在插入排序中关键字是和同一组中的前一关键字进行比较，因此，关键字较小的数据在排序的过程中就不是一步一步往前移动，而是跳跃式地往前移动。

例 1.19 希尔排序的程序。

希尔排序的程序如下：

```
#include "stdio.h"
#define max 10
int data[max + 1];
int index[max + 1];
int i;
void shell_sort(a)
  int a[max + 1];
  {
        int i,j,n,m,skip;
        int alldone;
        for (i = 1;i < = max;i ++ )
            index[i] = i;
         skip = max;
         while (skip > 1)
             {
               skip = skip/2;
               do
                     {
                     alldone = 1;
                     for (j = 1;j < = max - skip;j ++ )
```

```
                        {
                            i = j + skip;
                            n = index[i];
                            m = index[j];
                            if (a[n] < a[m])
                                {
                                    index[i] = m;
                                    index[j] = n;
                                    alldone = 0;
                                }
                        }
                }
            while (alldone = = 0);
        }
    }
main()
  {
    printf("请输入数据: ");
    for (i = 1;i < = max;i ++)
         scanf("% d",&data[i]);
    printf("\n");
    for (i = 1;i < = max;i ++)
            printf("% d   ",data[i]);
    printf("\n");
    shell_sort(data);
    for (i = 1;i < = max;i ++)
            printf("% d   ",data[index[i]]);
    printf("\n");
}
```

运行结果如下:

请输入数据: 19 41 11 17 47 43 13 37 31 23

19 41 11 17 47 43 13 37 31 23

11 13 17 19 23 31 37 41 43 47

希尔排序的分析较为复杂,因为它的时间是所取“增量”序列的函数,这涉及到一些数学上尚未解决的难题。增量序列可以有各种取法,但需注意:应使增量序列中的值没有除 1 以外的公因子,并且最后一个增量值必须等于 1。

1.4.3　快速排序

快速排序（Quick sorting）是一种平均比较次数最少的排序法，是目前内部排序中速度最快的，特别适合于大型表的排序。

快速排序的基本策略是：从表中选择一个中间的分隔元素（开始时通常取第一个元素），该分隔元素把表分成两个子表，一个子表中的所有元素都小于该分隔元素，而另一个子表中的所有元素等于或大于该分隔元素。要完成整个表的排序，这种分隔方法将在每个子表中重复，也就是说，算法将从每个子表中选出一个分隔元素，并把各子表分成更小的子表。

这种方法的每一步，都把某个数据安放在它在表中最终应占的位置，对每个子表重复处理，一直到所有的数据都存放在最终应占的位置为止。从这个描述中可以看出，该算法具有递归特性。

假设要对 A_1、A_2、…、A_n 这组无序的数据进行排序。为进行比较，可设两个指针 L（左）和 R（右），其初始状态分别指向表的第一个元素和最后一个元素。下面是具体的排序步骤。

1）令指针 $L=1$，$R=n$，即分别指向 A_1 和 A_n。

2）自尾端开始进行比较：将 A_R 与 A_L 比较，若 $A_L<A_R$，则数据就不交换，此时固定 L（即 L 指针不动），调整尾指针，使 $R=R-1$。继续比较，直至 $A_L>A_R$ 时为止，将 A_R 与 A_L 交换位置，并修改左指针，使 $L=L+1$。

3）将 A_L 与 A_R 比较，若 $A_L<A_R$，则调整左指针，使 $L=L+1$，R 指针不动。继续比较，直至 $A_L>A_R$ 时为止，将 A_L 与 A_R 交换位置，并修改右指针 R，使 $R=R-1$。

4）重复 2)、3）步骤，直到从两边开始的扫描在中间相遇，即 L、R 指针重合于中间某一个元素。此时，该元素即在排序的序列中找到了自己合适的位置，并且此元素将原序列分成了前后两个子集。虽然此时这两个子集还是无序的，但前一个子集的所有元素均小于后一个子集的所有元素，这称为一趟。

将这两个新的序列视为两个无序序列，按照上面的步骤分别对它们再排序，使得这两部分又各自分成更小的部分。如此反复，直到每部分只剩下一个元素为止。至此，完成了排序工作。

从上面的讨论可以看出，每趟结束时，都有一个元素找到了自己的正确位置。那么，经过若干趟后，每个元素都找到了自己应处的位置，排序也就完成了。

例 1.20　给定一组初始关键字，则按照上述思想的具体排序过程，如图 1.58 所示。

快速排序的程序如下：

```
#include "stdio.h"
#define n 10
int ar[n+1];
int i;

int quick1(a,l,r)
    int a[n+1];
```

初始关键词：	L (42)	23	74	11	65	58	94	36	99	R (87)
	L (42)	23	74	11	65	58	94	36	R (99)	87
	L (42)	23	74	11	65	58	94	R (36)	99	87
	36	L (23)	74	11	65	58	94	R (42)	99	87
	36	23	L (74)	11	65	58	94	R (42)	99	87
	36	23	L (42)	11	65	58	R (94)	74	99	87
	36	23	L (42)	11	65	R (58)	94	74	99	87
	36	23	L (42)	11	R (65)	58	94	74	99	87
	36	23	L (42)	R (11)	65	58	94	74	99	87
完成一趟排序：	[36	23	11]	L R 42	[65	58	94	74	99	87]
	[L (36)	23	R (11)]	42	[L (65)	58	94	74	99	R (87)]
	[11	L (23)	R (36)]	42	[L (65)	58	94	74	R (99)	87]
	[11	23]	L R 36	42	[L (65)	58	94	R (74)	99	87]
	[11	23]	36	42	[L (65)	58	R (94)	74	99	87]
	[11	23]	36	42	[L (65)	R (58)	94	74	99	87]
完成两趟排序：	[11	23]	36	42	[58]	LR 65	[94	74	99	87]
	[L (11)	R (23)]	36	42	[58]	65	[L (94)	74	99	R (87)]
	LR [11	23]	36	42	[58]	65	[87	L (74)	99	R (94)]
	11	23	36	42	58	65	[87	74	L (99)	R (94)]
完成三趟排序：	11	23	36	42	58	65	[87	74]	LR 94	[99]
	11	23	36	42	58	65	[L (87)	R (74)]	94	99
完成四趟排序：	11	23	36	42	58	65	[74	L R 87]	94	99

图 1.58 快速排序示例

注：每行中被圈出的数字表示待比较的数据

```
int l,r; /* 指针 */
    {
```

```
        int l1;
        int r1,w;
        l1 = l; r1 = r; w = a[l1];
        do {
            while ((a[r1] > = w) && (l1 < r1)) r1 = r1 - 1;
            if (l1 < r1)
                {
                        a[l1] = a[r1];
                        l1 = l1 + 1;
                        while ((a[l1] < = w) && (l1 < r1)) l1 = l1 + 1;
                        if (l1 < r1)
                            {
                            a[r1] = a[l1]; r1 = r1 - 1;
                            }
                }
            }
        while(l1 ! = r1);
        a[l1] = w; return(l1);
    }

void q_sort(a,l,r)
    int a[n+1];
    int l,r;
        {int l1;
        if (l < r)
            { l1 = quick1(a,l,r);
                q_sort(a,l,l1 - 1);
                q_sort(a,l1 + 1,r);
            }
        }

main()
    {
    printf("请输入数据: \n");
    for (i = 1;i < = n;i + + ) scanf("% d",&ar[i]);
    q_sort(ar,1,n);
    printf("排序后的序列:\n");
    for (i = 1;i < = n;i + + )
        {
```

```
        printf(" %d ",ar[i]);
        if (i % 5 = =0) printf(" \n");
    }
}
```

运行结果如下：
请输入数据：42 23 74 11 65 58 94 36 99 87
排序后的序列：
    11 23 36 42 58
    65 74 87 94 99

1.4.4 堆排序

由 1.3.2 节已经知道，完全二叉树可以用一个一维数组 A 表示，用 n 个存储单元来表示 n 个结点。

现在，把具有如下性质的完全二叉树称为堆（Heap）。

1）若 $2\times i\leqslant n$，则 $A\ [i]\ \leqslant A\ [2\times i]$。

2）若 $2\times i+1\leqslant n$，则 $A\ [i]\ \leqslant A\ [2\times i+1]$。

堆的含义表明：完全二叉树中所有非终端结点的值均不大于其左、右孩子的值，所以，堆顶元素 $A\ [1]$（即完全二叉树的根）必然是这 n 个元素中的最小值，如图 1.59e 所示，其结点中的数字表示元素的关键字。

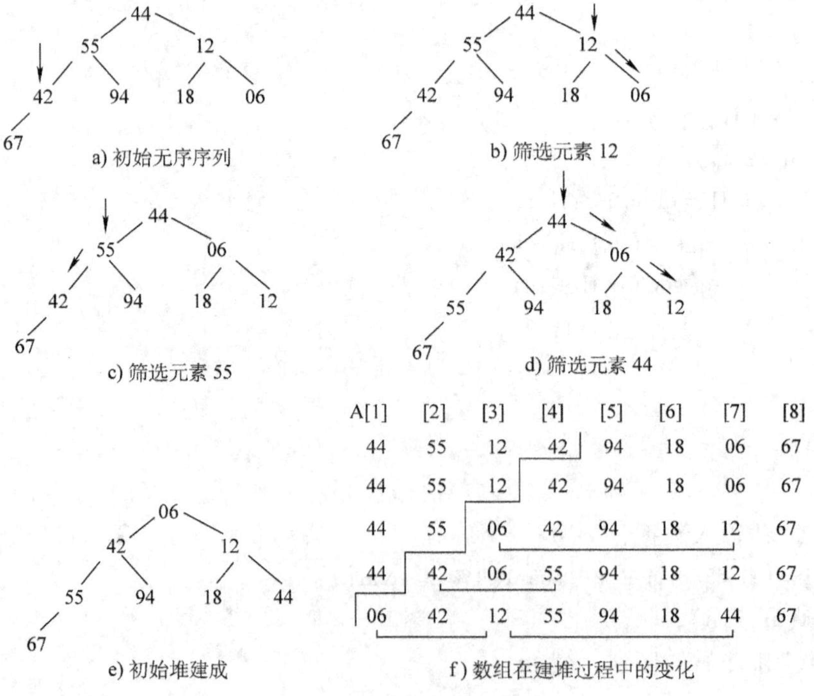

图 1.59 初始建堆示例

堆排序（Heap Sorting）就是借助于这种称为堆的完全二叉树结构进行的。

输出最小值 A [1] 后，把剩余的 n-1 个元素 A [1]、…、A [n-1] 再重新整理成堆；新堆的根 A [1] 是全部元素集合中具有第二个较小关键字的元素，再输出 A [1]；如此反复，便能得到一个有序序列，这一过程就称为堆排序。

堆排序需要解决两个问题：

1）如何由一个无序序列建成一个堆？

2）如何在输出堆顶元素之后，调整剩余元素成为一个新的堆？

下面先来解决第一个问题。

将一个无序序列置于二叉树的顺序存储结构 $A[1]\sim A[n]$ 中，根据完全二叉树的特性可以知道，所有位于 $i>\lfloor n/2\rfloor$（"$\lfloor\ \rfloor$" 表示向下取整）位置的结点 $A[i]$ 都没有子结点，因此，"筛选" 过程只需从 $i=\lfloor n/2\rfloor$ 个元素开始（叶子无需再筛选）。然后，逐步把以 $A[\lfloor n/2\rfloor]$、$A[\lfloor n/2\rfloor-1]$、$A[\lfloor n/2\rfloor-2]$、…、$A[1]$ 为根的子树排成堆（即从 $\lfloor n/2\rfloor$ 到 1 反复调用筛选过程），这就可以完成整个的建堆过程。

例 1.21 筛选堆的程序。

要排序的数据的关键字依次为 44、55、12、42、94、18、06、67，将这些数据依次放在一维数组 A [1] ~A [8] 中。则筛选从第 $\lfloor 8/2\rfloor=4$ 个元素开始，如图 1.59 所示，其中图 1.59e 就是筛选至最终得到的堆。

程序如下：

```
void shift(a,l,m)
                    /* 使 a[l..m] 成为一个堆 */
  int a[mm+1];
  int l,m;
    {
      int i,j,x;
      i=l; j=2*i; /* 2×i(即 j)是 i 的左孩子 */
      x=a[i];
      while (j<=m)
        {
          if ((j<m) && (a[j]>a[j+1]))      /* 若左孩子值>右孩子值 */
               j=j+1;                      /* 则沿右分支"筛选" */
          if (x>a[j])
               {a[i]=a[j]; i=j; j=2*i; }   /* 筛选 */
          else j=m+1;                      /* 强制跳出循环 */
        }
     a[i]=x;                               /* 筛选完毕 */
  }
```

再来讨论第二个问题。

设输出堆顶元素后，以堆中最后一个元素替代它。此时，根结点的左、右子树均为堆，

只有根结点 A [1] 不符合堆的定义，仅需自上而下进行调整。

首先，以堆顶元素与其左、右儿子相比较，并与其中值小的一个结点交换位置。但这种交换有可能破坏其左子树或右子树的堆，所以，还需要进行与上述相同的调整过程，直至叶子结点。

这种自堆顶至叶子结点调整的过程，每一步都保证将子树中最小的结点交换到子树的根部，就像过筛一样，把最小值一层层选择出来，故称此过程为筛选。

图 1.60 给出了堆排序的示意图。

堆排序的程序如下：

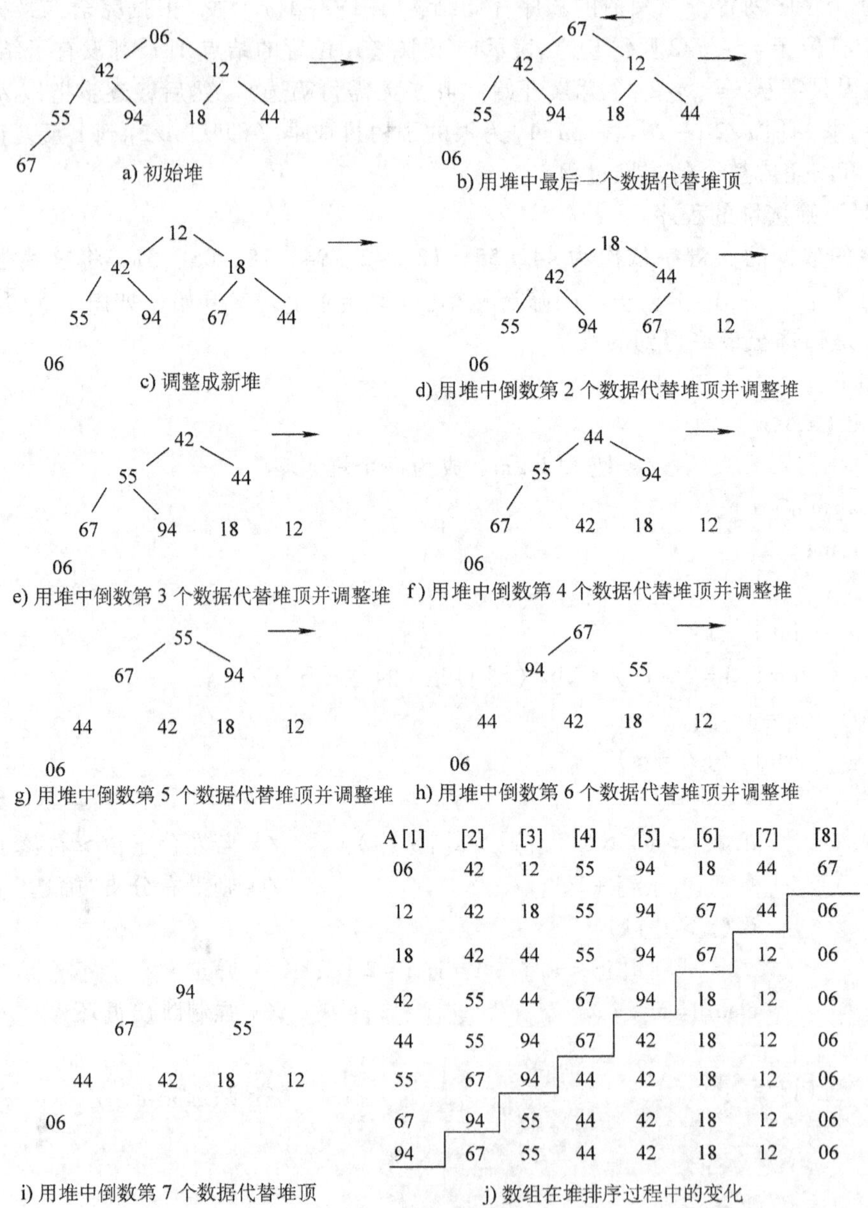

a) 初始堆

b) 用堆中最后一个数据代替堆顶

c) 调整成新堆

d) 用堆中倒数第 2 个数据代替堆顶并调整堆

e) 用堆中倒数第 3 个数据代替堆顶并调整堆

f) 用堆中倒数第 4 个数据代替堆顶并调整堆

g) 用堆中倒数第 5 个数据代替堆顶并调整堆

h) 用堆中倒数第 6 个数据代替堆顶并调整堆

A [1]	[2]	[3]	[4]	[5]	[6]	[7]	[8]
06	42	12	55	94	18	44	67
12	42	18	55	94	67	44	06
18	42	44	55	94	67	12	06
42	55	44	67	94	18	12	06
44	55	94	67	42	18	12	06
55	67	94	44	42	18	12	06
67	94	55	44	42	18	12	06
94	67	55	44	42	18	12	06

i) 用堆中倒数第 7 个数据代替堆顶

j) 数组在堆排序过程中的变化

图 1.60 堆排序示意图

```
#include "stdio.h"
#define mm 8
int a[mm+1];
int k;

void shift(a,l,m);

void heapsort(a)
   int a[mm+1];
        {
        int i,x;
        for (i=mm/2;i>=1;i--)
            shift(a,i,mm);              /* 从第⌊n/2⌋开始进行筛选建堆 */
        for (i=mm;i>=2;i--)
            {
               x=a[1]; a[1]=a[i]; a[i]=x;
                                        /* 将堆顶元素和堆中最后一个元素交换 */
               shift(a,1,i-1);          /* 调整第一个元素使之重新成为堆 */
            }
        }

main()
{
   printf("请输入数据: \n");
   for (k=1;k<=mm;k++)
        scanf("%d",&a[k]);
   printf("初始数据:\n");
   for (k=1;k<=mm;k++)
        printf(" a[%d]=%d ",k,a[k]);
   printf("\n");
   heapsort(a);
   printf("排序后的数据:\n ");
   for (k=1;k<=mm;k++)
        printf(" |a[%d]=%d| ",k,a[k]);
   printf("\n");
}
```

运行结果如下:

请输入数据: 44 55 12 42 94 18 06 67

初始数据：

a[1]=44 a[2]=55 a[3]=12 a[4]=42 a[5]=94 a[6]=18 a[7]=6 a[8]=67

排序后的数据：

|a[1]=94| |a[2]=67| |a[3]=55| |a[4]=44| |a[5]=42| |a[6]=18|
|a[7]=12| |a[8]=6|

1.4.5 基数排序

前面介绍的几种排序方法都是按照数据元素（或记录关键字）值的大小进行排序的，而多关键字排序是一种依据组成数据元素或关键字的各位值进行排序的方法。基数排序（Radix Sorting）借助的就是这种思想，它属于分布式排序，也称口袋排序。

基数排序是把逻辑关键字看成由若干个子关键字复合而成的。假设有 n 个关键字 $\{r_1, r_2, \cdots, r_n\}$ 需要进行排序，每个关键字由 d 元组（$k_1k_2k_3\cdots k_d$）子关键字组成，k_1 是关键字值的最高位，k_d 是关键字值的最低位，其基数为 r_d。

排序前，先将待排序元素置于一个数组 $r[1] \sim r[n]$ 中存储，每个结点除存放排序码的值外，还有一个指向下一个结点的指针（即下一个结点的下标值）。

排序时从最低位 k_d 开始，直到最高位 k_1，把关键字依其子关键字的值分配到 r_d 个队列中去，同一队列中的元素用指针链接。同时，队头和队尾各用一个指针指示，该头、尾指针分别存放在两个数组 $f[r_{a_1}] \sim f[r_{a_2}]$ 和 $e[r_{a_1}] \sim e[r_{a_2}]$ 中（r_{a_1}和 r_{a_2}为子关键字 k_i 的取值范围）。

每经过一次分配后，都将各队列中的元素按顺序收集在一起，经过 d 次的分配和收集后，即得到按序排列的序列。

例如，若关键字是十进制数值，将全部数据放在数组 r 中，然后按下列步骤进行：

1）初态：设置 10 个队列，并且使其均为空。

2）分配：依次从数组 r 中取出每个关键字，第 i 遍处理时，考察该关键字右起第 i 位数字（即第 i 个子关键字），设其值为 k，则把该关键字插入第 k 个队列；数组 r 全部处理完后，全部数据被分配到队列 0 ~ 9 中。

3）收集：从队列 0 开始，依队列 0 ~ 9 的头、尾指针，修改数组 r 中各关键字的指针，即将这次分配完的关键字依逻辑顺序再链接起来。

4）循环：重复以上 1）~3）步，若关键字有 d 位数字，就需要执行 d 遍。

考察一个由 3 位十进制数字组成的关键字，则其值在 $0 \leqslant k \leqslant 999$ 的范围内。可把每一个十进制数看成一个逻辑关键字 k，而 k 由三个子关键字（$k_1k_2k_3$）组成，其中，k_1 是百位数，k_2 是十位数，k_3 是个位数。由此分解，得到的每个关键字 k_i 都在相同的范围内（$0 \leqslant k_i \leqslant 9$）。

排序是先从最低位 k_3 开始，按 k_3 的大小分成若干组，每组中 k_3 值相同，然后将各组数据收集在一起；下次再按 k_2 大小排序，如此重复，直到对 k_1 排序后，整个数据集即成为有序序列。

例 1.22 基数排序过程的程序。

设有 10 个十进制数：179、208、234、056、800、178、651、245、006、958，该数列数值范围在 0 ~ 999 之间，因此子关键字位数 $d=3$，个位数为低关键字位，百位数为高关键字位，关键字值的范围为 0 ~9，基数为 10。进行基数排序的过程如图 1.61 所示。

基数排序的程序如下：

$r[1]$	$r[2]$	$r[3]$	$r[4]$	$r[5]$	$r[6]$	$r[7]$	$r[8]$	$r[9]$	$r[10]$
179	208	234	056	800	178	651	245	006	958

→ 179 → 208 → 234 → 056 → 800 → 178 → 651 → 245 → 006 → 958

a) 初始状态

$e[0]$	$e[1]$	$e[2]$	$e[3]$	$e[4]$	$e[5]$	$e[6]$	$e[7]$	$e[8]$	$e[9]$
								958	
						006		178	
800	651			234	245	056		208	179
$f[0]$	$f[1]$	$f[2]$	$f[3]$	$f[4]$	$f[5]$	$f[6]$	$f[7]$	$f[8]$	$f[9]$

b) 按最低关键字位值分配

→ 800 → 651 → 234 → 245 → 056 → 006 → 208 → 178 → 958 → 179

c) 第一次收集

$e[0]$	$e[1]$	$e[2]$	$e[3]$	$e[4]$	$e[5]$	$e[6]$	$e[7]$	$e[8]$	$e[9]$
208					958				
006					056		179		
800			234	245	651		178		
$f[0]$	$f[1]$	$f[2]$	$f[3]$	$f[4]$	$f[5]$	$f[6]$	$f[7]$	$f[8]$	$f[9]$

d) 按次低关键字位值分配

→ 800 → 006 → 208 → 234 → 245 → 651 → 056 → 958 → 178 → 179

e) 第二次收集

$e[0]$	$e[1]$	$e[2]$	$e[3]$	$e[4]$	$e[5]$	$e[6]$	$e[7]$	$e[8]$	$e[9]$
		245							
056	179	234							
006	178	208				651		800	958
$f[0]$	$f[1]$	$f[2]$	$f[3]$	$f[4]$	$f[5]$	$f[6]$	$f[7]$	$f[8]$	$f[9]$

f) 按最高关键字位值分配

→ 006 → 056 → 178 → 179 → 208 → 234 → 245 → 651 → 800 → 958

g) 第三次收集后得排序结果

图 1.61　基数排序示例

```
#include "stdio. h"
#define ra1 0
#define ra2 9
#define d 3
#define n 10
int keyval;          /* ra1 < = keyval < = ra2 */
int pn;                    /* 1 < = pn < = n */
struct rnode
   {int key[4]; /* keyval */
    int next;        /* 0 < = next < = n */
   };
struct rnode r[n+1];

int rsort(r)
    struct rnode r[n+1];
    {
        int j,k,t,i;
        int f[10],e[10]; /* 0..9 */
        int p;
        p=1;
        for(i=d;i> =1;i--)
           {
              for (j=ra1;j< =ra2;j++) f[j]=0; /* 头指针初始化 */
              while(p!  =0)                                  /* 分配 */
                    {
                      k=r[p].key[i];
                      if (f[k]= =0) f[k]=p;
                      else r[e[k]].next=p;
                      e[k]=p;
                      p=r[p].next;
                    }
              j=0;                                  /* 收集 */
              while (f[j]= =0) j=j+1;
              p=f[j]; t=e[j];
              while (j<ra2)
                    {
                      j=j+1;
                      if (f[j]!  =0)
                           { r[t].next=f[j]; t=e[j];}
```

```
            }
        r[t]. next =0;
        }
        return(p);
}

main()
  {
  int p;
  int i,j;
  printf("请输入数据:");
  for(i=1;i<=n;i++)
        {
          for (j=1;j<=3;j++)
              {
                  scanf("%d",&r[i]. key[j]);
                  printf("%d ",r[i]. key[j]);
              }
          printf(" ");
          scanf("%d",&r[i]. next);
          printf("%d|",r[i]. next);
        }
printf("\n");
p=rsort(r);
printf("排序后的数据:\n");
while (p!=0)
        {
          for (j=1;j<=3;j++)
          printf("%d",r[p]. key[j]);
          printf(" "); p=r[p]. next;
          }
  printf("\n");
}
```

运行结果如下:

```
请输入数据: 1 7 9 2 2 0 8 3 2 3 4 4 0 5 6 5 8 0 0 6 1 7 8 7
            6 5 1 8 2 4 5 9 0 0 6 10 9 5 8 0
1 7 9     2|2 0 8     3|2 3 4     4|0 5 6     5|8 0 0     6|1 7 8     7|
6 5 1     8|2 4 5     9|0 0 6     10|9 58     0|
```

排序后的数据：

006　056　178　179　208　234　245　651　800　958

从程序中可以看出：

1）有 n 个元素的序列，对一个关键字位，“分配”数据的循环需执行 n 次，“收集”的循环需执行 rd 次，因此一次分配和收集共执行 $n+rd$ 次。

2）有 d 个关键字位又需要重复 d 次“分配”和“收集”。

所以，基数排序的时间复杂度为 $O(d\times(n+rd))$。

1.5 查找

1.5.1 基本概念

查找和排序一样，是非数值程序设计中的另一个重要的技术问题。

所谓查找（Searching）就是在大量的信息集合中寻找一个“特定的”信息元素。对给定的值与数据集合中各记录的关键字进行比较或计算，若找到与该值匹配的关键字，则查找成功；否则，查找失败。

不同的存储结构，其查找方法也不相同。

若在查找过程中同时插入查找表中不存在的元素，或者从查找表中删除已存在的某个元素，则称为动态查找；若在查找过程中不进行插入或删除操作，则称为静态查找。

由于查找运算在计算机的程序设计中占有非常重要的地位，因此，查找方法的好坏将直接影响到计算机的使用效率。一般来说，可以用平均查找长度（Average Search Length，ASL）作为衡量查找效率的依据。所谓平均查找长度，就是确定元素在表中某一位置所进行的比较次数的期望值，用 ASL 表示。对于长度为 n 的表，其中的一个元素查找成功的平均查找长度为

$$ASL = \sum_{i=1}^{n} P_i C_i \qquad (1.10)$$

式中，P_i 为查找表中第 i 个元素的概率；C_i 为找到表中第 i 个元素所需的比较次数，显然 C_i 的值与查找的算法有关。

下面除介绍一些新的数据结构之外，主要讨论各种查找方法，并对它们作简要的性能分析。

1.5.2 线性表查找

这里先介绍 3 种在线性表上进行查找的方法，它们是顺序查找法、折半查找法和分块查找法。

1. 顺序查找

顺序查找（Sequential Searching）是一种最简单的线性查找，它从线性表的一端开始，依次比较其中每个元素的关键字。

这种方法既适用于顺序分配的线性表，也适用于链式分配的线性表。

顺序查找的算法比较简单：对于给定的数据 d，从线性表的第一个数据开始依次往下查找，如果在线性表中有一个数据的值等于 d，则查找成功；否则查找失败。其程序实现由读者自己完成。

顺序查找的缺点是速度慢。对于线性表的顺序查找，如果表中第 i 个元素的关键字值与所要找的相等，则要比较 i 次，即 $C_i = i$，又设：每个元素关键字的查找概率相等，则 $P_i = 1/n$。

因而，对成功的查找而言，平均查找长度为

$$ASL = \sum_{i=1}^{n} P_i C_i = (1/n) \times \sum_{i=1}^{n} i = (n+1)/2 \tag{1.11}$$

顺序查找在查找不成功时关键字的比较次数为 n。

2. 折半查找

折半查找又称二分查找，它是对有序表（设表中元素的关键字已按升序排好序）所进行的查找。

折半查找的思想是：先确定待查元素的范围，然后，逐步缩小范围直到找到或找不到为止。用两个指针 low 和 high 分别指待查元素所在范围的下界和上界，用 mid 指示中间元素。具体步骤是：

1）初态：low 和 high 的初值分别为 1 和 n。

2）令 mid = ⌊(low + high)/2⌋，即取查找范围里中间位置数据的下标。

3）用待查关键字值 k 与表的中间元素值 r [mid] 相比较：

如果 r [mid] $=k$，则 mid 即为 k 所在位置的下标，查找成功；

如果 r [mid] $>k$，说明 k 只能在下标为 low ~ mid −1 的范围内，则令 high = mid −1；

如果 r [mid] $<k$，说明 k 只能在下标为 mid +1 ~ high 的范围内，则令 low = mid +1。

4）重复步骤 2）和 3），当 low > high 时，说明已查遍所有可能的范围，表中不存在关键字为 k 的数据，查找失败。

从上面的讨论中可以看出：不论中间元素的值大于还是小于待查关键字的值，都说明待查的数据只可能在数据表的前（或后）一半。所以，均可缩小查找范围的一半继续查找，这就是折半的含义。

例 1.23　已知 11 个数据元素 {05 13 19 21 37 56 64 75 80 88 92} 的有序表 r，现要查找关键字为 21 和 85 的数据元素，其折半查找过程如图 1.62 所示。

折半查找的程序如下：

```
#include "stdio.h"
#define n 11
int a[n+1];
int i,loc,key,num;

int binsrch(no,r,k)
    int no,k;
    int r[n+1];
    {
```

数组元素值	数组下标	指针	比较结果	指针	比较结果	指针	比较结果
05	1	low		low			
13	2						
19	3			mid	r[mid]<k		
21	4					low,mid	r[mid]=k
37	5			high		high	
56	6	mid	r[mid]>k				
64	7						
75	8						
80	9						
88	10						
92	11	high					

a) 查找 k=21 的过程（查找成功）

数组元素值	数组下标	指针	比较结果	指针	比较结果	指针	比较结果	指针
05	1	low						
13	2							
19	3							
21	4							
37	5							
56	6	mid	r[mid]<k					
64	7			low				
75	8							
80	9			mid	r[mid]<k			high
88	10					low,mid	r[mid]>k	low
92	11	high		high		high		

b) 查找 k=85 的过程

注：因为下界 low > 上界 high，则说明表中没有关键字等于 k 的元素，查找不成功。

图 1.62 折半查找过程示例

```
int low, mid, high, bin;
bin = 0;
low = 1; high = no; /* 最初的范围 */
while (low <= high)
      {
      mid = (low + high) / 2;
      if (k > r[mid]) low = mid + 1;
      if (k < r[mid]) high = mid - 1;
      if (k == r[mid])
```

```
                {
                    bin = mid; low = high + 1;
                }
            }
    return( bin );
    }

main( )
  {
    printf( " \n" );
    printf( "请输入数据的个数( < = % d): ",n);
    scanf( "% d",&num);
    printf( "请输入数据: ");
    for (i = 1;i < = num;i + + )
          scanf( "% d",&a[i]);
    printf( " \n" );
    for (i = 1;i < = num;i + + )
          printf( "% d - ",a[i]);
    printf( " \n" );
    printf( "请输入待查关键词: ");
    scanf( "% d",&key);
    loc = binsrch( num,a,key);
    if (loc = =0) printf( "查找失败! 没有 % d ",key);
    else printf( "关键词的位置 = % d ",loc);
    }
```

运行结果如下:

```
请输入数据的个数 ( < =11): 11
请输入数据: 5   13   19   21   37   56   64   75   80   88   92
5-13-19-21-37-56-64-75-80-88-92-
请输入待查关键词: 21
关键词的位置 =4
请输入数据的个数 ( < =11): 11
请输入数据: 5 13 19 21 37 56 64 75 80 88 92
5-13-19-21-37-56-64-75-80-88-92-
请输入待查关键词: 85
查找失败! 没有 85
```

由于折半查找的检索范围每次都以减去一半的速度缩小，所以，即使待检索的数据很多，速度也是相当快的。

可用称作判定树的完全二叉树来描述折半查找过程。15个结点的折半查找的判定树如图1.63所示。

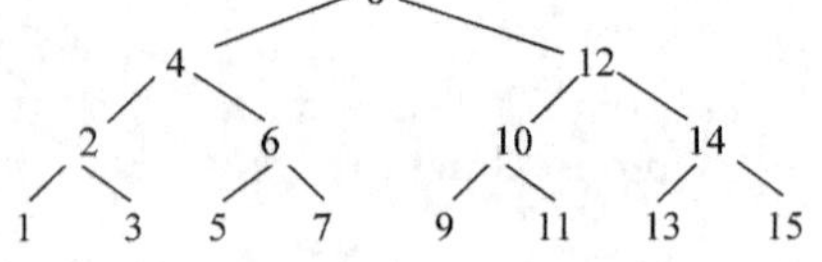

图1.63 描述折半查找过程的判定树

注：图中数字表示结点的下标。

为讨论方便起见，假设表的长度为 $n=2^h-1$（反之 $h=\log_2(n+1)$），则描述折半查找的判定树是深度为 h 的满二叉树。由满二叉树的性质可知：层次为 i 的结点有 2^{i-1} 个。又假设表中每个元素的查找概率相等（$P_i=1/n$），则折半查找的平均查找长度

$$ASL = \sum_{i=1}^{n} P_i C_i = (1/n) \times \sum_{j=1}^{h} j \times 2^{j-1} \tag{1.12}$$

设

$$S = \sum_{j=1}^{h} j \times 2^{j-1}$$

$$= 1 \times 2^0 + 2 \times 2^1 + 3 \times 2^2 + \cdots + (h-1) \times 2^{h-2} + h \times 2^{h-1}$$

$$2S = 1 \times 2^1 + 2 \times 2^2 + 3 \times 2^3 + \cdots + (h-1) \times 2^{h-1} + h \times 2^h$$

则

$$S - 2S = -S = 2^0 + 2^1 + 2^2 + \cdots + 2^{h-2} + 2^{h-1} - h \times 2^h$$

$$= 2^h - 1 - h \times 2^h$$

所以

$$S = 2^h(h-1) + 1 = (n+1)[\log_2(n+1) - 1] + 1$$

$$= (n+1)\log_2(n+1) - n$$

$$ASL = \frac{1}{n}S = \frac{n+1}{n}\log_2(n+1) - 1 \tag{1.13}$$

对任意的 n，当 n 较大时，可有下列近似结果

$$ASL \approx \log_2(n+1) - 1 \tag{1.14}$$

可见，折半查找的效率比顺序查找的高，但折半查找只能适用于有序表，且存储结构限于向量（对线性链表无法进行折半查找）。

3. 分块查找

分块查找又称索引顺序查找，是折半查找和顺序查找方法的综合运用。

该方法要求把数据表中的元素均匀地分成若干块，每块中的元素可以是任意排列的，但块与块之间必须是有序的，即第 i 块中所有的元素值都小于（或大于）第 $i+1$ 块中所有元素值。

设块与块之间是升序排列的，则分块查找的基本思想是：除数据表以外，尚需建立一个“索引表”，把每块中最大的关键字及相应块在数据表中的起始地址依次存于该表中，索引表按关键字有序。

分块查找需分两步进行：先确定待查元素所在的块，然后在块中顺序查找。

因为索引表是有序的，所以，确定块的查找可以用顺序查找，也可以用折半查找，但块中元素是任意排列的，所以，在块中只能是顺序查找。

设有15个元素已存于图1.64中的数据表中，并已建立了索引表，现要查找关键字为42的元素。

先在索引表中查找，因 $22<42<44$，故得知42在数据表的第2块中，再在该表中查找即可确定42为数据表中的第7个元素。

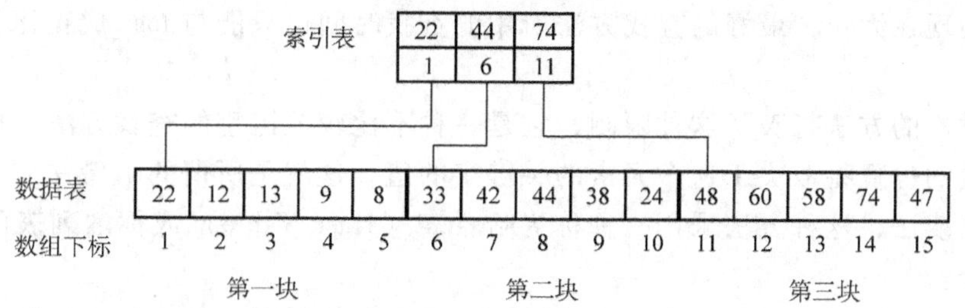

图 1.64 分块查找示意图

分块查找法的优点是把查找缩小在某个范围内，而不必在整个表里进行查找。

分块查找法的平均查找长度为

$$ASL = L_b + L_w \tag{1.15}$$

式中，L_b 为查找索引表确定所在块的平均查找长度；L_w 为在块中查找的平均查找长度。

设表长为 n，均匀地分成 b 块，每块含 s 个记录，即 $b = n/s$；又假定表中每个元素的查找概率相等，则每块的查找概率为 $1/b$，块中每个记录的查找概率为 $1/s$。

1）若用顺序查找确定所在块，则

$$\begin{aligned} ASL &= L_b + L_w \\ &= \frac{1}{b}\sum_{j=1}^{b} j + \frac{1}{s}\sum_{i=1}^{s} i \\ &= (b+1)/2 + (s+1)/2 = (b+s)/2 + 1 = (n/s + s)/2 + 1 \end{aligned} \tag{1.16}$$

可以看出，此时的 ASL 不仅与表长 n 有关，且与每一块中的元素个数 s 有关。在给定 n 的前提下，s 是可选择的。可以证明，当 $s=\sqrt{n}$时，ASL 最小，等于$\sqrt{n}+1$。这个值比顺序查找有了很大改进，但不及折半查找。

2）若用折半查找确定所在块，则

$$ASL' \approx \log_2(n/s + 1) + s/2 \tag{1.17}$$

有两点需要说明。

1）如果索引表中的元素个数太多，也可以对索引表进行分块，即再加上高一层的索引表。

2）每块中的结点不一定采用顺序分配方式进行存储，也可以采用链式分配方式进行存储，如图 1.65 所示。

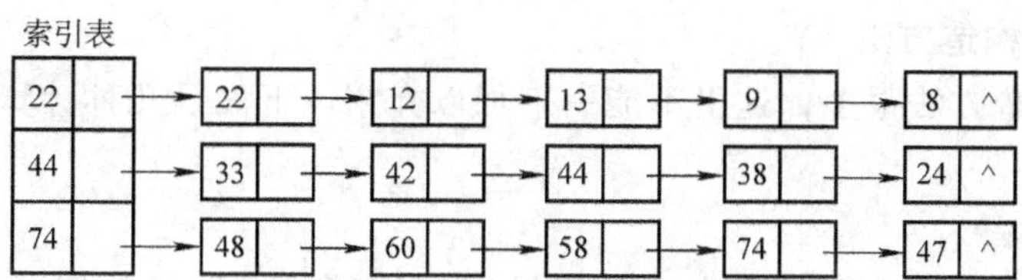

图 1.65 带索引的链表

1.5.3 哈希表查找

1. 什么是哈希表

前面讨论的各种查找方法，由于数据在结构中的相对位置和数据的关键字之间不存在对应关系，所以，在查找过程中都要按照关键字进行一系列比较才能确定待查元素在数据集合中的位置。到现在为止，最好的查找方法所用的查找时间也只能与 $\log_2^n$ 成正比，它与元素的个数 n 有关。

下面要讨论的方法打破了这种限制，它是一种不比较关键字的查找方法。也就是说，表中的某个元素的位置将取决于这个元素的关键字的值，这就是所谓的哈希法（Hashing），也称散列法、杂凑法，这种方法采用一种称为哈希表（Hash Table）或称散列表的数据结构来表示数据集合。

应用这种方法，需要定义一个函数，称为哈希函数或散列函数。输入的数据按关键字的值，通过散列函数的计算均匀地散列到内存的某个存储区。同样地，再根据同一个散列函数，对已存入的数据元素进行查找。

最理想的情况当然是不经过任何比较，一次存取便能得到所查元素，要做到这一点，就必须在数据的存储位置和它的关键字之间建立一个确定的对应关系 $H(x)$，这个对应关系 $H(x)$ 就是上面所说的哈希（Hash）函数或散列函数，称 $H(x)$ 的值为关键字 x 的哈希地址或散列地址，按照这个思想建立的线性表称为哈希表或散列表。

例如，设 a_i 是长度为 n 的线性表中的一个元素（$1 \leqslant i \leqslant n$），其关键字是 k_i，则可建立 a_i、k_i 与 a_i 的存储地址之间的关系

$$\text{address}(a_i) = H(k_i)$$

其中，$\text{address}(a_i)$ 为元素 a_i 的存储地址。

$H(x)$ 使每个关键字和结构中一个唯一的存储位置相对应；因而在查找时，只要根据这个对应关系 $H(x)$ 计算给定关键字 k 的 $H(k)$，若结构中存在关键字等于 k 的元素，则它必定在存储位置 $H(k)$ 上，因此，不需要比较便可直接取得所查记录。

在哈希表中可以做到快速查找，但此法也有弊端，即有时可能出现不同的数据元素产生相同的散列地址的现象，这种现象就称为“冲突”（Collision）。用户总是希望找到一个不会发生冲突的 Hash 函数，但是要找到这样的 Hash 函数是困难的。因此，冲突难免会发生。一旦发生冲突，必须采取相应的措施及时地给予解决。

综上所述，用散列法查找时需要解决两个主要问题：

1）构造一个计算简便且发生冲突次数尽量少的哈希函数。

2）确定解决冲突的方法。

下面分别加以介绍。

2. 哈希函数的构造方法

哈希函数的构造方法很多，这里不能一一加以介绍。下面是几种计算简便且效果较好的哈希函数。

（1）直接定址法

当关键字是整型数时，用关键字本身或关键字的某个线性函数值（例如把关键字与一个常数相加、减等）作为该关键字的哈希地址。

这是一种最简单的方法，比如要处理从 1 岁到 100 岁的人的相应情况，则可以用年龄为关键字，使数据元素地址就等于其关键字本身。再比如，当关键字是学号、职工编号等，均可考虑用直接定址法。

（2）基数转换

把所给定的关键字的每一个数字位上的数乘以另一进位制的基数，然后求和。

例如

$$(4\ 731)_{10} \to 4\times13^3+7\times13^2+3\times13^1+1\times13^0=(10\ 011)_{10}$$

该式中把十进制数 4 731 看成是十三进制数，计算完后转化为一个新的十进制数10 011。

一般来说，变换时所用的基数和原来的基数互质且通常要与别的方法结合使用。

(3) 除留余数法

这是一种简单而又常用的方法。这种方法采用模运算（MOD），即将关键字被某个不大于哈希表表长度 m 的数 p 整除后所得的余数作为哈希地址。设关键字为 *Key*，则

$$\text{Hash}(key)=key\quad \text{MOD}\quad p\qquad p\leqslant m$$

这种方法的关键是选取适当的 p。如果 p 选取的不当，产生的地址就不均匀，因而发生冲突的可能性就大。例如，若选取 $p=10^2$，则所得到的哈希地址必定是关键字的低两位数字，这样的散列值不具有良好的随机性；若选取 p 为偶数，则偶数关键字必定映射到偶数地址，奇数关键字必定映射到奇数地址，其随机性同样不能令人满意。

根据经验得知，要使散列效果更好，p 应为质数。

(4) 数字分析法

这种方法也称为特征位抽取法。在最初建立哈希表时已知全部或部分数据的关键字，通过对它们进行全面或抽样分析，选择数字分布均匀的若干位（即随机性较好的数位）组成哈希地址。例如，

关键字								地址
1	0	0	0	1	3	2	4	024
1	0	0	1	2	3	4	5	145
1	0	4	3	3	4	5	6	356
1	0	0	2	2	4	2	9	229
1	1	4	5	3	3	6	7	567
1	1	4	2	2	4	8	0	280
①	②	③	④	⑤	⑥	⑦	⑧	

取比较均匀的④⑦⑧位作为地址。

这种方法通常用在关键字的位数比存储区地址的位数多的情况，通过对关键字进行分析，去掉某些分布不均匀的位，留下分布均匀的位作为地址。

(5) 平方取中法

通常在选定哈希函数时，不一定能知道关键字的全部情况，所以，事先确定取其中哪几位就不一定合适。

然而，一个数平方后的中间几位和该数的每一位都相关，因此使随机分布的关键字得到的哈希地址也是随机的。这是一种较常用的方法。关于散列值的位数，要根据表的大小来确定，并且，为了限制越界，还要根据表的值设置一个适当的比例因子。

例如，设关键字是 4 位整数，$K=8\ 596$，表长 $B=800$。按照平方取中法

$$8\ 596\times8\ 596=738\ 912\ 16$$

取结果值的右起第 3～5 位数（912）作为哈希地址。但因为 912 超过了 $0\sim B-1$ 的界限，所以取一个比例因子 0.8。因此，哈希地址为$\lfloor 912\times0.8\rfloor=729$。

（6）折叠法

将关键字分割成位数相同的几部分（最后一部分的位数可以不同），然后把每一段作为一个加数，求这几部分的叠加和（舍去最高位的进位）作为哈希地址。

例如，将关键字 $K=12\ 320\ 324\ 111\ 220$ 转换成三位的地址码。将 K 进行分割

$$K=123 \mid 203 \mid 241 \mid 112 \mid 20$$

相加时有两种方法。

一种是顺叠法或称移位法，它把每一段的数字从高位到低位依次对齐进行求和。

$$\begin{array}{r} 123 \\ 203 \\ 241 \\ 112 \\ +)\ 20 \\ \hline 699 \end{array}$$

则 H（K）=699。

另一种是对折法，像折纸条一样，把原关键字中的数字按照划分的界限向中间折叠，然后求和。

$$\begin{array}{r} 123 \\ 302 \\ 241 \\ 211 \\ +)\ 20 \\ \hline 897 \end{array}$$

则 H（K）=897。

（7）随机数法

选择一个随机函数，取关键字的随机函数值作为它的哈希地址。通常，当关键字长度不等时采用此法构造哈希函数。

上面介绍了几种常用的哈希函数，方法各种各样，具体选用时，需视不同的情况采用不同的哈希函数。

目前，还不存在一种万能的哈希函数，它在任何情况下都很出色，但在大部分情况下，选用较多的是除留余数法。

通常，选择哈希函数时应考虑的因素有：

1）计算哈希函数所需时间（包括硬件指令的因素）。

2）关键字的长度。

3）哈希表的大小。

4）关键字的分布情况。

5）数据的查找频率等。

3. 冲突处理的方法

在构造哈希函数时应尽可能防止冲突的发生，但在实际中冲突仍不可避免。就像哈希函数一样，近几年来计算机科学工作者在冲突的处理上有许多成熟的技术，例如：开放定址法、再哈希法、建立公共溢出区、链地址法等。

线性探测再散列是开放定址法的一种。

例如设表长 $B=8$，现有 4 个数据元素，其关键字分别为 a、b、c、d，并且相应的哈希地址分别为 $\text{Hash}(a)=3$、$\text{Hash}(b)=0$、$\text{Hash}(c)=4$、$\text{Hash}(d)=3$。

开始设哈希表为空，并且取线性探测再散列为

$$\text{hash}_i(k)=(\text{hash}(k)+i)\ \text{mod}\ p$$

所以，关键字为 a、b、c 的数据可以直接放在哈希地址为 3、0、4 的位置。当插入关键字为 d 的数据时，由于 $\text{hash}(d)=3$，则冲突。经一次散列，得哈希地址为 $\text{hash}(d)=4$，再经二次散列，得第 2 次再散列的哈希地址为 $\text{hash}(d)=5$，于是，将关键字为 d 的数据放在地址为 5 的地方。如图 1.66 所示。

链地址法是应用较为广泛的处理冲突技术之一。在这种方法中，将关键字被映射成同一哈希地址的记录，即 H(*key*)相同的记录存储在同一线性链表中。

假设某哈希函数产生的哈希地址在区间［0，n］上，则建立一个指针型向量

```
struct hashptr
{ int data;
struct hashptr * next;
};
struct hashptr * hasharray[n+1];
```

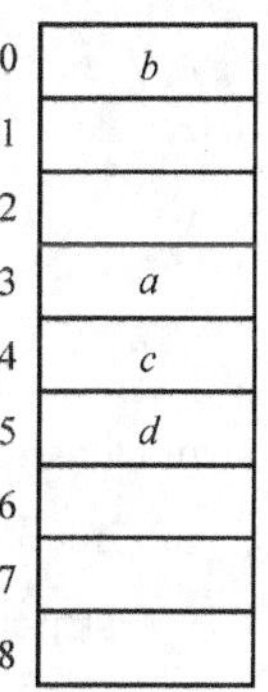

图 1.66　线性探测再散列处理冲突

其每个分量的初始状态都是空指针。凡哈希地址为 i 的是记录都插入到指针为 hasharray［i］的单链表中。在链表中的插入位置可以是表头、表尾或中间。

4. 哈希表的查找及其分析

例 1.24　哈希表的查找和分析实例。

下列一组关键字，

（12、19、17、14、10、24、15）

哈希函数为：H(*key*)＝*key* MOD 5，用链地址法处理冲突时，其哈希表如图 1.67 所示。

用散列法查找某一关键字时，该关键字首先被映射到哈希表中的某一项，然后沿着该项的链去查找这个关键字。

散列查找的程序如下：

```
#include "stdio.h"
#include "math.h"
#define n 6                       /*哈希表的表长*/
#define hash_const 5              /*质数*/
#define NULL 0
```

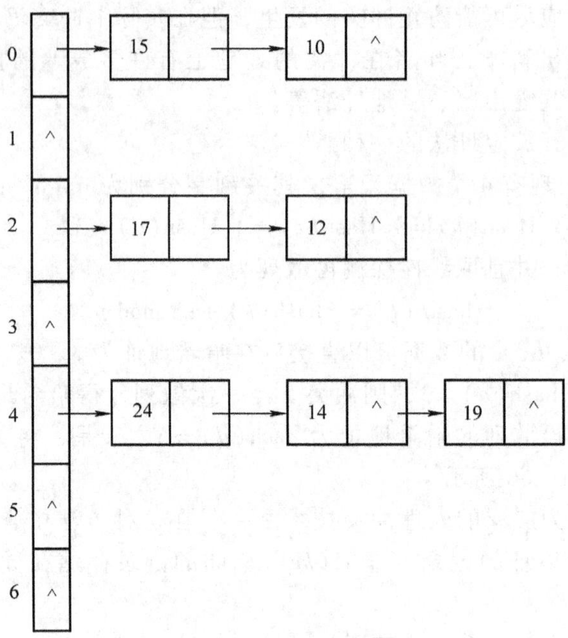

图 1.67 冲突处理示例

```
struct hashptr
    { int data;
      struct hashptr * next;
    };
struct hashptr * hasharray[ n + 1 ];

void init_hash( hashtable        /* 输出 */ )
      struct hashptr * hashtable[ n + 1 ];
      { int i;
            for ( i = 0; i < = n; i + + )
                  hashtable[ i ] = NULL;
            }

int hash1( item      /* 输入 */ )
      int item;
      {
            int hash11;
            hash11 = ( int) fmod( item, hash_const);
            return( hash11 );
            }

void insert_hash( hashtable,     /* 输入/输出 */
```

```
            item          /* 输入 */)
        int item;
        struct hashptr * hashtable[n+1];
        {
          int hash_address,hash11;
          struct hashptr * ptr;
          hash_address = hash1(item);
          ptr = (struct hashptr * ) malloc (sizeof(struct hashptr));
          ptr -> data = item;
          ptr -> next = hashtable[hash_address];
          hashtable[hash_address] = ptr;
          }

void search_hash(hashtable,          /* 输入 */
                 search_key,      /* 输入 */
                 found             /* 输出 */)
        struct hashptr * hashtable[n+1];
        int search_key, * found;
        {
        struct hashptr * ptr;
        int hash_address;
        hash_address = hash1(search_key);
        ptr = hashtable[hash_address];
        * found = 1;
        while ( * found == 1)
            {
            if (ptr == NULL) * found = 0;
            else if (ptr -> data == search_key) * found = 2;
                    else ptr = ptr -> next;
              }
        }

   main()
   {
   int i,x;
   struct hashptr * p;
   int * pp;
   init_hash(hasharray);          /* 初始化哈希表 */
   printf("请输入 %d 个数:\n",n+1);
```

```
for (i=0;i<=n;i++)
    {
      scanf("%d",&x);
      insert_hash(hasharray,x);
    }
printf("\n");
printf("哈希表:\n ");
for (i=0;i<=n;i++)
    {
        p=hasharray[i];
        while (p! =NULL)
            {
                printf("->%d",p->data); p=p->next;
            }
        printf("^\n");
    }
x=0;
while (x>=0)
    {
        printf("请输入待查关键词:(-1:退出)");
        scanf("%d",&x);
        pp=0;
        if (x>=0)
          {
                search_hash(hasharray,x,pp);
                if (*pp==2) printf("成功!%d 在表中\n",x);
                else printf("失败!%d 不在表中\n",x);
          }
    }
}
```

运行结果如下:

```
请输入 7 个数:12 19 17 14 10 24 15
哈希表:
->15->10^
^
->17->12^
^
->24->14->19^
```

^

^

请输入待查关键词:（ -1：退出）14

成功！14 在表中

请输入待查关键词:（ -1：退出）5

失败！5 不在表中

请输入待查关键词:（ -1：退出）-1

下面对散列查找做一个简单分析。

因为散列查找是一种直接计算地址的方法，当选择的哈希函数算出的地址较均匀时，查找的过程不需要比较。所以，其检索效率较前面介绍的顺序查找、折半查找和分块查找等方法都要高。

但由于冲突很难避免，所以实际上降低了它的查找效率。查找效率与冲突发生的次数、表的填满程序及解决冲突的方法有关。为了定量地分析表满程度对效率的影响，需引入“装填因子”。

装填因子（ α ） = 表中元素个数 / 基本存储区表的长度

从直观上想，α 越大，即哈希表装得越满，产生冲突的可能性就越大，查找的速度也就越慢。可以证明，对链地址法其平均查找长度为 $1+\alpha/2$。

习 题

1. 什么是数据结构？为什么要学习数据结构？

2. 一个算法的执行时间约为 $1000n$，另一个约为 2^n，两个算法的时间复杂度分别是多少？哪个高？当问题的规模不超过 13 时，选用哪个好？

3. 判断下列概念的正确性：

(1) 线性表在物理存储空间中也一定是连续的。

(2) 栈和队列是一种非线性的数据结构。

(3) 链表的物理存储结构具有同链表一样的顺序。

(4) 对于不同的使用者，一个表结构既可以是栈，也可以是队列，还可以是线性表。

4. 设有 37 张连续号奖券，起始号为 5493，问终止号是多少？

5. 用一个长度为 m 的数组存放两个栈，两个栈顶分别是 top1 和 top2，参见图 1.10。上溢的条件是 top1 = top2。用键盘输入一串整数，奇数放入栈 1，偶数放入栈 2，直到上溢时停止输入。试编写程序实现这一过程。

6. 设线性表以顺序存储结构存储，其元素均为整数。编程序求出表中的最大元素及其在表中的位置。

7. 设线性表以顺序存储结构存储，其元素均为整数。编程序删除其中的最小元素。

8. 编写程序，求单向链表的表长。

9. 以单链表的形式存储一个线性表，其元素均为整数。编程序求某一结点的直接前趋。

10. 编写实现单向链表逆转的程序，即将

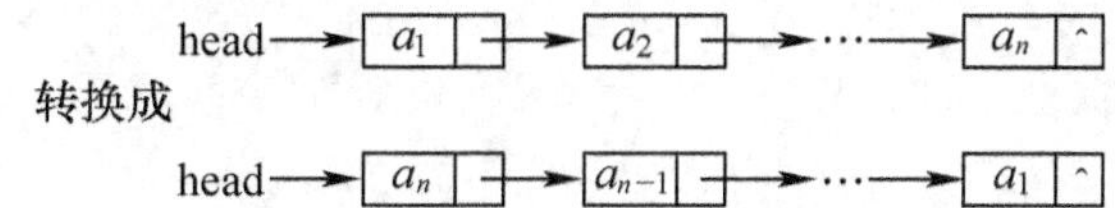

要求使用最少的附加空间。

11. 假设 A、B 是两个有序的循环链表，pa 和 pb 分别指向两个表的表头结点。写出一个将这两个表归并为一个有序的循环链表的程序。

12. 以链式存储结构存储二叉树，编写递归程序计算二叉树的树高。

13. 编写程序，逐个结点释放二叉树的全部结点空间。

14. 以数组为存储结构，重解约瑟夫问题。

15. 关键字序列 T = ［12 7 2 30 8 28 4 10］，分别写出插入排序和快速排序的中间过程序列。

16. 用折半查找法，分别画出在有序表［3 4 7 8 9 9 10］中查找关键字为 9、10 和 11 的过程。

17. 构造哈希函数时应考虑哪些因素？

18. 选取哈希函数 $H(key) = (3 \times key) \bmod 11$，用链地址法处理冲突，对关键字序列［22 41 53 08 46 30 01 31 66］，构造一个散列地址空间为 0～10、表长为 11 的哈希表。

第2章　计算机系统体系结构与 Windows 编程机制

现在恐怕不会有人对用“日新月异”这个词来形容计算机的飞速发展产生疑义。不断更新的产品和技术对从事计算机应用开发的人员产生了前所未有的压力，但同时也提供了更多的机遇。

了解计算技术的过去、现在及发展趋势，对全面提高自身的综合素质是非常重要的。本章将简要介绍计算机系统体系结构与 Windows 编程机制。

2.1　计算机系统体系结构

计算机系统体系结构指的是计算机系统各组成部分之间的相互关系，它是包括硬件、软件、算法和语言的综合性概念。直观地说，是程序员所看到的计算机属性，即其概念性结构与功能特性。确切地说，研究的是软件、硬件的功能分配，以及机器界面的确定问题。

关于体系结构，人们过去主要强调的是计算机硬件结构的组成和功能的实现。随着软件规模的日趋庞大、结构日趋复杂，人们越来越认识到软件体系结构的重要性，并加强了相关的技术研究。

在使用计算机资源方面，计算机系统体系结构大体经历了以下 4 个发展阶段。

2.1.1　批处理阶段

在批处理系统中，用户通常将作业提交给系统操作员。操作人员将作业成批地装入计算机，由操作系统将作业按规定的格式组织好，存入磁盘的某个区域（通常称为输入井），然后按照某种调度策略选择一个或几个搭配得当的作业调入内存加以处理。作业处理结果的输出通常也由操作系统存入磁盘的某个区域（通常称为输出井），然后再按作业顺序统一输出。最后，将作业的运行结果交给用户。

批处理处理方式为的是解决计算机运行与手工操作之间速度相差悬殊的矛盾，追求的是系统资源利用率的提高、大作业吞吐量及作业流程的自动化。

2.1.2　中心主机远程处理阶段

批处理方式的主要缺点是所有的用户必须亲自将他们的作业提交给计算机。

在 20 世纪 60 年代中期，IBM 针对上述问题提出了一种叫做远程作业输入（简称 RJE）的解决方案。它允许一个机构在几个不同的地方使用各自的输入机——这至少可以缩短等待队列的长度。

随着电子产品价格的下降，“分时”系统应运而生。“分时”指的是把计算机的系统资源（尤其是 CPU 时间）进行时间上的分割。与批处理方法不同的是，分时系统不是将每一份作业一次完成，而是只把一定的时间花在其中一个作业上，然后计算机去执行其他用户的作业，前一个作业将被挂起。

开始时，终端用户一般是使用电传打字机，它的速度比计算机的速度要慢得多。电子产品的不断发展使得电传打字机的速度不断提高，并逐渐演化为视频显示终端（简称 VDT），它的速度要比电传打字机快得多。随着 VDT 内电子元件越来越多，计算机的体系结构又发生了新的变化。

2.1.3 共享资源服务器阶段

IBM 和惠普公司首先在它们的 VDT 里加入了相当复杂的逻辑，将其变成了智能终端。例如，在 VDT 里加入了微处理器控制逻辑电路和必需的局部存储器，使其成为一个完全独立的单元，称为个人计算机（PC）。

开始时，PC 主要是单独使用的。随着信息量的迅猛增加，人们要求共享软硬件资源的呼声越来越高。在共享资源思想的指导下，价格昂贵的资源集中在服务器上，PC 通过某种类型的网络硬件和服务器相连，以完成对资源的存取。Novell NetWare 是这种模式的典型代表。

2.1.4 客户端/服务器阶段

在为高性能的计算任务（特别是瓶颈任务）选型时，客户端/服务器模式逐步取代了其他模式。

客户端/服务器结构非常重要的一点就是它充分利用了客户端/服务器现有的能力，同时将网络的流量减到最少。

举一个简单的例子，例如旅行社查询民航数据库以期得到所需的航班信息。

如果这个应用是基于主机式的，那么旅行社的每一台终端的每一次键入都要通过网络传给主机并被主机处理。即使主机接收的键入是错误的（或者是不相关的），它也必须做出反应。即便是这个系统的每一个用户总是正确无误地输入数据（这是一种不可能成立的假设），随着系统使用量的增加，网络的传输量也增加，直到到达某一点，网络（通常是系统中的最慢的部分）饱和了。这时就发生了排队效应，用户所熟悉的反应变慢现象就出现了。

如果采用客户端/服务器结构，则旅行社代理人使用的不是 VDT，而是使用个人计算机。在这种结构里，个人计算机上运行着设计好的客户端/服务器前台应用程序，用户从不直接和主机打交道，他对主机数据库的查询是通过代理人和前台应用程序的交互完成的，仅仅当这种交互完成之后，前台应用程序才和主机进行交互。由于仅仅是满足查询所需的信息才通过网络进行传输，网络流量被减至最小（事实上，更为复杂的前台应用程序拥有自己的局部数据库，某些请求能够从那里得到满足而不必将所有的请求都传给主机）。

客户端/服务器（Client/Server，CS）技术是 20 世纪 90 年代的新技术。

客户端/服务器技术是强大的计算机硬件与可靠、快速和低成本的通信技术相结合的范例，它涉及到分布式计算、协作式计算和分布式事务处理等概念。

客户端/服务器系统把计算从单一的集中管理系统移动到每个用户都可以快速、经济地访问信息的分布式系统中。

随着人们对提高灵活性、计算能力、工作能力的认识，客户端/服务器技术及其在分布式和协作式计算领域的扩展将逐渐成为未来发展的技术基础，这一点已为人们所接受。

由于允许使用低成本的硬件、支持平台跨越能力、较好地支持容错系统，以及为分布式数据提供了更容易的管理方法等因素，使客户/服务器技术得以迅速流行。

1. 客户端/服务器的定义

“客户端/服务器” 指的是两个系统或两个处理之间的关系。

在大部分情况下，要根据需求者（客户端）与服务器之间的关系来确定哪一个是客户、哪一个是服务器。

在网络术语中，服务器是运行网络软件的系统，它提供对共享资源（如打印机、磁盘和程序等软、硬件资源）的共享存取服务；而客户端则是指请求使用网络服务器的共享存取机制的系统。

客户端要求服务器系统为之完成工作；提供服务的计算机就是服务器。如图 2.1 所示，说明了简单的客户端/服务器的关系。客户端发出服务要求到服务器，而服务器通过适当的应答响应客户端的要求。

因为计算机系统中存在两大资源：硬件资源和软件资源，相应地也就有硬件服务器和软件服务器。

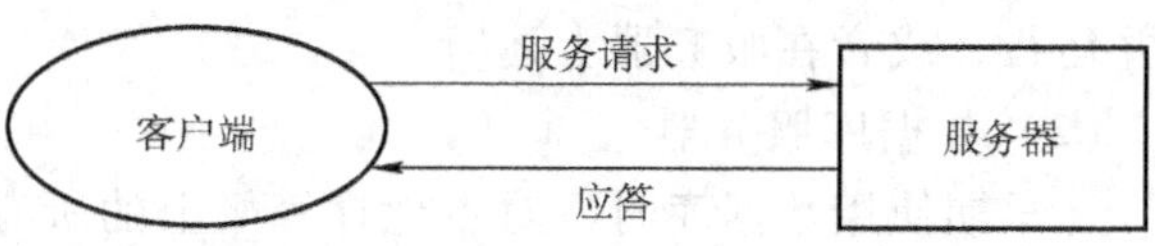

图 2.1 客户端/服务器的关系

（1） 硬件服务器

硬件服务器具有下列功能：

1）作为打印服务器，服务器上带有打印机可供网络上的任何用户使用。

2）作为文件服务器，服务器上存有公用文件。

3）作为存储机构，以支持带有很小或没有储存能力的工作站。

4）作为企业信息的集中式存储器。

（2） 软件服务器

对用户而言，提供的硬件服务器是显而易见的，但它通常对设计没有多少影响。而软件服务器才是真正使客户端/服务器技术如此强大的根源。软件服务器是由专门设计、用于处理各种要求的软件，这种专用软件安装在硬件服务器上。

软件服务器通常提供下列类型的服务：

1） 数据文件服务。

2） 远程过程调用（RPC） 服务。

3） 数据库服务。

4） 增强型的客户端/服务器（C/S） 功能，它提供了真正的分布式处理功能。

在 C/S 系统中，客户端发出处理要求，然后到服务器处理。服务器要求提供服务的名称及完成服务所需要的信息。服务器完成要求的服务后，以回复的形式返回处理结果，如图 2.1 所示。这种处理可以在同一个硬件系统上进行，也可以在不同的硬件系统上进行。

2. 服务器的类型

当前的客户端/服务器技术包括三方面的内容，即文件服务器、数据库服务器，以及由新的操作系统和事务处理系统支持的增强型客户端/服务器。

（1） 文件服务器

出现最早且使用最广泛的服务器就是文件服务器。

目前大部分网络都配备有文件服务器，且这些文件服务器对任何用户和应用开发商都是透明的。

文件访问服务可以把指定硬件上的文件用于网络应用，通常用户无需知道这些文件的物理位置，尽管有时用户要签约以便正确访问一些特殊的文件。

使用远程过程调用（RPC）的应用程序可以像调用简单函数一样访问程序库中的程序。例如：

Printf(\n. " Hello World! ")

是调用打印信息子程序。

如果没有 RPC，只能用连接编辑器这样的系统程序把主程序与子程序连接起来。当存储主程序时，Printf（）子程序也必须与主程序一起存储，这样就在调用 Printf（）子程序的每个主程序中占用了额外的磁盘空间。

综合使用操作系统和网络文件服务器的服务之后，子程序 Printf（）就可以实际存放在某些机器上。当在运行需要调用子程序 Printf（）时，Printf（）的例行程序就装入本地计算机并运行，或者在服务器上运行。

（2）数据库服务器

在早期使用数据库时，对本地计算机上的所有数据库访问都要求数据库必须存储在同一台计算机上。随着数据库软件的发展，数据库软件使用文件服务器存储数据，但这将导致网络传输极多的数据，因而，花费急剧增加，同时削弱了系统的性能。使用数据库服务器后，集中式和分布式数据存储才达到了实用阶段。

在客户端/服务器结构的数据库系统中，通常将数据处理任务在客户端和服务器间进行划分。

划分的方案可以有多种，一种常用的方案是客户端负责应用的处理，数据库服务器负责数据访问和事务管理。

在这样的体系结构中，客户端软件和服务器软件可以放置在同一台计算机上，但多数情况下放置在网络的不同计算机上。

使用数据库服务器时，客户端软件（应用程序）可以在工作站上运行，服务器软件可以在从 PC 到大型机的任何计算机上运行，并在服务器上完成所要求的数据库服务。单个数据库服务器能支持许多工作站。

与文件数据库相比，数据库服务器具有明显的优越性。

它把数据处理任务分开在客户端和数据库服务器上进行，这有利于充分利用网络中的计算资源。分开操作还大大减少了网络上的传输量，从客户端发往数据库服务器的只是查询请求，从数据库服务器传回给客户的只是查询的结果，而不像文件服务器那样，需要传输整个文件。

客户端/服务器结构的数据库系统是当前流行的一种结构。

（3）增强型客户端/服务器处理

对于计划在多服务器中使用分布式数据系统的用户来说，应用增强型客户端/服务器是非常重要的。

因为提供足够网络容量（域宽）来满足数据库的调用需要的花费是非常高的，所以在宽域网（WAN）中使用增强型客户端/服务器几乎是最经济的方法。

如果在系统中有多种类型数据库（异型数据库），并且数据是分布式的，一定要使用增强型客户端/服务器系统，如图 2.2 所示。

在增强型客户端/服务器中增加了下述功能：

1）应用服务器可放在网络的任何系统上。

2）在完成同一服务的服务器之间自动平衡负载。

3）多应用服务器可以在同一个或多个计算机上使用。

4）根据要求传送数据，可把要求送到特定的服务器。

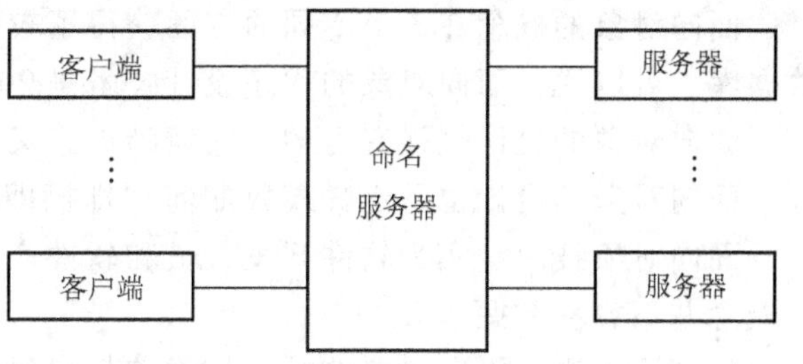

图 2.2　增强型客户端/服务器

5）应用程序无须知道所使用的服务器的位置。

6）只需进行很少的编程工作，就可以在系统中使用多种类型数据库（异型数据库）。

在这种技术中，一个或多个客户端发出服务请求，命名服务器进行编译后，把这些请求送到基于服务名称等要求的合适服务器上。选中的服务器（可以由多个服务器处理同一个服务）完成要求的服务并把结果返回到客户端。

命名服务器提供了几种方法来决定使用哪个服务器，其中包括数据路由和负载平衡两种方法。

2.2　Windows 编程机制

计算机是当今世界上发展最迅速的领域之一。Windows（也称为视窗）是在个人计算机操作系统发展史上继 DOS 之后的一个新的里程碑。

人们在操作计算机时，如何从已经熟悉并习惯了的 DOS 环境下的字符用户界面（Character User Interface，CUI）转向 Windows 环境下的图形用户界面（Graphical User Interface，GUI）。

同时，已经习惯了面向过程程序设计的人员，如何转向面向对象的程序设计？如何尽快适应软件的发展？如何尽快提高程序设计人员的综合素质？

下面介绍的是面向对象的新思想、技术、环境和术语。

2.2.1　面向对象的程序设计

近几年来，人们越来越熟悉“面向对象”这个词。

简单地说，面向对象的设计是一门强有力的技术，主要用于数据（对象）及其接口的设计。

以木工为例，一个“面向对象”的木匠先考虑的是制造桌子，其次才是制造桌子所用的工具；而一个“非面向对象”的木匠先考虑的则是他的工具。

面向对象是一种新的程序设计方法学，也是一种认知方法学。程序设计语言种类繁多、各有特点。相对于其他语言，面向对象程序设计语言刻画系统较自然，便于设计和理解程序，这有利于软件扩充复用。其主要特点有：系统中的基本构件可看作是一组能识别的离散对象；系统中具有相同结构与性质的所有对象可组成一类等。

20 世纪 90 年代面向对象程序设计技术的兴起，在全球软件业掀起了一场不小的风波，各公司先后推出了自己的支持面向对象的语言。

面向对象的概念在3个不同的方面获得了较大的进展：程序设计语言、人工智能语言和数据库。可以说，面向对象的程序设计技术是20世纪90年代软件开发的最新潮流。

面向对象的设计是强有力的，它清晰地定义了数据结构及相应的接口。

面向对象的设计也是定义模块如何“即插即用”的机制。

面向对象技术确实为软件开发人员和软件产品提供了许多前所未有的好处，但面向对象的概念并不容易掌握。

从理论上讲，面向对象的核心技术包括对象、类、继承和消息等几个重要的内容。

2.2.2 控制和对象的概念

在Windows环境下，图形用户界面提供了应用程序与用户之间的交互。这时的显示器不仅可以作为输出设备，还可以作为输入设备来使用。它可以模拟真实设备的控制面板，此时，用户对屏幕上图形的操作，就像直接操作桌面上的设备一样。这种在应用程序的图形用户界面中显示的、可供用户操作并控制应用程序的图形界面元素称为“控制”（Control）。

把数据及其相关方法或函数调用集合在一起的程序就称为“对象”。经常用对象来模拟现实世界中的物体对象。

现实世界中的物体对象有两大特征，即状态和行为。

软件中的对象模型就是根据现实世界中物体对象的这两大特点决定的，它们用变量来存放状态值（属性值），而用方法来实现其各种行为。所有软件对象所知道的（状态）和能做的（行为）都是通过该对象中的变量和方法来表达的；而所有该对象不知道的和不能做的都被排除在该对象表述范围之外。

在应用程序环境下所指的“对象”（Object）比“控制”的含义广泛。对象是指程序员在程序设计中可以访问的元素，它包括控制所代表的图形对象，还包括窗口、屏幕和打印机等环境对象。对象是对程序员而言的，控制是对应用程序的用户而言的。

2.2.3 封装

对象中的变量构成了该对象的核心，而方法就像是外面包着的一层，将其变量和不重要的方法实现细节隐藏起来。要改变这些变量的值（也就是改变状态或属性），就必须调用在该对象中定义的方法，这就是封装。

封装指的是将方法和数据放于同一对象中，使得对数据的存取只能通过对该对象本身的方法来进行。程序的其他部分不能直接作用于对象中的数据，对象间的相互作用只能通过明确的消息来进行。

一个程序一般是由数据及其操作的代码组成。面向对象程序设计把数据和程序（代码）封装在一个对象中，数据称为对象的状态，程序称为对象的行为。

对象是其状态和行为的封装。对象的状态是该对象属性值的集合，而对象的行为则是在对象状态上的操作方法（程序代码）的集合。对象的某一属性可以是单值的也可以是值的集合。

2.2.4 类

用来定义某一类对象共有的变量和方法的原型就是类。例如，每个人都属于“人”这一类。

类和对象非常相似。但在现实世界中，类本身不等于它所描述的对象，就像自行车的蓝图不等于自行车一样。

在方法被调用和变量被赋值之前，必须先从类中产生实例。当给对象发送消息时，对象通过执行方法或改变变量的值来应答。

类是对象的原型，对象是类的实例。

类的优点主要表现在可重复使用。

2.2.5　继承

继承提供了一种有利的内在机制来组织软件程序，并使软件程序结构化。

举一个简单的例子，山地车、赛车等是不同种类的自行车，它们都是自行车类中的子类；相反，自行车是山地车、赛车等的超类。

每个子类从超类处继承状态（变量定义）和行为（方法）。但是，子类并不局限于其超类所拥有的变量和方法的定义，它们可以在继承的基础上扩展自己的状态和行为。

2.2.6　事件驱动的程序设计

Windows 不仅具有强大的功能、优良的性能和图形工作环境，更重要的是它打破了传统的编程方式，展现了一种崭新的程序设计的概念和方法。

传统的程序设计是一种面向过程的程序设计方法，它采用顺序过程驱动、按顺序进行工作的方式。这种编程方式的缺点是程序设计人员总要关心什么时候要发生什么事情。程序必须有一个明显的开始、中间及结束过程，依靠程序控制执行过程的顺序。

但是在现代计算机应用中，这种靠程序控制的用户操作方式已无法适应许多实际应用，而是应当让用户来操纵程序的运行，也就是说程序员不必编写程序执行的精确顺序，程序的执行是靠事件的发生来控制的。

所谓事件（Event）是指由用户操作触发或由系统触发的、能被对象所识别并做出响应的动作。例如用户按下某键引发键盘事件、按下鼠标引发鼠标事件等。

Windows 这种事件驱动程序执行的程序设计思想，尤其适合于应用程序与用户之间的交互。

用户可以随便安排程序执行的顺序，只要当用户或系统有外界操作时，该动作作为一个事件引发特定的处理程序以响应用户，完成所需的功能。

这种编程机制与传统的程序设计方法完全不同，需要程序员打破传统的程序设计思想，接受 Windows 这种事件驱动的程序设计方式。

另外，传统的应用程序面向过程，采用线性方式，以单个逻辑“线索”，从头至尾顺序执行，最后将控制权交给 DOS 操作系统。这是单任务的执行机制，即在整个程序运行过程中，它独占屏幕和时间。

而事件驱动程序中，程序的执行是由事件驱动的，程序启动以后，一直可以使用，如果无事件产生，程序就空闲等待事件。在这种方式下，可以同时启动多个应用程序，计算机的屏幕和时间可供其他应用程序使用，直到用户操作，触发事件引起一段程序的执行，完成某一项功能。所以这种程序设计思想可实现多任务操作，使多个应用程序共享计算机内存、屏幕和处理器。

2.2.7 消息循环和处理机制

在 MS-DOS 下，用户的外部操作引起中断，通过中断调用方式来访问系统资源，从而处理用户的请求。而在 Windows 环境下没有中断的概念。软件中的多个对象通过消息进行通信和相互作用。

通常，一个大的应用程序中包括许多个对象，通过这些对象的相互作用和合作共同完成更加高级的功能和复杂的行为。

例如，自行车就是一个对象，但它本身并不能做任何事情，只有当另一个对象（人）作用于它时才起作用。

用户的操作或对象状态的改变将引发事件的产生。在程序运行过程中，任何事件的发生都归结为消息（Message）。

消息由 3 个部分组成：

1）指定接收方对象。

2）需调用的方法的名字。

3）执行方法所需要的参数。

Windows 将事件编码成消息，并送入消息队列排序；应用程序检索和处理消息，进行消息的循环传递，并将每一个消息发送到相应的窗口中。消息队列是由 Windows 应用程序自动维护的，任何事件都有一个统一的处理形式，以便于在窗口之间、应用程序之间等进行相互通信。

一个 Windows 应用程序运行的实质就是不断地从消息队列中检索、接收消息，然后处理消息。在处理消息的过程中又会产生新的消息，再把新的消息发送到消息队列中，如此循环往复，进行消息的排序和管理，构成驱动 Windows 应用程序运行的特殊机制。

如果在消息队列中未检索到消息，表示无事件产生，这时便循环检索，等待消息的出现。

Windows 可同时为多个应用程序接受和分配消息，所有应用程序都有机会同时进行工作，形成了多任务处理方式。

所以，Windows 事件驱动应用程序的设计思想和运行机制是围绕着消息的产生、循环和处理进行的。

消息提供了对象交互的统一手段，不同进程或不同计算机上的对象也可以通过消息相互作用。

2.2.8 事务的完整性

事务就是一组行为，它们必须被全部完成或者一个也不要完成。

几乎所有的数据处理都是完全的事务处理。如果没有措施来保证事务的完整性，这种系统就没有实际应用价值。

事务完整性的定义是：事务要求的所有行为或数据的变化必须是同步的，数据库中的事务完整性要求数据库一直与业务规则保持一致。

事务处理就是使用程序进行的事务的处理，它要求使用事务完整性对所有事务进行处理，这需要调用维护事务完整性的管理程序。现在很多数据库都包含特定的事务管理程序，可用于简单的和复杂的应用系统，以便保证在任何应用中事务的完整性，但这并不要求应用程序人员了解事务管理的复杂性。

总之，面向对象概念描述了一个如下所述的客观世界蓝图。

1）客观世界由对象组成。

2）对象是状态和行为（方法）两类成员的封装体，对象的状态只能通过自身的方法才能读写和修改（封装性）。

3）对象之间通过消息互相作用，对象对消息的响应是：

① 改变自身状态；

② 返回一个与自身当时状态有关的值；

③ 向另一对象发送消息。

4）对象被组织在各个对象类中，子类对象可使用超类的属性定义和方法（继承性）。

5）同一超类可有多个子类。

习　题

1. 什么是计算机体系结构？
2. 在使用计算机资源方面，计算机体系结构大体经历了几个发展阶段？
3. 简述客户端/服务器的定义。
4. 服务器的类型有哪些？
5. 事件驱动的程序设计与传统的面向过程的程序设计有什么不同？
6. 什么是对象、类、封装和事件？

第3章　操作系统

在使用计算机时，不论是用鼠标还是用键盘所完成的文件复制、删除等各种操作，都是通过操作系统来实现的。当然，不同的计算机上有不同的操作系统，同一台计算机上也可以使用不同的操作系统，甚至同一个操作系统还有不同的版本。但不管如何，对于用户来说，总是在操作系统控制下使用计算机。那么操作系统到底是什么？在这一章中我们来认识一下它的本质。

3.1　操作系统概述

3.1.1　操作系统的地位

现代计算机系统通常拥有数量可观的硬件资源和软件资源，硬件资源是指处理器（CPU）、存储器和I/O设备等物理资源，它们是利用电、磁、光和机械等原理构成的各种物理部件的组合；软件资源包括各种程序和数据。

操作系统就是计算机中的一种系统软件，是用来控制和管理各种硬件资源和软件资源、合理组织计算机工作流程、方便用户使用的程序的集合。因此，可以从操作系统是资源管理程序这样的观点来研究操作系统，从而形成资源管理的观点。

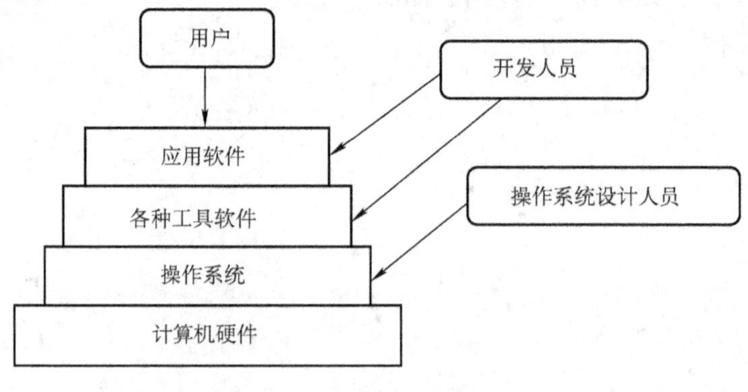

图3.1　操作系统的地位

图3.1表示计算机硬件和软件的层次关系。从图中可以看出，操作系统是对硬件的首次扩充，因此，它是软件系统的核心。

一般来说，将系统中的软硬件资源分为4类：处理器、存储器、I/O设备和信息（程序和数据等），所以，操作系统相应地就应包括这样的几个部分：

1）控制和管理处理器的程序。

2）控制和管理存储器的程序。

3）控制和管理I/O设备的程序。

4）控制和管理程序及数据的程序。

由此可见，操作系统是计算机系统中极其重要而又基本的系统软件之一。计算机配置操作系统以后，既便于使用，又可大大提高效率。

3.1.2　操作系统的基本概念和术语

为了便于学习，首先介绍一些有关的概念和术语。

（1）用户

用户是指要计算机为他工作的人。

（2）作业步和进程

作业：用户要求计算机进行计算（或处理）的工作的集合。

作业步：一个作业一般可以分成 n 个必须顺序处理的步骤，称其为作业步。例如，一个用高级语言写的用户作业，在计算机上运行要分成 3 个作业步。

① 编译；

② 将编译后的主程序中所用到的库程序和子程序都连接装配成一个完整的程序；

③ 运行该装配好的程序并获得结果。

进程：一旦操作系统接受了某一用户的作业，它可以为此作业创建一个或多个进程。进程是程序的一次执行，即在给定内存区域中的一组指令序列的执行过程。一个进程可能要执行多个程序。作业、作业步及进程之间的关系如图 3.2 所示。

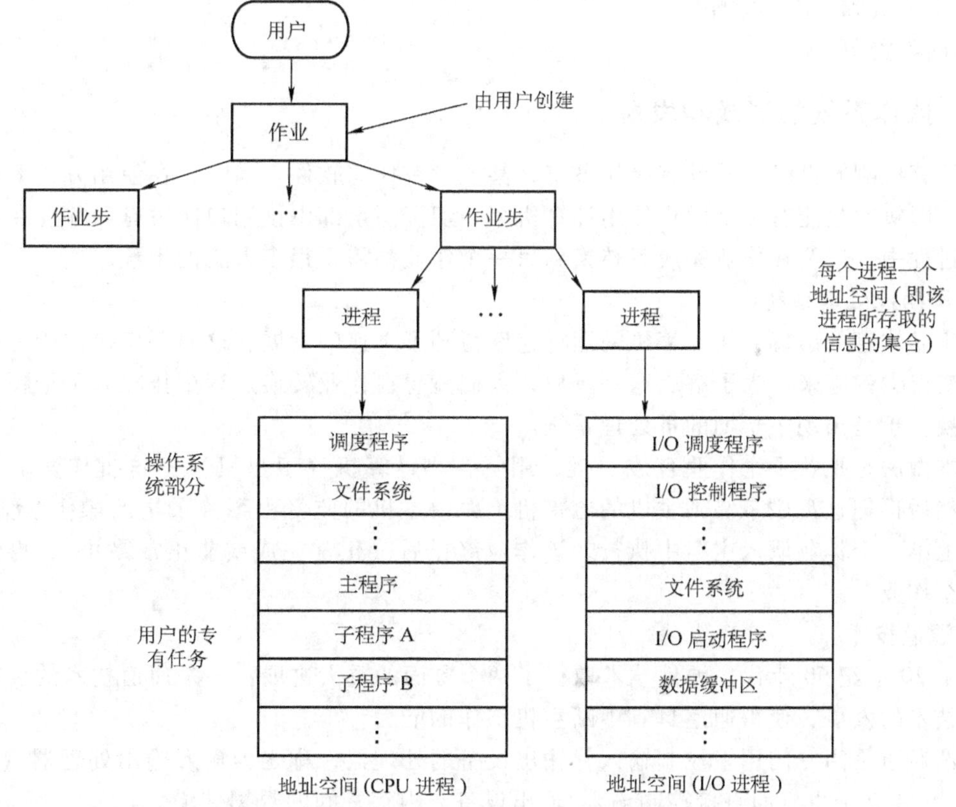

图 3.2　作业、作业步及进程之间的关系

进程和程序是既有联系又有区别的两个概念，其主要区别有：

1）程序只是指令的有序集合，本身没有运行的含义，因此它是静止的。

进程则是指程序的一次执行，它是动态的概念，表现在它由“创建”而产生，由“调度”而运行，因得不到资源而暂停，以致最后由“撤销”而消亡。可见，进程是有一定生命期的，在它的存在期间，其状态在不断地变化，是动态地产生和消亡的。

2）进程是一个能独立运行的单位，能与其他进程并行执行。

通常的程序段不能作为一个独立运行的单位，也不能和其他进程并行执行。

3）一个程序可以对应多个进程。

例如，一个打印程序段，当它用来打印不同作业的计算结果时，就形成了各个打印进程P1、P2、…，即同一程序运行于若干个不同的数据集合上时，它将形成若干个不同的进程。反之，一个进程至少对应一个程序。

进程与多道程序有关，只有在多道程序中进程才有意义；在单道程序中，作业、程序和进程应是同一概念。

（3）资源管理程序

这是操作系统按资源要求进行管理的程序模块，主要有处理器管理、存储管理、设备管理及文件管理等几部分。其主要功能有：

1）记录系统的资源。

2）判断由谁占有此资源、何时占有、占有多少。

3）决定资源分配的策略。

4）回收资源。

3.1.3 操作系统的形成和发展

在计算机刚问世时，并没有操作系统，甚至没有任何软件。当时，在使用方式上是单用户独占，即每次只能有一个用户使用计算机，一切资源全部由该用户所占有。并且在一个作业运行过程中，以及在作业完成后转换到另一个作业都需要很多人工的干预。

1. 早期批处理系统

由于晶体管的出现，使计算机的运行速度得到了飞速的发展，这时手工操作所浪费的机时问题变得尖锐起来。为了解决这一矛盾，人们就想在作业转换过程中排除人工干预，使之自动转换，于是出现了早期的批处理系统。

基本做法是把若干个作业合成一批，用一台小计算机（卫星机）把这批作业输入到磁带上，然后再把这盘磁带装到主机的磁带机上，由主机的监督程序（最早的操作系统雏形）把磁带上第一个作业调入主存中执行，该作业终止后（正常完成或非正常终止），再依次调入下一个作业。

2. 通道技术

到了20世纪60年代，硬件技术取得了两个方面的重大进展：一是通道技术的引进，二是中断技术的发展，使得通道具有中断主机工作的能力。

所谓通道是指专门用来控制输入、输出设备的处理器，称之为输入输出处理器（I/O处理器），它独立于主机而直接控制输入/输出设备与内存之间的数据传输。

通道比起主机来说，一般速度较慢，价格较便宜。它可以控制一台或多台外设与主机并行工作。当主机要启动外设时，只要将此信号及必要的参数信息（如传输的信息量、开始地址等）传给通道，通道即可独立地完成输入、输出任务。当通道完成传输工作后，用中断机构向处理器报告完成情况，这样就可以把原来由处理器直接控制的输入/输出工作转移给了通道，使得宝贵的处理器机时全部用来进行主要的数据处理工作，一定程度上提高了计算机的执行效率。

3. 多道程序系统

通道技术的引入虽然在一定程度上缓解了处理器与 I/O 设备之间速度差距太大的矛盾，但若主存中只存放一个正在运行的用户作业，那么在处理器等待通道传输数据过程中，仍然因无工作可做而处于空闲状态。若在主存中同时存放多个作业，那么处理器在等待一个作业传输数据时，就可转去执行主存中的其他作业，从而保证处理器及系统中的其他设备得到尽可能充分的利用。这种把一个以上的作业存放在主存中，并且同时处于运行状态，这些作业共享处理机时间和外部设备等其他资源的系统称为多道程序系统。多道程序系统使计算机系统中的各种资源得到了更充分的发挥。

对于一个单处理器的系统来说，“作业同时处于运行状态”显然只是一个宏观的概念，是指每个作业都已开始运行，但尚未完成。就微观上来说，在任一特定时刻，在处理器上运行的作业只有一个。

图 3.3 给出了两道程序系统交替运行时的情况。其中，t4 ~ t5、t8 ~ t9 为处理器的空闲时间。

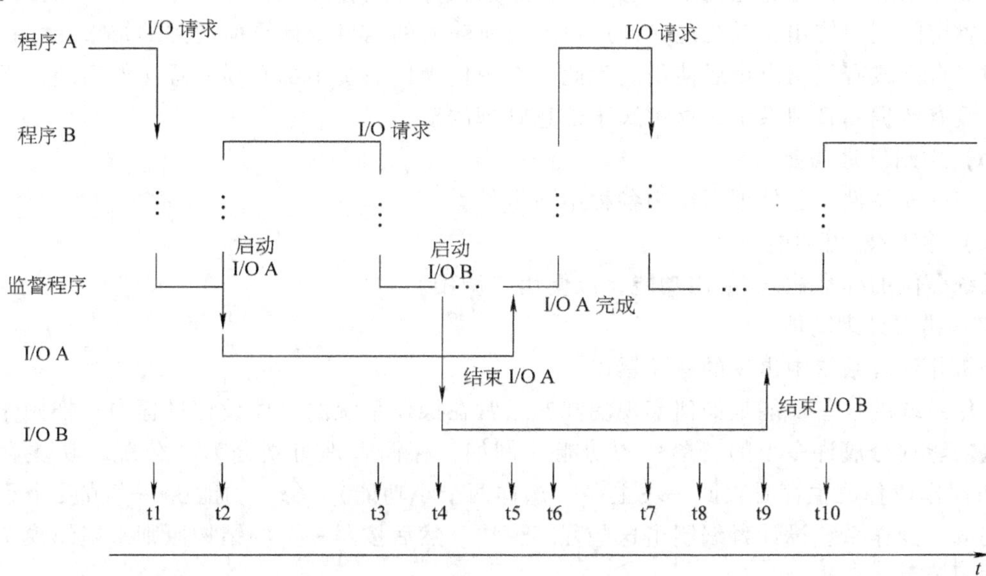

图 3.3　两道程序运行情况

由于在主存中同时存放了多个运行作业，这就给系统带来了一系列复杂的问题，这些问题将在 3.3 节加以介绍。

所以，操作系统的发展是由手工操作阶段过渡到早期单道批处理阶段并具有其雏形，而后发展到多道程序系统时才逐步完善的。

3.1.4　操作系统的作用

人们对操作系统的作用有着各种不同的认识，但比较广泛的看法是把操作系统看成是计算机系统的资源管理者，也就是说，操作系统主要负责管理系统资源。具体来说，其主要作用有以下几点：

(1) 处理器管理

对系统中的各处理器及其状态进行登记，管理各程序对处理器的要求，并按照一定的策略将系统中的各台处理器分配给要求的用户作业（进程）使用。

(2) 存储器管理

用合理的数据结构形式记录系统中主存储器的使用情况；按一定策略进行内存分配；保护主存储器中的信息不被其他程序有意或无意地破坏或偷窃（存储区保护）；具有内存扩充能力，即系统中应采用虚拟存储器技术，它是指通过某种机构，把由内存和后援存储器组成的两级存储器系统，变为可由用户程序直接存取的一级存储器系统。

(3) I/O 设备管理

按照设备类型和一定的策略把 I/O 设备分配给某些作业，当作业不再需要时便予以回收；记录系统中各类设备及其状态；启动指定的 I/O 设备进行数据传输操作，对通道发来的中断请求及时做出响应和处理。

(4) 信息管理

在当前的"信息社会"中，对信息的储存和管理受到所有计算机系统的重视。在较为完善的操作系统中，总是把大量有意义的信息以文件形式存放在各种存储器中，以提供给所有的或指定的用户使用；系统还允许用户把它所输入的信息或计算所得到的结果保存在系统中，便于自己或有关用户今后使用。为此，在现代操作系统中都必须配置文件系统，不少计算机还具有数据库管理系统，这都属于信息管理的范畴。

(5) 中断管理功能

它与中断硬件一起处理系统中各种中断事件。

(6) 输入/输出功能

系统提供的标准输入/输出功能，以便用户调用。

(7) 错误处理功能

分析并处理系统中出现的有关错误。

操作系统的这些功能是如何实现的呢？通常在操作系统的总体设计过程中，把操作系统的这些功能划分成许多小的、单一的功能（例如，存储管理可划分为"分配一块主存给作业"和"作业释放主存时收回一块主存"这样两个小功能），每一功能由一个或几个程序模块来完成。操作系统设计者编制出这些程序模块，然后按照一定的结构原则来组织模块间的相互调用关系。

3.1.5 现代操作系统的新特性

多道程序系统最大的优点是它可以使处理器、输入/输出设备及其他系统资源得到充分利用，但也带来不少新的复杂问题。现代操作系统具有以下一些明显的特性。

(1) 并行性

主存中存放有多道程序，各道程序同时在处理器上交替、穿插执行，这种运行状态就称为并行运行。

就整个系统而言，由于计算和输入/输出操作并行，因此操作系统必须能控制、管理并调度这些并行的动作。除此之外，操作系统还要协调主存中各进程之间的动作（即同步问题），以免互相干扰，造成严重后果。

(2) 共享性

在主存中并行运行的程序可能要求共享系统资源，因此，操作系统要：

1）管理并行程序对处理器的共享，即负责在并行程序之间调度对处理器的使用。

2）管理对主存的共享。

3）管理对外部存储器的共享及对系统中数据（或文件）正确的共享，维护数据的完整性。

(3) 不确定性

不确定性与确定性是相互依存的。

对于计算机的使用者来说，要求计算结果是确定的，即对于同一个程序、相同的数据，无论何时运行都应该产生相同的结果。从这个意义上说，操作系统应该是确定的。

但在另一方面，例如多道程序运行过程中提出的对资源的请求、从外部设备来的输入/输出请求和程序运行过程中产生的错误处理请求等，这些不确定事件发生的时间是不确定的，而且，不确定事件序列的数量可能又很大，但操作系统必须对发生的不可预测的事件做出及时的响应，并确保在处理任何一种事件序列中正确执行各道程序，这给操作系统的设计带来了很大的复杂性。

3.1.6　操作系统的类型

在现代社会中，计算机的应用领域非常广泛，涉及科学计算、人工智能、工业控制和办公自动化等。在如此众多的应用领域中，人们对计算机的要求是不同的，也就是说对计算机操作系统的性能、使用方式的要求是不同的，因此，对操作系统的类型进行分类的方法很多。

例如，可以从计算机硬件的角度将其分为大型机操作系统、小型机操作系统和微型机操作系统。

另外一种被广泛使用的典型的分类方法是按照操作系统所提供的功能进行分类，可分为：多道批处理操作系统、分时操作系统、实时操作系统、个人计算机操作系统、网络操作系统、分布式操作系统、视窗操作系统等。

下面分别对这几类操作系统的特性加以简要介绍。

1. 多道批处理操作系统

多道批处理操作系统不同于早期的单道批处理系统，二者的区别主要在于以下两个方面。

(1) 作业通道数

单道批处理系统中只有一道作业在主存中运行，而多道批处理系统中同时有多道作业在运行。

(2) 作业处理方式

单道批处理系统是把多个用户作业形成一批，由卫星机将这些作业输入磁带中；然后，主机再从该磁带中依次将作业一个一个地读入主存进行处理；作业完成后，将结果输出到另一个磁带中去。当这批作业全部完成后，再由卫星机把此磁带上的结果通过相应的输出设备输出；处理完一批作业后再处理另一批作业。

而在多道批处理系统中（包括网络中的远程批处理），作业可随时（不必集中成批）被接受进入系统，并存放在磁盘输入池中形成作业队列；操作系统按照一定原则从作业队列中调入一个或多个作业（视主存自由空间大小而定）进入主存运行。所以“批”的概念已不十分明显。这里所谓“批处理”是指这样一种操作方式：即用户同他的作业之间没有交互作用，不能直接控制其作业的运行。一般称这种方式为脱机操作或批操作。与之相对应的概念是联机操作，这是指用户在控制台或终端机前直接控制其作业的运行，也就是说用户与其作业之间有交互作用。

2. 分时操作系统

早期的单道批处理和多道批处理系统的出现虽然导致了程序员和操作员两种工作的分工：程序员主要是编制、开发程序，操作员在机房运行程序，从而使得程序员不必进机房。这种批处理的工作方式虽然使操作更加自动化，但是由于程序员和计算机之间缺少直接的交互作用，从而给开发工作带来了很大的不便，大大延缓了程序的开发进程。

分时是指多个用户共享同一台计算机，也就是说把计算机的系统资源（尤其是 CPU 时间）进行时间上的分割，即将一段工作时间分成一个个的时间段，每个时间段称为一个时间片，从而可以将 CPU 工作时间分别提供给多个用户使用，每个用户轮流使用时间片。虽然计算机系统是由若干个用户共享，但他们彼此并没感觉到有别的用户存在，而好像整个系统为他所独占，这样的操作系统称为分时操作系统或多路操作系统。

不难看出，分时操作系统具有以下一些特征：

（1）同时性

计算机系统与若干台远程、近程终端相连，每个用户通过终端能够同时使用计算机。即微观上是各个用户轮流使用，而宏观上是各个用户在并行工作。

（2）独占性

分时操作系统往往用来开发程序、处理数据等，在其上处理的作业一般不需要很多连续的 CPU 时间。又由于用户从键盘输入/输出时比较慢，有时还要停下来思考，而 CPU 的速度很快，所以尽管 CPU 按时间片为多个、甚至几十个用户轮流服务，而每个用户仍然认为自己好像独占着计算机系统，用户之间彼此独立地操作，而不会发生相互混淆或破坏的现象。

（3）及时性

用户能在很短的时间内获得对系统所提要求的回答。

（4）交互作用性

用户能与系统进行人机对话。

3. 实时操作系统

计算机不但广泛地应用于科学计算、数据处理，也广泛地应用于诸如导弹发射的自动控制、工业生产的过程控制和票证预订管理等方面，通常称之为实时控制。

“实时”是指对随机发生的外部事件做出及时的响应并对其进行处理。或者说，计算机能及时响应外部事件的请求，在规定的时间内完成对该事件的处理，并控制所有的实时设备和实时任务协调一致地运行。这些随机发生的外部事件并非由于人来启动和直接干预而引起的。

一般来说，实时系统具备以下的一些功能：

（1）实时时钟管理

实时系统控制的实时任务可以分为定时和延时两大类任务。定时任务是根据用户所规定的时间来启动该任务的执行；而延时任务则是延时某一确定时间后再予以执行。因此，要求实时操作系统具有实时时钟，由实时时钟产生的脉冲来计量时间，并由时钟管理程序来实现任务的控制。

（2）过载的保护

由于被处理的实时任务进入系统时带有很大的随机性，使得在某些时候系统中的任务数超过了它的处理能力，而产生了所谓的过载（Overload）现象。因此，系统必须具有防护机构，当出现系统过载时便拒绝输入任务，直到过载现象消除。这种拒绝的原则是按各种任务的重要程度、按一定的策略来进行控制的。

（3）高可靠性

任何错误或信息的丢失都可能造成严重的后果，所以，必须采取相应的硬件和软件措施来提高系统的可靠性。一般采用双工体制，即有一台后备机和主机并行运行，一旦主机故障便立即自动投入。

单一的实时系统往往都具有专用性，但是，许多计算机系统常常把实时系统与批处理系统相结合，使之成为通用实时系统。在这些系统中，实时处理作为前台作业，批处理作为后台作业。前、后台作业的区别在于：只有前台作业不需要使用处理机时，后台的作业才能得到处理器的控制权。一旦前台的作业可以开始工作时，后台作业就须立即让出处理器以供前台作业使用。

4. 个人计算机操作系统

个人计算机操作系统每次只允许一个用户使用计算机，即系统在同一时间内仅为一个用户提供服务，是一种联机交互的单用户操作系统，它所提供的联机交互功能与通用分时系统很相似。

由于一个用户独占整个操作系统，操作系统资源管理的任务变得不是特别重要，为用户提供良好的工作环境成了这类操作系统的首要目标。同时，单用户操作系统应用广泛，使用者很多不是计算机专业人员，所以特别注意用户界面的友好性和操作的方便性。

5. 网络操作系统

网络操作系统就是在原有操作系统的基础上，按照网络体系结构的各个协议标准开发的操作系统，它包括网络管理、通信、资源共享、系统安全和多种网络应用服务等。

网络操作系统是把计算机网络中的各个计算机有机地联系起来，提供一种统一、经济而有效地使用各台计算机的方法，可使连到网络上的所有计算机之间互相传递信息，以实现资源共享的目的。

6. 分布式操作系统

分布式操作系统是通过通信网络将物理上分布的具有自治功能的数据处理系统或计算机系统连接起来，实现信息交换和资源共享，协作完成任务。

分布式操作系统能使系统中若干台计算机相互协作完成一个共同的任务。或者说，可把一个任务分布在几台计算机上进行操作。

分布式操作系统通常是基于网络的，但分布式操作系统是网络系统的更高级形式。网络中的计算机没有主次之分，既无控制这个系统的主机，也无受控于其他计算机的从机，网络中任意两台计算机都可以通过通信透明地交换信息。

7. 视窗操作系统

计算机特别是个人计算机的应用已经普及到办公室和家庭，但使用者的水平差异很大。因此，如何为用户提供一个最简单、最方便的操作环境是推广和普及计算机应用的重要问题。视窗操作系统正是为这个目标而设计的，它向用户提供友好的界面，使用户能够通过简单、明了而且又非常醒目的提示，以尽可能少的键盘操作来使用计算机。

视窗操作系统将计算机的屏幕划分为多个区域，每个区域称为一个窗口，每个窗口负责处理和显示某一类信息。它能够提供将多个作业同时展现在用户面前的操作环境，每个作业占据一个窗口，用户可以交替地与各个窗口进行对话，各窗口之间也可以进行互相通信和交换信息。

目前，作为视窗操作系统代表的 Windows 系统，已经在个人计算机上获得了非常广泛的应用。

Windows 产品已几经更新换代。问世较早的 Windows 3.1 与 Windows 95 和 Windows NT 相比有着明显的不同。例如，运行 Windows 3.1 之前，必须先运行 MS-DOS；对文件和目录命名时，其名称长度必须限制在 8 个字母以内，另外加上一个句点符号及最多 3 个字母的扩展名，等等。

1995 年 8 月 24 日，微软公司在各地都举办了隆重的集会，为 Windows 95 的发行大造声势。Windows 95 是专门为家庭用户和小办公室的人设计的。它在笔记本（便携式）计算机上会工作得很好。通过它很容易与网络相连，而它的即插即用（Plug and Play）特性则使得新硬件的增添变得非常容易。然而，它的安全性不高，能接触计算机键盘的任何人都可以在硬盘驱动器内任意浏览。另外，和 Windows 3.1 一样，Windows 95 有时也会莫名其妙地崩溃，特别是在只有很少的资源可以使用的时候。

Windows NT 中的 NT 代表"New Technology"（新技术）。正如它所暗示的那样，它并不是许多人过去几年间使用过的那种 Windows。虽然在 Windows NT 上可以运行以前大多数的 MS-DOS 和 Windows 程序，但是，软件实际进行的工作是大有区别的。与 MS-DOS 和 Windows 相同，Windows NT 仍然是一种计算机操作系统。从外观上看，Windows NT 与 Windows 95 是极其相似的。例如，"开始"按钮将按照相同的方式工作，而"我的电脑"和"网上邻居"图标则能完成相同的功能。但它们实际上存在一些重要的区别。Windows NT 要耗费更多的内存和磁盘空间来完成相同的任务，如果在 PC 上设置了 Windows NT，那么，它抵御外来侵入的能力就会比使用 Windows 95 的时候强得多。用户可以锁定自己的计算机，这样，其他任何人都无法侵入硬盘驱动器，除非他知道口令。此外，和以前的 Windows 版本比较起来，Windows NT 具有非常强的防崩溃能力。

Windows 98 是一款由微软公司发行于 1998 年 6 月 25 日的混合 16 位/32 位的图形操作系统。这个新的操作系统是基于 Windows 95 编写的，它改良了硬件标准的支持，如 USB、MMX 和 AGP 等。

Windows ME 是一款由微软公司发行于 2000 年 9 月 14 日的 32 位图形操作系统。这个系统是在 Windows 95 和 Windows 98 的基础上开发的。它包括一些小的改进，例如 Internet Explorer 5.5。其中最主要的改进是用于与流行的媒体播放软件 RealPlayer 竞争的 Windows Media Player 7。

Windows 2000 是一款由微软公司发行于 2000 年 12 月 19 日的 32 位商业性质的图形操作系统，它有 4 个版本：Professional、Server、Advanced Server 和 Datacenter Server。

Windows XP 是一款由微软公司发行于 2001 年 10 月 25 日的视窗操作系统。它最初发行了两个版本，家庭版（Home）和专业版（Professional）。家庭版的消费对象是家庭用户，专业版则在家庭版的基础上添加了新的面向商业设计的网络认证、双处理器等特性。字母 XP

表示英文单词的“体验”（Experience）。

在 Windows XP 之前，微软有两个相互独立的操作系统系列：一个是以 Windows 98 和 Windows ME 为代表的面向桌面电脑的系列；另一个是以 Windows 2000 和 Windows NT 为代表的面向服务器的系列。Windows XP 是微软把所有用户要求合成一个操作系统的尝试，而为此付出的代价是丧失了对基于 DOS 程序的支持。

Windows Vista 是继 Windows XP 后微软推出的新一代视窗操作系统，其个人版于 2007 年年初在美国发布。Windows Vista 作为历史上耗资最大的软件产品，花费了 60 亿美元，历时 5 年，投入了 2 000 多名开发人员，使用超过 5 000 万行程序代码，实现了技术与应用的创新。Windows Vista 安全可靠、简单清晰、互联互通，在多媒体方面体现出了全新的构想，并传递出 3C（3C 是 Computer、Communication 和 Consumer Electronic 三类电子产品的简称）的特性，还努力地帮助用户实现工作效益的最大化。

WindowsVista 的创新设计旨在改进人们利用技术沟通、互联、创造和分享内容，以及娱乐的方式。面对数字时代的挑战，其卓越的性能提升将消除人员、信息和社区之间沟通的羁绊，为消费者带来更便捷、更安全的 PC 体验、更好的互联性能及更好的电脑娱乐体验。Windows Vista 能够显著改善各种 PC 用户的计算体验，其中包括使用 PC 执行简单的 Web 浏览的家庭用户、必须组织和管理大量数据的企业用户及进行复杂数学分析的相关领域的科学家。

虽然把操作系统做了以上的分类，但实际的系统往往兼有多道批处理、分时处理和实时处理等多种功能，在这种情况下，批处理作业往往被作为后台任务。

3.2　处理器管理

在大型通用系统中，可能有数百个批处理作业存放在磁盘的作业队列中，有数百个终端同主机相连。下面要讨论的处理器分配问题，或称处理器调度问题，就是研究如何从这些队列中挑选作业进入主存运行，如何在作业或进程间分配处理器。

处理器管理有 3 个重要任务。

（1）作业调度

这是粗的调度，即确定哪一个作业进入运行状态。

（2）进程调度

这是细的调度，用来确定哪些进程进入执行状态，即占有处理器（CPU）。

（3）交通控制

进程的各种状态（执行、就绪和阻塞）的互相转换和进程间的同步通信。

3.2.1　作业调度

作业从提交给系统直到它完成后离开系统前的整个活动如图 3.4 所示。

系统中的作业通常分为以下 4 种状态：

（1）提交状态

一个作业被提交给机房后或用户通过终端键盘向计算机中键入其作业时所处的状况为提交状态。

（2）后备状态

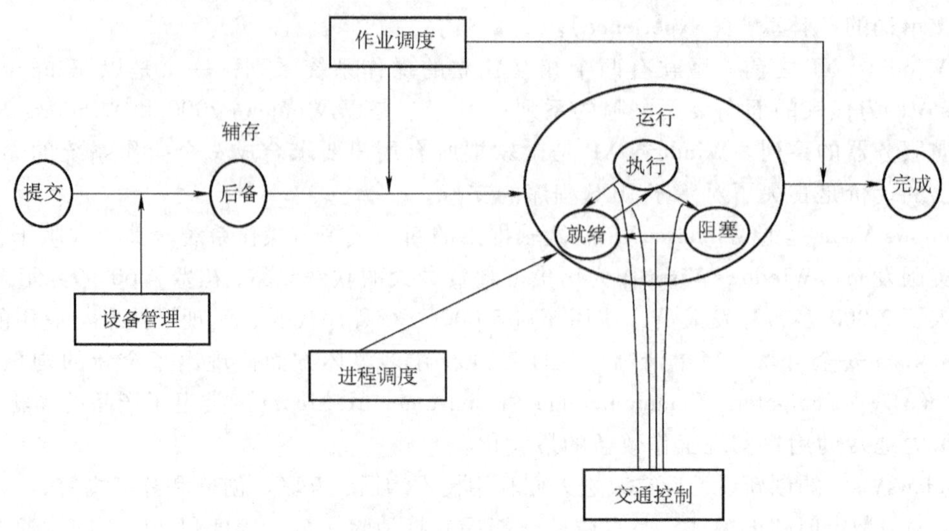

图 3.4 多道程序中作业的信息流及状态变换

作业的全部信息都已通过输入机输入，并由操作系统将其存放在磁盘上等待运行，则称为后备状态。

(3) 运行状态

作业一旦被作业调度程序选中而被调入主存中投入运行，则称为运行状态。

(4) 完成状态

作业完成其全部运行，释放出其占用的全部资源，准备退出系统时的作业状况称为完成状态。

所谓作业调度，就是按照某种调度算法从后备队列中挑选作业进入主存中运行。为了管理和调度作业，系统为每个作业设置一个作业控制块（JCB），它记录了作业的有关信息。通常作业调度要完成以下工作：

1）按照某种调度算法从后备队列中挑选作业进入主存。

2）调用存储管理和设备管理程序，为被选中的作业分配内存和外设。

3）为选中的作业建立相应的进程。

4）构造和填写作业运行所需的表格，如作业表（登记所有在主存中的各作业的有关信息）等。

5）作业运行完毕或运行过程中因某种原因要撤离时的善后处理工作。

3.2.2 进程调度

进程在它存在过程中，由于系统中各进程并行运行及相关制约的结果，使得它们的状态不断发生变化。通常一个进程至少可划分为 3 种基本状态。

1） 执行状态（Running）：进程正在处理器上执行。

2） 就绪状态（Ready）：进程获得了除处理器外的一切所需资源，一旦得到处理器即可执行。

3） 阻塞状态（Locked）：又称为等待状态。进程正在等待某一事件发生而暂时停止执行，这时即使把处理器分配给该进程它也无法执行。

进程各状态之间的转换如图 3.5 所示。

进程由 3 部分组成：程序、数据和进程控制块。

进程控制块（PCB）是用来记录进程的有关信息的一块主存，它是由系统为每个进程分别建立的。进程控制块的主要作用是：

1）记录进程的有关信息，如标识、状态、调度、通信、占用资源和中断现场等。

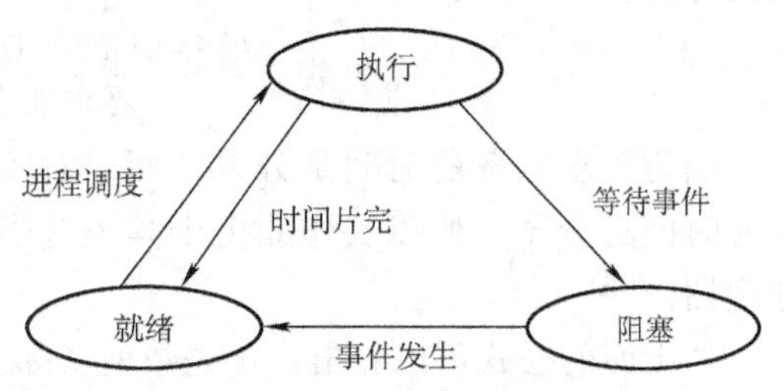

图 3.5　进程状态

2）标志进程的存在。操作系统根据系统中是否有该进程的进程控制块（PCB）而知道该进程的存在与否。系统在建立某进程的同时，就建立了该进程的进程控制块；在撤销一个进程时也就撤销了其相应的进程控制块。

一旦作业调度选择了一个作业集合进入内存运行后，进程调度就来处理微观的调度，即决定把处理器动态地分配给某一进程。为了对系统中的进程进行有效地管理，通常系统都提供了若干个称为“原语”的基本操作对进程进行控制。原语的功能是由系统通过一段不可分割的或不可中断的程序来完成某一特定功能。常用的进程控制原语有：创建进程、撤销进程、阻塞进程、唤醒进程和调度进程运行等。

3.2.3　调度算法

目前普遍使用的几种调度算法，对于作业调度和进程调度基本上都是适用的，常用的调度算法有以下几种。

（1）先来先服务（FCFS）

FCFS（First Come First Service）的基本原则是按照作业到达系统或进程进入就绪队列的先后顺序来选择，属于不可抢占策略。对于进程调度来说，一旦一个进程占有了处理器，它就一直运行下去，直到该进程完成或因等待某事件才释放出处理器。该算法只考虑了等待时间的长短而没有考虑要求服务的时间长短。

（2）优先级调度算法（Priority）

系统对每个进程给一个优先数，调度程序每次选择就绪的进程中优先数最高的占用处理器。优先数可以根据外部设备使用的频繁程度、算题的重要程度和计算时间的长短等因素来确定；确定进程的优先数可以基于静态特性也可以基于动态特性。

（3）时间片轮转调度算法（Round Robin）

时间片轮转主要用于进程调度。进程一旦占有处理器，仅使用一个时间片，然后被迫让出处理器。对分时系统来说，定时轮转是一种简单而又必要的策略。

（4）最短作业优先调度算法（SJF）

SJF（Shortest Job First Scheduling）是根据后缓存储器中作业申请的计算时间，优先选取计算时间短的作业为下一次服务对象。这一算法将由于系统不断接受短作业而使长作业等待时间过长。

（5）最高响应比优先调度算法（HRRN）

HRRN（Highest Response Ratio Next）的策略是：每个作业都有一个优先数，该优先数不但是要求服务时间的函数，而且是该作业为得到服务所花费的等待时间的函数。动态优先数的计算公式如下：

$$优先数 = \frac{等待时间 + 要求服务时间}{要求服务时间} = \frac{响应时间}{要求服务时间}$$

因为要求服务的时间是分母，所以对短作业是有利的，其优先数高，可优先运行；因为等待时间是分子，所以长作业由于其等待了较长时间，从而提高了其调度优先数而被分给了处理器。

从上面的公式可以看出：优先数值实际上也是响应时间与服务时间的比值，称为响应比。

3.2.4 交通控制

系统中的进程在不同时刻处于不同的状态（就绪、执行和阻塞）。为了表明各进程所处的状态，每个进程都有一个进程控制块（PCB），系统中相同状态的所有 PCB 都是链接在一起的，称为就绪表列和阻塞表列，每当一种资源状态变化时就调用交通控制程序，它是实现进程 3 种状态转换的模块。

交通控制程序除了记录进程的各种状态并实现各状态之间的转换外，还有一个功能是实现各进程之间的通信联络，即同步问题。所谓两个事件之间的“同步”是指两个事件的发生有着某种时序上的关系，而进程之间的同步关系是指系统中往往有 n 个进程共同完成一个任务，因此它们之间必须互相配合，甚至需要交换信息——进程间的通信。

互斥关系是进程间的另外一种关系，由于各进程要共享资源，而有些资源往往要求排他性地使用，因此，进程间往往要互相竞争，以使用这些互斥的资源。互斥也可看作是一种特殊的同步关系。

解决进程间的同步和互斥的方法很多，利用信号量作为同步工具就是其中的方法之一。信号量是由荷兰的计算机科学家 Dijkstra 于 1965 年提出的。

信号灯是交通管理中的一种常用设备，交通管理人员利用信号灯的状态（颜色）来实现交通管理。在操作系统中，信号量是表示资源的物理实体，是一个与队列有关的整型变量，其值仅能由“P 操作”和“V 操作”来改变（P、V 源于荷兰文的“发信号”和“等待”两个词的第一个字母），系统利用它的状态对进程和资源进行管理。

P、V 操作的含义如下。

1）每执行一次 P 操作，信号量的数值 S 减 1，此时若 $S \geqslant 0$，则进程 q 继续执行；若 $S \leqslant 0$，则阻塞该进程，并把它插入该信号量的等待队列 Q 中，重新进行调度。

2）每执行一次 V 操作，S 的内容加 1，若加 1 后 $S \geqslant 0$，则 q 进程继续执行；若 $S \leqslant 0$，则从信号量等待队列 Q 中移出一个进程 r，把活动就绪状态赋予该进程。

P、V 操作在执行期间不可分割。S 的物理含义是：$S > 0$ 时的数值表示某类可用资源的数量。

1）每执行一次 P 操作，就意味着请求分配一个单位的该类资源给执行 P 操作的进程，因此描述为 $S: = S - 1$。当 $S \leqslant 0$ 时表示已无此类资源，因此，请求该资源的进程将被阻塞，把它排在信号量 S 的等待队列 Q 中，此时 S 的绝对值就等于在该信号量队列 Q 上等待的进程数目。

2）每执行一次 V 操作，就意味着释放一个单位的该类可用资源，故做 $S: = S + 1$。若 $S \leqslant 0$，则表示信号量等待队列 Q 中仍有因请求该资源而被阻塞的进程，因此，就应把等待队列 Q 中的第一个进程唤醒（即改变进程的阻塞状态），使之转至就绪队列。

在多道程序运行系统中，虽然可借助于多个进程的并行执行来改善系统资源的利用率，但也会发生两个或多个进程因无限期地等待永远不会发生的条件的问题，此时系统处于死锁状态。

产生死锁的原因很多，一般可归结为：

1）系统资源不足。

2）进程推进顺序不合理。

若各进程按照一定的顺序联合推进，最后使系统中各进程都能运行完毕，称为合法顺序；否则，将产生死锁现象。

对共享设备占有引起的死锁可以用图 3.6 的环路图来表示，图中方块表示资源，圆圈表示进程。当箭头由进程指向资源时，表示进程请求资源；当箭头由资源指向进程时，表示该资源已分配给此进程。那么，当设备共享发生死锁时，P_1、P_2、R_1、R_2 就形成一个环路，这是死锁的充分和必要条件。

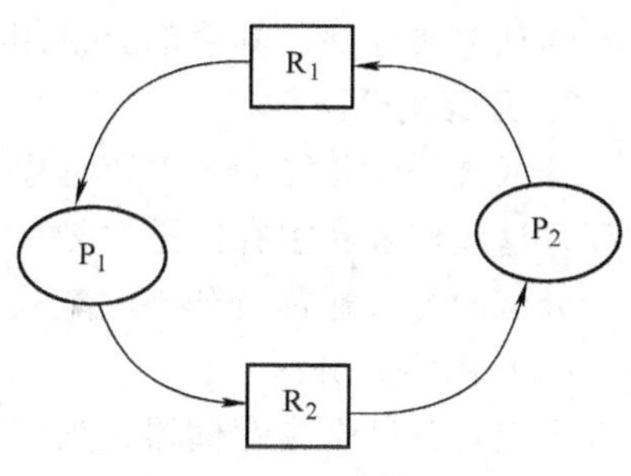

图 3.6　死锁的循环等待条件示意图

系统一旦死锁，通常用下述两种方法立即把系统从死锁中解脱出来。

1）资源剥夺，从其他进程剥夺足够多的资源给死锁进程，以解除死锁状态。

2）撤销进程，根据不同情况，撤销一部分进程，直到有足够的资源可用、死锁状态消除为止。

3.3 存储管理

对于计算机来说，存储器是价格昂贵而又数量不足的资源，特别是当多道程序出现以后，这一矛盾就显得更加突出，因此，就促使人们必须花费非常大的精力去研究存储器的管理问题。

存储管理的目的有两个，一是方便用户，使用户减少以至尽可能完全摆脱麻烦的存储分配问题；二是提高主存储器的利用率。

在单道程序系统中，是采用覆盖技术来解决内存容量不足的问题；而在多道程序系统中，除了解决存储容量问题外，还要解决存储空间的分配问题，要防止各道程序间互相干扰和破坏。

主存储器管理的主要研究课题有：

（1）主存分配

这是存储管理研究的主要内容，它主要涉及各种主存分配算法以及每种算法所要求的数据结构。

（2）地址映像或重定位

主要研究各种软、硬件的地址转换技术和机构。

（3）存储保护

研究如何保护各程序区中信息不被破坏和偷窃。

（4）存储器扩充

这并非指硬件设备的扩充，而是用存储管理软件来实现逻辑上的扩充，即虚拟存储技术。

主存储器管理技术可分为两大类：实存储器管理和虚拟存储器管理。

3.3.1 实存储器管理技术

1. 单一连续区分配

从概念上讲，存储器被分成两个连续区：一部分固定分配给操作系统，它通常驻留在存储器的顶部或底部，其余部分供用户使用或空白。

2. 分区式分配

分区式分配是能满足多道程序设计的最简单的一种存储管理技术，它允许多个作业共享主存，这些作业在主存内是以划区来分开的。

分区的方式通常可分为固定式分区、可变式分区和可重定位分区等几种。

（1）固定式分区

固定式分区是指存储器在处理作业之前，就被划分成若干个区，除操作系统本身占用一个分区外，每个分区可分配一道作业。

采用这种技术，虽然可使多个作业共享主存，但仍不能充分利用主存。因为作业的大小，不可能刚好等于某个分区的大小，所以，在每个分区中，都可能有一块被浪费掉的区域，有时这种浪费还相当严重。

（2）可变式分区

可变式分区是指在处理作业的过程中建立分区，使分区大小正好适应作业的需要，且分区个数也可以调整。这种技术又被称为动态分区或动态存储分配。

由于各作业大小和完成的时间是各不相同的，这样经过一段时间后，主存由原来的一个完整分区被分割成多个分区，这些分区中有些被作业占据使用，有些却是空闲的（也称为碎片）。

（3）可重定位分区

尽管可变式分区与固定式分区相比，其存储空间的利用率要高一些，但是仍然存在着一些分散的、较小的空白区不能加以充分利用的问题。解决上述问题最简单又直观的方法是：定时地或者当发生上述情况时，把所有的空白区合并为一个连续区。实现的方法是移动某些已分配区中的信息，使所有分配区紧挨着存储器的一端，而空白区全部留在另一端。这种由于程序在存储空间中移动所进行的与位置有关的地址调整过程也称为“重定位”或“浮动”。

3. 覆盖技术

为了能在较小的主存空间中运行较大的作业，许多计算机都采用了覆盖技术。所谓“覆盖”是指一个作业的若干个程序段（或数据段）之间，或几个作业的某些部分之间共享某一主存空间。

覆盖技术通常与单一连续分配、固定式分区和可变式分区等存储管理技术配合使用，它不但用于用户作业的运行中，而且还常常用于操作系统本身的运行中。实际上，操作系统本身也有存储管理问题：将规模较大的操作系统全部放在主存是不可能的，所以将其分成两部分。其一是操作系统中经常要用到的基本部分，它常驻内存，并有固定的位置；其二是不常用部分，将其放在磁盘上，用到时才被调入主存，对于这部分程序的存放，系统为了减少本身所占的主存空间也常用覆盖技术。

覆盖技术的基本概念可用图 3.7 加以说明。作业由一个主程序段 MAIN 和若干个程序和数据段组成，其调用关系如图 3.7a 所示。A0 与 B0，A1、A2 与 B1，A3 与 A4 称为同层模块。主程序段 MAIN 称为根段，它常驻主存，不被覆盖；将其余部分分为 3 个覆盖层，每层为一个“覆盖段”，组成覆盖段的每个模块称为“覆盖”。覆盖段所占用的内存大小按该段中最大覆盖分配。

可以看到：如不采用覆盖技术，该作业要求 270KB 主存，采用覆盖技术后只要求 160KB 主存，如图 3.7 所示。

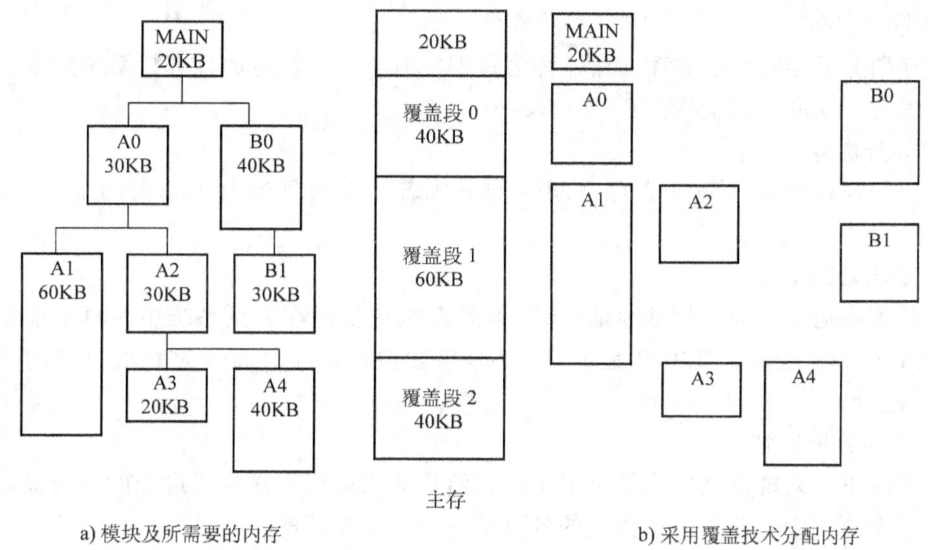

a) 模块及所需要的内存　　b) 采用覆盖技术分配内存

图 3.7　覆盖技术示例

4. 交换技术

广义地讲，“交换”就是把主存中的信息以文件的形式写到辅存，接着将指定的信息从辅存读入主存，并将控制转给它。

采用交换技术的指导思想也是为了利用辅存来解决主存小的矛盾，尤其在分时系统中，主机与几十个或成百个终端用户相连，如果把这些用户作业全部放入主存，既不可能也不应该。通常，调度程序从进程就绪队列中挑选某一进程运行时，就把该进程调入主存运行一个时间片，一旦时间片到，或进程因等待事件而不能运行时，它不但要让出 CPU，而且也要释放出其所占有的主存空间，并且，把该进程的程序和数据以文件形式保存在辅存上，直到调度程序再次调度到它时，才重新进入主存运行，这时又要把它的程序和所需的数据送入主存。

有时也称这种交换技术为“滚进滚出”。

3.3.2　虚拟存储器管理技术

与实存储器管理技术相对应的另外一类存储管理技术称为虚拟存储器管理技术。不只是大中型的计算机，同时在个人计算机中也愈来愈广泛地使用虚拟存储器管理技术。应用较为广泛的 3 种虚拟存储器管理技术是：分页存储管理、分段存储管理和段页式存储管理。例如，采用分页技术的个人计算机有美国的NS32032、日本的V703；采用分段技术的有Intel80286；采用段页式技术的有Intel80386等。

虚拟存储器是指实际上并不存在（以物理形式）的虚假的存储器。从效果上看，系统好像为用户提供了一个存储容量比实际主存大得多的存储器，但这只是系统增加了自动覆盖功能后，给用户造成的一种幻觉。换句话说，虚拟存储器是一个进程访问的逻辑地址空间，而不是物理的主存空间；最大虚存地址空间往往取决于指令中的地址长度（因为外存空间通常大于指令地址长度所限定的范围）；由虚地址到实地址的变换通常由地址映像机构执行。

1. 分页存储管理

分页存储管理的基本方法是：

(1) 等分主存

把主存划分成相同大小的存储块，称为页架。对于一个特定的计算机系统而言，页架大小通常是固定不变的，页架号为0、1、2、…。

(2) 等分虚存

把用户的逻辑地址空间（虚存空间）划分成若干个与页架大小相同的部分，称为页，页号为0、1、2、…。

(3) 逻辑地址表示

用户的逻辑地址一般是从基地址“0”开始连续编址。在分页系统中，每个虚拟地址用一个数对（P、d）表示，其中P是页号，d是该虚拟地址在页面号为P的页中的相对地址（称为页内地址）。

(4) 主存分配原则

分页情况下，系统以页架为单位把主存分给作业或进程，作业或进程的一个页面装入系统分给的某个页架中，分给一个作业的各页架不一定是相邻的。

(5) 页表与页表地址寄存器

由于一个作业的各页并不全在主存中，只是将最近需要的几页放在主存中，而这几页又可能被分散地装入各页架。因此，当进程访问某个虚地址时，系统如何知道该页在不在主存中？若在，则又放在哪个页架中呢？为此，系统为每个作业建立一个页面映像表（Page Mapping Table，PMT），简称页表。除此之外，系统还设置一个页表地址寄存器以指出当前运行作业的页表起始地址和页表长。

(6) 页面大小应是2的幂

因为2的幂与机器内部的二进制的表示法是一致的，这样，给出一个逻辑地址后，要决定其页号P和页内地址d就十分简单了。方法是：页的大小是2的几次幂，就把地址从第几位分开成两部分，其高位部分所表示的数即为页号P，其低位部分所表示的数即为页内地址d。

例如，设页的大小为1K（1 024）字节，则十进制表示的逻辑地址$(4\ 101)_{10}$的页号、页内地址可以这样确定：

$1\text{K}=1\ 024=2^{10}$，所以，页内地址占10位（第0位到第9位）。又因为

$$(4\ 101)_{10}=2^{12}+2^{2}+2^{0}=2^{10}\times 2^{2}+2^{2}+2^{0},$$

所以，高位部分的数即页数（P）为$2^{2}=4$页，页内地址$d=2^{2}+2^{0}=5$，因此

$$(4\ 101)_{10}\longleftrightarrow(4,5)$$

即

15	14	13	12	11	10	9	8	7	6	5	4	3	2	1	0
0	0	0	1	0	0	0	0	0	0	0	0	0	1	0	1

P　　　　　　*d*

分页存储管理能更有效地利用主存，因为不用的部分根本不用装入主存；作业的地址空间不再受主存实际大小的限制。

2. 分段存储管理

分页管理比较适用于线性程序，但程序设计一般都采用模块化的结构，程序设计者都希望按模块分段。“段”是一个相对完整的信息，如一个主程序、一个子程序或一个数组等。这样便于程序调用，而且可以实现多道程序共享的功能；但它也存在诸如在辅存中管理可变尺寸的分段比较困难，以及分段的最大尺寸受到主存大小的限制等缺点。

下面是分段存储管理的基本思想。

(1) 作业的逻辑地址空间

分段情况下要求每个作业的地址空间按照程序自身的自然逻辑关系分成若干段；每个段有自己的段名（由程序员给出）；每段都从 0 开始编址成连续的线性地址，如图 3.8 所示。可见，分段存储情况下，作业的逻辑地址空间是二维的，每个虚地址有两个部分：段号 s 和段内地址 w。

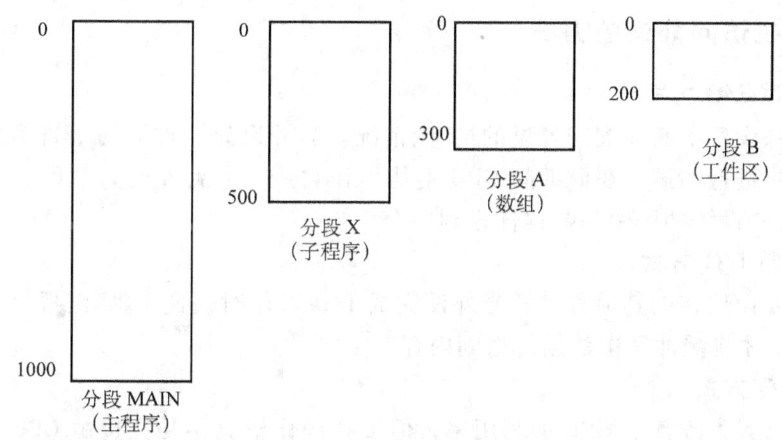

图 3.8　分段地址空间

(2) 程序的地址结构

假定指令的地址长为 24 位，地址结构如图 3.9 所示。

如图 3.9 所示的地址结构就限定了一个作业最多的段数为 256 段，段长最大为 64KB。

图 3.9　地址结构

(3) 主存分配

以段为单位，每一段分配一块连续的主存分区，一个作业的各段所分到的主存分区不要求是相邻连续的分区。

(4) 段表和段表地址寄存器

与分页存储管理一样，系统为每个作业建立一个段映像表（段表）以实现动态地址转换；还要设立一个段表地址寄存器以指出运行作业（进程）的段表在主存中的起始地址和段表的长度。

3. 段页式存储管理

为了获得分段在逻辑上的优点和分页在管理存储空间方面的优点，兼用分段和分页两种方法，即段页式存储管理。

段页式存储管理的基本思想是：用分段的方法来分配和管理虚存，而用分页的方法来分配和管理主存。但这种方法的处理过程比较复杂。

3.4 设备管理

现代计算机系统都具有种类繁多的外部设备（输入/输出设备、通信设备和数据采集的传感设备等），它们在整个计算机系统的成本中占相当大的比重，所以管好、用好系统中的外部设备也是操作系统的主要功能之一。

3.4.1 外部设备的种类

外部设备的种类很多，下面是一些最典型的外部设备。

I/O 设备：打印机、扫描仪和显示器等。

外存储设备按照存取方式可分为：顺序存取（磁带），直接存取（磁盘）。

3.4.2 计算机访问外设的方式

1. 循环测试 I/O 方式

CPU 启动外设后不断地询问外设的忙/闲情况。当外设为“忙”时（即数据没准备好），CPU 不断地对它进行测试，在此期间 CPU 不能另作它用。直到外设为“闲”时（即数据已准备好），才将外设缓冲区中的数据传送到内存中。

2. 程序中断 I/O 方式

CPU 启动外设后转向其他程序，当外设完成 I/O 操作时便向 CPU 汇报（即提出中断请求），这时 CPU 才将缓冲区中数据传送到内存。

3. 通道 I/O 方式

虽然中断已大大改善了 CPU 的利用率，但 I/O 操作毕竟还是直接由 CPU 控制，每传送一个字或字符，往往就要做一次中断请求。

通道的出现便建立了 I/O 的独立管理机构，它不仅使数据传输独立于 CPU，而且 I/O 操作的组织、管理、结束等也独立于 CPU。也就是说，CPU 只要发出一条 I/O 指令给通道，告诉通道执行的 I/O 操作和访问的设备，通道便向主存索取通道程序以完成 I/O 控制管理。

3.4.3 设备管理的任务

1）按用户要求启动具体设备进行数据传输操作，并且处理设备的中断，完成这部分功能的程序叫做设备处理程序。每类设备都有自己单独的设备处理程序。设备处理程序的主要功能有：

① 接受用户的输入/输出请求，并检查该请求的合法性；

② 启动该设备工作（或执行通道程序）；

③　处理来自设备的中断，包括结束中断、传输错误中断、设备故障中断等。

2）在多道程序系统中，进程数总是多于 I/O 设备数，必将引起进程对设备的竞争。所以，设备管理的另一个重要任务，是按照一定的算法在诸进程中调度和分配设备。完成这部分功能的程序叫 I/O 调度程序，它要依据设备的特点及要求，考虑按什么原则或策略将设备分配给谁、以及何时分配等问题。

3）现代大中型计算机系统通常拥有种类繁多的 I/O 设备，并且这些设备所花费的投资可占整个系统的 50% ~80%。因此，如何充分而有效地使用这些设备，尽可能提高它们的并行操作程度是设备管理程序的第 3 个重要任务。

3.5　文件管理

前面所讲的处理器管理、存储管理、设备管理都是对计算机系统硬件资源的管理，而文件管理是通过把它所管理的信息（程序和数据）组织成一个个文件的方式来实现对某些软件资源的管理。

3.5.1　文件和文件系统

（1）文件

文件是指具有符号名的数据项的集合。符号名用来标识文件，称为文件名。

（2）记录

文件可以由若干个记录组成，它是一些相关信息项的集合。例如，源文件的一行为一个记录。

（3）文件系统

文件系统是指负责存取和管理文件信息的机构。

3.5.2　文件分类

（1）按文件性质和用途分类

1）系统文件，与操作系统有关的信息（程序或数据）组成的文件。

2）库文件，由系统提供给用户调用的各种标准过程、函数及应用程序等。

3）用户文件，由用户信息组成的文件。

（2）按存取保护分类

1）执行文件，用户可以执行此程序，但不能读也不能修改。

2）只读文件，允许文件授权者读出、执行但不能修改。

3）读写文件，允许文件授权者读、写此文件。

4）不保护文件，没有任何访问限制。

（3）按文件中数据分类

1）源文件，指源程序或数据构成的文件。

2）相对地址形式文件，指由各种语言编译程序所输出的相对地址形式的程序文件。

3）可执行的目标文件，指由链接装配程序连接后所生成的可执行的目标程序文件。

（4）按保存时间分类

1）临时文件。

2）永久文件。

（5）按文件信息的流向分类

1）输入文件，只能读入的文件。

2）输出文件，只能写的文件。

3）输入/输出文件，既可读又可写的文件。

（6）按文件的存取方式分类

1）顺序存取文件，记录的存取是按顺序进行的。

2）直接存取文件，用户能以任意顺序直接得到某个记录。此时，用户除了给出文件名外，还显式地说明需要的记录号 i。

3.5.3 文件系统的功能

1）使用户能建立、修改和删除一个文件。

2）用户应能以符号名对文件进行访问。

3）用户应能在文件间进行数据传输并共享其他用户的文件。

4）为防止意外事故，文件系统应有转储和恢复文件的能力。

5）应提供可靠的保护和保密措施。

3.5.4 文件的逻辑组织和物理组织

用户和系统程序人员常从不同的角度来看待同一个文件。

（1）文件逻辑组织

用户以其编制时的组织方式来看待文件的组织形式。它有两种形式：

1）记录式文件，每条记录有逻辑记录号，如“学生成绩表”等。

2）非记录式（顺序式）文件，它是有序的相关数据项的集合，如源程序、目标程序等类型的文件。

（2）文件的物理组织

它是指一个逻辑文件在辅存上是如何存放的。常见的有3种形式：

1）顺序结构，逻辑文件的信息依次存放于辅存的若干连续的物理块中，常用于磁带、打印机等设备上。

2）链接结构，文件不需要存放在存储介质连续的物理块中。各物理块之间有链接指针指示。例如磁盘和磁鼓，往往就需要采用紧缩技术以保证足够的连续空闲空间。

3）索引结构，它是实现非连续分配的另一种方案，适合于随机直接存取。

3.5.5 文件目录

每个文件由文件控制块（FCB）及文件体两部分组成，文件控制块是指用于记载、标识、定位、说明和控制文件的表格。

文件目录是文件控制块的集合，计算机系统就是通过目录对文件进行相应的存取和管理。

3.5.6 文件的共享与文件系统的安全性

文件共享与文件系统的安全性是文件系统中的一个重要问题，共享与安全性是一个问题的两个方面。所谓共享，就是在不同用户之间共同使用某些文件，这不仅是完成共同任务所必须的，而且还能节省大量辅存和主存，更重要的是为用户的应用提供了极大的方便，所以共享是文件系统性能好坏的标志之一。

但为了系统的可靠和用户的安全，文件的共享必须是有控制的，这涉及到文件存取控制问题（也称访问权限问题）。通常在实现存取控制时，可以有许多不同的方案，例如：存取控制矩阵、存取控制权限、用户权限表、口令和密码等，这些都是几种最常用的保护措施。

习　　题

1. 解释下列术语

（1）批处理

（2）多道程序

（3）分时系统

（4）实时系统

2. 操作系统的基本功能是什么？它包括哪些基本部分？

3. 通常操作系统有哪几种基本类型？各有什么特点及各适用于什么场合？

4. 简述现代操作系统的新特性。

5. 简述 Windows 视窗操作系统的发展历程。

6. 什么是作业、作业步和进程？

7. 一个批处理作业，从提交给系统到运行结束退出系统，经历哪些状态？从作业的状态转换说明各级调度的功能。

8. 处理器管理主要解决什么问题？

9. 死锁产生的必要条件是什么？

10. 实存储器管理的主要方法有几种？什么是虚拟存储器管理？

11. 设备管理的作用是什么？

12. 什么是文件和文件系统？

第4章 软件工程

4.1 软件的定义及软件产品的特征

4.1.1 软件的定义

广义上的软件是相对于有形物理实体而言的，人们一般把技术条件、管理法规和人员素质等无形因素统称为软件。

对于“计算机软件”这个概念，初学者往往从狭隘的观点去理解与认识，形成“软件即程序”的概念。这样简单的理解不仅不能概括整个软件的含义，而且影响着软件开发技术的进一步发展。因为“软件即程序”的概念会很自然地把软件开发技术与程序设计方法等同起来，而忽视软件开发技术中的其他方面，如系统需求分析方法、文档资料的编写、质量保证、软件维护和管理等。所以，必须对“软件”有一个正确的理解与认识，以建立起完整确切的“软件”概念。

根据国际标准化组织的定义，软件是“与计算机系统操作有关的程序、过程、规则，以及任何有关的文档资料和数据”。而程序只是为了解决某一个问题而按照事先设计的功能要求执行的指令系列，或者是说用程序设计语言描述的适合于计算机处理的语句序列。

从另一个角度来看，软件由两大部分组成的。

（1） 可执行部分

即以编码信息存放在存储介质上的程序与过程。它又可分为：

1）应用程序，是指直接面向用户的为解决各种特定问题而编写的程序，如实时控制程序、工程或科学计算程序及信息管理程序等。

2）系统程序，是指为应用程序服务所编制的程序汇总。它面向计算机硬件，为应用程序提供各种服务的基础支撑部分，如操作系统、数据库管理系统、网络通信程序、编译程序及编辑程序等。

（2） 不可执行部分

它是与程序和过程有关的文档资料，可分为：

1）面向用户的文档，指明如何使用、维护和修改程序。属于这类文档的有用户手册、操作手册及程序维护手册等。

2）面向开发者的文档，用以保证软件按质、按期有效地进行开发。属于这类文档的有可行性研究报告、项目开发计划、功能需求说明书、数据要求说明书、系统／子系统设计说明书、程序设计说明书、数据库设计说明书、测试计划和测试分析报告等。

上述文档资料虽属不可执行部分，但它是不可缺少的重要部分，它关系到软件能否有效地运行、最佳地维护等一系列问题。

4.1.2 软件产品的特征

软件是计算机系统中的逻辑部件而不是物理部件，因而软件在开发、生产、维护和使用等方面与硬件相比具有很大的差别。

软件产品的特征是由它的性质所决定的，其特征可分为软件的内部性质和外部性质。前者指软件具有高度的抽象性和严密的逻辑性。高度的抽象性意味着软件的性质和形态是不能直接感知的，必须经过人的认识、理解、判断和推理等一系列反复思维的过程才能感知它、得到它；严密的逻辑性则意味着软件与其支撑环境、软件内部各个元素之间，在组成关系上必须是无矛盾的，在信息及其加工的表示形式上必须是统一的，任何逻辑上的失误，都可能导致开发的失败和运行的崩溃。软件的外部性质表现为软件是信息产品而不是物理产品，是用符号和文字表述的。

正是由于这些原因，使软件产品具有以下一些特征。

1）软件是一种逻辑产品而不是物理产品。软件可以在计算机上运行，也可以记录在纸面上或保留在磁盘、光盘等存储介质上，但却无法看到它的形态。

2）软件是知识和技术高度密集的产品。软件产品的生产无需原料和动力，是将人的智能表示为一组计算机可执行的信息。它的耗费与开发者所耗费的工时有关，而工时的代价与开发者的智力水平有关。它的使用价值也体现在替代人的智力劳动方面，如提高效率和服务质量。

3）软件产品是无明显制造过程的产品。在软件产品的整个研制过程中，无需进行任何物理加工和几何尺寸的改变，整个研制过程都隐含着“制造”。软件的这一特征提出了软件生产管理上一系列的特殊性问题：如何安排生产计划、控制生产进度、对质量进行检验，以及如何控制与核算成本等。

4）软件的成本集中在开发上，制造几乎没有成本。一旦某一软件项目开发成功，就可用微不足道的劳动代价复制成同一内容的多个软件产品。因此，要加强知识产权的保护，严厉打击软件盗版行为。

5）软件产品是不会磨损的产品。由于软件是信息的组合，信息本身不会磨损，而只有过时和失效。虽然存放它的介质是物质，是有磨损和消耗的，但可以通过复制品使其再现。软件运行期间没有机械磨损，物理上不会老化。因此，对软件的维护修理，不是指软件“零部件”的保养和更换，而是指对软件产品设计的修改、纠错和扩充。

软件的这一特征表明软件产品的维护与其他工程产品维护的内容完全不同，意味着软件维护人员必须对软件产品的作用原理、实现方法有比较透彻的了解。这就要求设计者如何把他的设计思想、方法和技术手段等以最有效的表述方法传达给维护人员；同时，能够提供一套有效的“工具”（如诊断程序、复制程序等）。

6）软件产品是可剪裁、可扩展的产品。由于软件产品没有物理上的约束，便于分解、组织、插入和删除，所以，人们可以利用这些手段选取旧软件的某些模块加上（或覆盖）一些新模块以构成新的软件产品。这样做是为了节约大量的人力、物力资源，也是开发软件新产品常用的手段。软件的这一特性表明，在软件的开发过程中，标准化、规范化非常重要。

很多软件的开发和使用还涉及一些社会因素，如社会制度、法制法规、伦理道德和开发者的心理因素等。

4.2 软件危机及软件工程学的形成

4.2.1 软件开发技术的发展历程

软件开发技术的发展可以分为3个时期：程序设计时期、软件时期和软件工程时期。下面是各个时期的主要特点。

1. 程序设计时期

这个阶段大约在20世纪50年代到60年代之间。最初，软件作为硬件的附属品，只是为了使计算机能够运行和做一些简单的计算及数据处理。这一时期的主要特点是程序设计人员手工编制程序，即软件的开发主要依赖于程序员个人的技巧。程序还没有作为商品，软件开发不规范，工作效率很低，属于手工生产方式。

2. 软件时期（又称程序系统时期）

这个阶段大约在20世纪60年代到70年代之间。主要特点是采用互助组式的生产方式，由程序员小组进行编程，并且已经开始注重开发方法和程序的测试工作。

当时社会上大量需求软件，但软件人员缺乏且水平较低，加之软件项目管理不够完善，软件的可理解性和可维护性问题十分突出。因此，价格高、质量低、粗制滥造的软件大批涌向市场。有人又把这个时期称为软件危机时期或人力奇缺时期。

3. 软件工程时期

在这一时期，软件开发是一个系统工程。软件作为一种社会产品，批量生产，有标准化的生产过程，出现了大批软件公司和软件工厂。以软件作为计算机的中心，提出了一整套软件生产过程的基础理论、方法及工具系统等。

4.2.2 软件危机

1946年世界上第一个程序存储式电子数字计算机的诞生，标志着计算机时代的开始。随着计算机应用的日益普及，对软件的需求越来越多。

到20世纪60年代末期，软件成本急剧地增长，成为计算机系统最大的开支项目。计算机的应用也不再局限于计算问题，而且进入了商业和金融领域，当时的软件通常是为每个具体应用而专门编写的、规模很小的程序。这一时期的软件开发随意性很大，缺乏一般性的软件开发技术方法与理论。个体化的环境使得软件设计通常是在人们头脑中进行的一个隐含的过程，一个人编写的程序别人很难看懂或理解，开发结束时，除了程序清单之外，没有其他文档资料保留下来。当问题变得更复杂、规模更大时，软件开发就会陷入困境。出现的典型问题有：

1）软件开发的周期长，进度很难控制。软件开发主要依赖于手工劳动，用户需求也在不断变动，所以，软件开发进度很难准确估计，实际成本比估计成本有可能高出很多。

2）软件质量难以保证。软件规模愈来愈大，复杂程度也愈来愈高，但软件生产还停留在作坊式生产方式上，软件质量保证技术（审查、复审和测试等）没有被应用到软件开发的全过程中。这样就势必造成软件质量不高，生产率过低，以致一个软件项目在开发过程中不得不中途夭折。另一方面，由于缺乏软件人员，计算机公司大量招聘程序员，造成软件设计人员整体素质不高，粗制滥造的软件大量涌向市场。

3）软件的重用性不高。人们在重复地开发类似的软件，“可重用的软件”还是一个没有完全做到、正在努力追求的目标。

4）软件通常没有适当的文档资料，软件维护困难。文档是开发者之间、开发者与用户之间联系的桥梁，可以用来管理和评价开发过程的进展情况，也是软件维护的重要依据。不重视文档的编写和管理，导致软件开发过程管理混乱，软件维护困难。

因此，当时的计算机科学家称在计算机软件开发和维护过程中出现的诸如软件成本高、质量低、开发过程不易控制、不能按期交付使用、生产效率低、可靠性差及软件维护任务重等一系列严重问题为“软件危机”。

4.2.3 软件工程学的形成

人们认识到软件危机后，开始谋求解决软件危机的途径。美国和西欧的一些计算机科学家，于 1967 年、1968 年在欧洲召开了两次软件可靠性国际会议（即著名的 NATO 会议）。在“软件危机”的严重问题面前，人们逐步认识到：正如不能用制造独木船的手工方式来研制航空母舰一样，也不能用个人编制小型程序的方式来研制大型软件系统。因此，在 1968 年的 NATO 会议上第一次提出了“软件工程”这个概念和一些软件工程技术。

完成一个软件产品就是完成一个工程项目，应该借助于现代工程的概念和原理、沿用工业化比较成熟的经验和工程上的技术与方法进行计算机程序的开发及文档资料的编写，其目的是要提高软件开发生产率和软件产品的质量。

由此，为了更有效地开发计算机软件，许多专家和教授都在不断地探讨软件工程的概念。到 20 世纪 70 年代末已经提出了一整套软件工程的理论、方法及工具系统，从而形成了一门新兴的学科——软件工程学，从此软件的生产开始了一个新的飞跃。

4.2.4 软件工程的定义及基本原则

概括地讲，软件工程是一门指导计算机软件开发与维护的工程学科，它涉及到软件生产的各个方面，从初期软件系统的构思和描述到系统维护，都属于该学科的研究范畴。

软件工程学研究的是：“如何应用一些科学理论和工程上的技术来指导软件的开发，从而达到用较少的投资，获得高质量的、高可靠性的软件的目的”，包括软件设计方法、软件工具、软件工程标准和规范、软件工程管理及有关理论等。它涉及了与软件有关的所有活动，其范围相当广，包括计算机科学、管理学、经济学、社会学、心理学和可靠性理论等。

软件工程的目标应该适合于所有的软件工程项目，因此，软件开发人员应该共同遵守一些基本的原则。软件工程的基本原则有：

（1）抽象性

开发人员应该把问题自顶向下逐层分解，将上层看作是下一层的抽象，这种方法可以有效地控制软件的复杂性。

（2）模块化

开发人员应该把问题分解成若干个较小且容易解决的模块，它是一个独立的编程单位，用名字即可调用并应该具有良好的接口定义。

（3）一致性

开发人员应该在包括文档和程序的整个软件系统的各个模块中均使用一致的概念、符号和术语，软件与硬件接口一致性，系统规格说明与系统行为一致性等。

（4）信息隐蔽

开发人员应该将系统中的模块设计成黑箱，与模块有关的数据尽量隐藏在模块内部，而与模块无关的信息不要放到里面，模块之间的调用仅使用模块接口说明。

（5）可验证性

开发人员应该遵循易检查、易测试和易评审的原则。

软件工程化的思想在设计实践中大大地减少了开发费用，提高了软件的质量。工程化的思想为软件的开发指出了新的方向，“软件工程”这门富有潜力的学科就这样蓬勃地发展起来了。

4.3 软件的生命周期

如同一个人要经过胎儿、儿童、青年、中年和老年，直到死亡的漫长时期一样，一个软件产品从形成概念（构思）开始，经过定义、开发、使用和维护，直到最终被废弃，也要经历一个很长的时期。通常把软件经历的这个漫长的时期称为软件的生命周期（或生存周期）。研究软件生命周期的目的是为了更有效、更科学地组织和管理软件产品的生产，以便最终能获得最经济、最可靠的软件产品。

一般来说，软件的生命周期划分为软件定义、软件开发和软件维护等几个时期，每个时期又由若干个阶段组成。软件定义时期的任务是确定软件开发工程所必须完成的总体目标和项目的可行性，对完成该项目需要的资源、成本、可以取得的效益和进度等做出估计，软件定义时期通常要经历问题定义、可行性研究、需求分析和规格说明等几个阶段；软件开发时期的任务是具体设计和实现在软件定义时期定义的软件项目，是软件技术的核心，软件开发时期通常要经历软件设计、编码和单元测试及综合测试等几个阶段；软件维护时期的任务是使软件持久地满足用户的需要，包括修正错误、适应环境和改进软件等，软件维护时期不再进一步划分阶段，但是每一次维护活动本质上都是一次简化和压缩的定义和开发过程。

软件的生命周期中，每个阶段都有确定的任务，并产生一定规格的文档，送交下一个阶段；而下一个阶段是在前一个阶段文档的基础上，继续开展工作。

软件的生命周期概括了软件开发的全过程，下面扼要地介绍软件生命周期每个阶段的基本任务和结束标准。

4.3.1 问题的定义

这个阶段必须回答的关键问题是：“要解决的问题是什么”。如果不知道问题是什么就试图解决这个问题，显然是盲目的，只会白白浪费时间和金钱，最终得出的结果很可能是毫无意义的。尽管确切地定义问题的必要性是十分重要的，但在实践中它却可能是最容易被忽视的一个步骤。

问题定义阶段最根本的信息来源是用户，即提出问题请求解决的人。在用户的参与下，对用户的要求和现行系统进行深入、细致的调查研究，系统分析员应该提出关于问题性质、工程目标和工程规模的书面报告，经过讨论和修改，最后需要得到用户的认可。

4.3.2　可行性研究

这个阶段的任务不是具体解决问题，而是研究问题的范围，确定将开发的软件是“做什么的”，探索这个问题是否值得去解，经济上、技术上和法律上是否可行。

可行性研究是一个压缩和简化了的系统分析和设计过程，一般是一个较高层次的抽象。在问题定义阶段提出的对工程目标和规模的报告通常比较含糊，可行性研究阶段应该更准确、更具体地确定工程规模和目标，确定软件的工作域，预测开发该软件所需的人力、物力资源，仔细地进行成本/效益分析是这个阶段的主要任务之一。

可行性研究的结果是使用部门负责人做出是否继续进行这项工程的决定的重要依据。一般来说，只有可能取得较大效益的那些工程项目才值得继续进行下去，及时终止不值得投资的工程项目，可以避免更大的浪费。

4.3.3　需求分析

这个阶段的任务仍然不是具体地解决问题，而是准确地确定“为了解决这个问题，目标系统必须做什么”，主要确定目标系统必须具备的功能、所要达到的性能指标等。

需求分析是非常重要的，但往往又是十分困难的。用户了解他们所面对的问题，知道必须做什么，但是通常不能完整准确地表达出他们的要求，更不知道怎样利用计算机解决他们的问题；软件开发人员知道怎样用软件实现人们的要求，但是对特定用户的具体要求并不完全清楚。因此，系统分析员在需求分析阶段必须和用户密切配合，充分交流信息，以得出经过用户确认的系统逻辑模型。这个过程需要系统分析员、软件开发人员与用户共同反复讨论和协商，并且逐步细化、一致化和完全化。

在系统分析阶段确定的系统逻辑模型是以后设计和实现目标系统的基础，因此必须准确完整地体现用户的要求。然后写出较完整的报告，这个报告称为规格说明书。

4.3.4　规格说明书

规格说明书是系统需求分析的结果，这是一份面向开发过程的技术文件，也是开发方和用户之间的技术合同书。它是软件系统的逻辑模型，用来说明软件系统能干什么。它既是设计阶段的依据，也是用户验收系统的标准。

规格说明书的内容之一是任务，即系统实现的目标；另一个是限制，即完成这些任务所需的资源和速度的限制。

4.3.5　软件设计

它是在规格说明书的基础上，建立软件的系统结构，包括数据结构和模块结构。软件设计阶段包括总体设计（也称概要设计）和详细设计。

在进行总体设计时，应该考虑几种可能的解决方案，例如，哪些功能用计算机自动完成，哪些功能用人工完成；如果使用计算机，那么是使用批处理方式还是人机交互方式；信息存储是用传统的文件系统还是用数据库……分析每种方案的优、缺点及相应的成本和效益，然后，在权衡各种方案利弊的基础上，推荐一个最佳方案，并建立相应的软件总体结构。

详细设计阶段的任务是对总体设计阶段产生的功能模块具体化，即考虑如何具体实现这个系统，把模块内部细节转化为可编程的程序过程性描述。按照结构设计的基本原理，将程序设计模块化，即一个大程序应该由几个规模适中的模块按合理的层次结构组织而成，以及模块间的关系。

这一阶段的工作还不是编写程序，而是设计出程序的详细规格说明。这种规格说明的作用类似于其他工程领域中工程师经常使用的工程蓝图，它们应该包括必要的细节，程序员根据它们应该可以写出实际的程序代码。

这一阶段产生的主要文档是总体设计说明书、数据结构说明书、模块设计说明书、集成测试计划和模块测试方案等文件。

4.3.6 编码

编码又称编程。详细设计阶段的最终结果必须转换为一种计算机能够理解和执行的形式，编码正是完成这项工作的过程。因此，这一阶段的主要任务就是根据目标系统的性质和实际环境，并按照模块说明书的要求，选择程序设计语言为每个模块编写程序。

编码工作是软件的核心，但是，由于在这之前已经经过了极为重要的几个阶段，从而将编码阶段的重要性降低了，使它成为某种机械性的翻译工作。

这个阶段结束的标志是程序员提交程序清单。

4.3.7 软件测试

软件测试的重要性以及它对软件质量可靠性的影响无论如何强调都不过分。在开发大型软件的过程中，人的主观认识不可能完全符合客观现实，因此，在软件生命周期的各个阶段，都不可避免地出现差错。所以，这个阶段的关键任务就是通过各种类型的测试及相应的调试使软件达到预定的要求。软件测试的工作量很大，可能占软件开发总工作量的40%以上。

测试分单元测试、集成测试和验收测试3个步骤。

单元测试是对组成软件总体结构中的每一个模块进行仔细测试，检查每一个模块是否实现了其功能。单元测试一般是在编码阶段由程序员完成，模块的编写者和测试者通常是同一个人。

集成测试是根据设计的软件总体结构，把经过单元测试检验的模块按某种选定的策略装配起来，在装配过程中对程序进行必要的测试，主要检测模块的接口问题。

验收测试则是按照规格说明书的规定，由用户（或在用户积极参加下）对目标系统进行验收，检查系统是否已经实现了规格说明书中规定的各种功能。为了使用户能够积极参加验收测试，并且在系统投入生产性运行以后能够正确有效地使用这个系统，通常需要以正式的或非正式的方式对用户进行培训。

测试阶段结束的标志是用正式的文档资料的形式提交测试计划、各种详细测试方案和实际测试结果，以及完整一致的软件配置。

4.3.8 软件维护

软件维护是软件生命周期的最后一个阶段。由于软件本身的特点，尽管软件系统在开发过程中经过了一系列的严格测试，但经过测试的系统仍然可能隐含着错误；此外，软件的运行环境可能发生了变更，或者用户对系统性能、功能等也可能会提出新的要求。所以，软件维护阶段的关键任务是：通过各种必要的维护活动使系统持久地满足用户的需要，这是对软件产品进行修改或对软件需求变化做出响应的过程。

通常有 4 类维护活动。

1）改正性维护，即诊断和改正在使用过程中发现的软件错误。

2）适应性维护，即修改软件以适应运行环境的变化或数据需求的改变。

3）完善性维护，即根据用户的要求改进或扩充软件使它更完善。

4）预防性维护，即提供更好的基础便于将来提高性能，或修改软件为将来的维护活动预先做准备。

软件维护阶段与生命周期中的其他阶段相比具有明显的区别，前 7 个阶段是软件的开发设计阶段，有很强的时间限制，而软件维护的时间范围是从软件交付使用后一直到软件寿终正寝的整个运行期间，时间跨度比较大。

虽然没有把软件维护阶段进一步划分为更细的阶段，但是，实际上每一项维护活动都应该经过提出维护要求、分析维护要求、提交维护方案、审批维护方案、确定维护计划、修改软件设计、修改程序、测试程序和复查验收等一系列步骤，因此，软件维护实质上是一次压缩和简化了的软件定义和开发的全过程。

软件的易理解性、易测试性和易修改性是决定软件易维护性的基本前提，软件生命周期中的每个阶段的工作都和软件易维护性密切相关。因此，在软件生命周期的每个阶段都必须充分考虑软件维护问题，并为软件维护做准备。

当软件已没有维护的价值时，软件宣告退役，软件生命随之宣告结束。

在软件生命周期中有些重要的标志，可以区分开发工作的进度。例如，交出系统说明书，标志着设计阶段的完成；各个模块编译结束，交出没有语法错误的源程序，标志着编码阶段的完成等等。上述软件研制生命周期的各个阶段，为软件工程提供了一个主框架，但必须指出，实际的系统研制工作不可能是直线式地进行，必然存在着反复交替，即各阶段交替进行；另外，这种软件开发方法一般是对大型和中型的软件而言，对一些小型软件可能只需要其中的几个阶段即可完成。

4.4　软件开发的工程化方法

工程不同于科学，科学在于对“未知”的探索，往往不计时间、成本，不受任何约束去获得某项有益成果；工程则不然，工程的目的在于生产出有用的产品，这种产品既要求它具有很好的功效，又要求它具有良好的技术经济指标，且必须在一组约束条件下进行开发。

任何产品规程都经历了许多年的发展历史，例如机械工程、电子工程等已经发展到人们可以接受的工程学。软件工程也是计算机软件走向工程科学的途径。

4.4.1　软件开发的工程化方法简介

在软件发展的初期，人们以一种个体手工方式来开发软件，没有任何限制；但在软件工程时期，软件不是个人的成果，而是集体劳动的产品。所以，软件产业的重要原则就是规范化。

开发软件产品与开发其他任何产品一样，有下面一些所必须遵循的工程化方法：

1）要求在定义、开发和维护阶段的每一步都采用经过验证的方法。

2）要求一系列的复查，以便在产品开发中保证质量。

3）规定在每一步都产生特定的文档。

工程化必须强调文档化，即每个人必须将每一步工作的结果以一定的书面格式记录下来。它可以是自然语言写的资料，也可以是图表形式。这将保证开发人员之间有效地进行交流，也有利于维护工作的顺利进行。

4）鼓励能够加速开发的各种工具和方法的使用与研制。

生产力的发展依靠生产工具的改进，只有具备了行之有效的工具，才能提高开发速度、节省人力。

近十多年来，软件工作者研制出了许多软件开发的工程化方法。由于生命周期中各个阶段的目标与任务均不一样，因而，所用的方法也是多种多样的，包括系统流程图法、结构化分析方法、结构化设计方法、结构化程序设计、面向对象的分析方法和面向对象的设计方法等。

4.4.2 系统流程图法

系统流程图法是利用系统流程图描述系统分析和系统设计的一种图示方法。

系统流程图法的特点主要有：

（1）系统功能分割

采用自顶向下的功能分割的手段，对一个复杂系统逐层分解，主要用于事务处理系统的系统分析和系统设计。描述的内容主要是系统中数据的流动、对数据的加工处理和各数据之间的组成与相互关系等。

（2）直观性强

这种方法比较直观，既反映了系统的逻辑结构，又反映了数据与加工的某些物理特征。它明确地描述了整个系统的全貌和某些细节，如数据格式、加工内容及文件记录形式等。

系统流程图反映了整个系统的面貌，是分析和设计人员发现遗漏和疏忽，并综合大量技术的理想辅助工具。

4.4.3 结构化分析方法

结构化分析方法（Structured Analysis，SA）主要用于系统分析。它是面向数据流的分析方法，适合于大型数据处理类型软件的需求分析，是当前国内外采用的主要分析方法之一。

结构化分析方法采用软件工程中控制软件复杂性的两个基本手段：分解和抽象。分解的含义是：为了将复杂性降到人们可以掌握的程度，把大问题分割成若干小问题，再分别解决。抽象的含义是：先把细节略去，优先考虑问题最本质的属性。因此，这种方法所考虑的就是："对于任何一个复杂系统，只要把构成系统的各个部分逐次地表达成人们头脑能把握的、小范围的详细部分，那么就能理解系统的全体。"这种想法在技术上是严格的，使用上也是行之有效的，并能适合系统的开发实际。

结构化分析方法的基本手段：

1）分析、处理复杂问题的最好方法是把对问题的理解用模块表现出来，做出成为解决该问题基础的充分有用的正确模块。

2）对任何问题的分析，必须由顶向下、分层结构化、模块化地进行。

3）模块能用图式来表示，即用图式能把系统由哪几部分元素组成、它们之间的关系如何、各个部分以怎样的层次组成系统等都表示出来。

可见，结构化分析方法把系统的逻辑设计和物理设计分开，在进行逻辑设计时，只解决系统“做什么”的问题，而系统“如何做”则留在设计阶段来完成。

4.4.4 结构化设计方法

结构化设计方法（Structured Design，SD）是 SA 方法的延续。该方法是面向数据流的设计方法，适合于系统设计阶段。

结构化设计方法是根据软件的宏观结构，进行模块的划分，表示出它们之间的控制层次，定义每个模块的功能和性能，以及模块之间的接口关系，将软件的设计用有限个数的控制结构表现出来，并建立一个良好的模块结构图。

一个好的模块应该符合信息隐藏和模块独立性原则。所谓信息隐藏是指一个模块内所包含的信息（数据和代码）对于不需要这些信息的模块来说是不能访问的。信息隐藏可以保证模块的安全性。模块独立性是指软件系统中的每个模块只能完成一个相对独立的子功能，且与其他模块之间的接口简单。模块独立是模块化和信息隐藏等原理的直接结果。

模块间传递的是基本的数据信息，所以，通过模块接口的数据量应尽可能少。模块之间的这种耦合程度按照从低到高主要分为：

1）无耦合，即两个模块之间没有任何联系，每一个都能独立地工作而不需要另一个模块的存在，但在一个软件系统中，不可能所有模块之间都没有任何联系。

2）数据耦合，即两个模块通过参数表仅传递数据信息，在软件系统中这种耦合是不可缺少的。

3）控制耦合，即两个模块之间传递开关、标志等控制信息。

4）公共耦合，即多个模块引用一个公共（全程）数据区。

结构化设计应遵守下列准则：

1）使用有限数量的基本逻辑结构。

2）利用基本结构将过程组成容易识别的“块”。

3）每个块都有且只有一个入口、一个出口。

4）易于转换成程序代码。

5）容易修改设计。

遵守结构化设计的这些原则进行软件设计的优点在于：

1）结构化设计方法采用自顶向下的模块化设计方法，适宜于人的“由粗到细”的思维过程，可以逐步求精、细化。

2）使用为数不多的基本结构，使过程描述清晰、易懂易读。

3）用结构化设计方法设计的软件，由于模块之间是相对独立的，所以，每个模块可以独立地被理解、编程、调试、排错和修改，这就使得复杂的研制工作得以简化，减少了软件的复杂性。

4）模块的相对独立性还能有效地防止错误在模块之间扩散，从而提高了系统的可靠性、可测试性和可维护性。

4.4.5 结构化程序设计

结构化程序设计（Structured Programming，SP）的概念最初是由荷兰科学家 E W. Dijkstra 提出的，主要是针对人们在程序设计时滥用 GOTO 语句造成程序结构混乱、可理解性和可维护性下降而提出的一种程序设计的原则和方法。1966 年，Bohm 和 Jacopini 证明：只用顺序、选择和循环 3 种基本控制结构就能实现任何单入口/单出口的程序。这为结构化程序设计技术奠定了理论基础。

结构化程序设计方法强调采用自顶向下和逐步求精的原则。

结构化程序设计的任务就是将系统设计阶段的模块结构图中的各个模块，用结构化程序设计方法、以最终能够在计算机上执行的程序代码的形式来加以描述的过程。

结构化程序设计要求程序的结构必须是清晰的，并规定用顺序、选择、循环这 3 种基本结构的组合来进行程序设计，这就要求从程序中除去不必要的 GOTO 语句。

早期的程序设计语言都是非结构化的，而现在几乎所有的程序设计语言都是结构化的，它们是结构化程序设计的基础。

4.4.6 面向对象的分析方法和面向对象的设计方法

传统的结构化分析设计方法，从 SA、SD 到 SP，虽然经过了二三十年的使用和改进证明是成功的，但它并不总是有效的，在系统需求多变的情况下，甚至难以实行。事实上，系统的需求总是处于不断变化中。

自 20 世纪 80 年代以来，面向对象的方法与技术已受到计算机领域的研究人员和工程技术人员越来越广泛的重视。相继出现的一系列描述能力较强、执行效率较高的面向对象的编程语言，标志着面向对象的方法与技术开始走向实用。20 世纪 90 年代，一个意义更为深远的动向是：面向对象的方法和技术向着软件生命周期的前期阶段发展，即人们对面向对象方法的研究与运用，不再局限于编程阶段，而是从系统分析和系统设计阶段就开始采用面向对象的方法，先后产生了面向对象的分析方法（Object Oriented Analysis，OOA）和面向对象的设计方法（Object Oriented Design，OOD），这表明面向对象方法已经发展成为一种完整的方法论和系统化的技术体系。

1. 面向对象的分析方法

面向对象分析方法的核心是运用面向对象的方法，对问题域进行分析与理解，识别出描述问题域所需的对象及类，并定义这些对象和类的属性与服务，以及它们之间所形成的静态联系与动态联系，最终建立起问题域简洁、精确和可理解的正确模型。

2. 面向对象的设计方法

面向对象分析与面向对象设计很难截然分开。一般认为，面向对象分析是一个分类活动，即从问题陈述中把直接反映问题域和系统行为的对象、类及类之间的联系孤立出来，而面向对象设计则进一步说明为实现需求必须引入的其他类和对象，以及从提高软件设计质量和效率方面考虑如何改进类结构，重用类库中的类。所以，从面向对象分析到面向对象设计是一个自然而平滑的逐渐扩充模型的过程。

3. 面向对象的分析方法和面向对象的设计方法的优势

由于面向对象方法在概念和表示方法上的一致性，使得分析和设计的界限比较模糊，许多分析的结果可以直接映射成设计结果，而在设计过程中又会反过来加深和补充对系统需求的理解。因此，分析和设计活动是一个反复交替进行的过程。各项开发活动之间可以做到无缝衔接，使得开发人员比较容易地跟踪整个系统的开发过程，这是面向对象方法较传统方法的一大优势所在。

4.5 软件的测试策略与测试方法

4.5.1 软件的测试策略

软件的测试策略主要有以下几种：

（1）自顶向下测试

这是根据自顶向下开发技术而来的。方法是从主控制模块开始，沿着程序的控制层次向下移动，可以采用深度优先、也可以采用广度优先的顺序。在下层模块完成之前，对该系统的上层模块进行测试。

（2）自底向上测试

这是根据自底向上开发技术而来的。也就是说从“原子”模块（即系统结构的最下层模块）开始，自底向上组装并进行测试。

（3）层次法

模块按照其在软件结构图中的位置，逐层进行组装与测试。

4.5.2 软件的测试方法

根据测试过程是否需要运行被测试的程序，软件测试方法一般可以分为静态测试和动态测试两大类。

1. 静态测试

静态测试又称作人工测试，是人工代码复查或人工模拟计算机执行程序（走查）的过程。这在软件开发中是一种十分有效的质量控制方法，它适用于软件开发的全过程，包括对需求文档和系统设计文档的验证和确认、程序代码的检查等。

在静态测试过程中，通过仔细阅读各种文档和程序代码，试图发现需求和设计文档中相互矛盾、不一致或模糊的地方及代码中隐藏的缺陷。

2. 动态测试

动态测试又称作机器测试，是用事先设计好的测试数据在计算机上执行被测程序的过程。但运行软件并不是动态测试的目的，通过运行来检验软件是否正确才是动态测试的真正目的，即通过动态分析及程序测试来检查程序的执行状态，以确认程序的正确性。

所有动态测试应该包括3个要素：

1）被测试软件。

2）用以运行软件的数据，即测试数据。

3）软件需求，即满足用户需求的软件才是正确的软件。

3. 静态测试与动态测试的比较

静态测试在发现错误的同时也就确定了错误的位置与性质，而动态测试只能发现错误的症状；静态测试可以将发现的错误记录下来，然后一次性地修改，其发现错误和改正错误的效率较高，而动态测试发现一个错误后，必须马上修改这个错误，再测试其他的错误；静态测试不能检查程序的实际执行情况，而动态测试则可以。所以，两种方法在实际测试中都会用到，一般先做静态测试，再做动态测试，二者互为补充。

常用的动态测试方法有白盒测试法和黑盒测试法。

4.5.3 白盒测试法

白盒测试法简称白盒法。白盒测试法的测试者完全了解程序的内部结构和处理过程，从程序的逻辑结构入手，按照程序内部的结构来测试程序，检验程序中的每一条路径是否能按照预定的要求正确工作，检验是否执行了每一个语句等。所以，白盒测试也称为结构测试或逻辑驱动测试。

最彻底的白盒测试法应该覆盖程序的每一条路径和每一个语句。然而，由于程序具有判断、循环等多种结构，所以，路径的组合数量将是非常大的，要想覆盖路径的每一种组合是不可能的，有选择地执行程序中某些最具有代表性的通路是对穷尽测试的唯一可行的替代方法。

用于白盒测试的测试技术有：逻辑覆盖测试、循环测试和基本路径测试等。

1. 逻辑覆盖测试

逻辑覆盖是一组覆盖方法的总称，它是根据程序的内部逻辑结构来设计测试用例的，依据测试目标的不同，逻辑覆盖又具体分为语句覆盖、判定覆盖、条件覆盖、判定—条件覆盖和条件组合覆盖等几种。

语句覆盖是指选择足够多的测试用例，保证程序中的每一条语句至少执行一次。

判定覆盖又称为分支覆盖，是指选择足够多的测试用例，保证程序中的每一个判定的真值与假值各取得一次，也就是说使得每个判定框的每一个分支至少执行一次。

条件覆盖的含义是指：不仅每个语句至少执行一次，而且应该选择足够多的测试用例，使得判定表达式中的每一个条件都取得各种可能的结果。条件覆盖通常比判定覆盖强，因为它使判定表达式中每个条件都取得了两个不同的结果，而判定覆盖却只是关心整个判定表达式的值。

很多情况下，按照判定覆盖选取的测试用例不一定能够满足条件覆盖标准，反之，条件覆盖选取的测试用例也不一定能够满足判定覆盖标准。判定—条件覆盖就是同时满足这两种覆盖要求的逻辑覆盖，也就是选取足够多的测试用例，使每个判定的取真值分支与取假值分支至少各执行一次，并使程序的每一个判定中的每个条件取得各种可能值。

条件组合覆盖是更强的逻辑覆盖标准，它要求选取足够多的测试用例，使得每个判定表达式中条件的各种组合都至少出现一次。

2. 循环测试

循环测试注重测试循环结构的有效性。在结构化的程序设计中，通常只有 3 种循环：简单循环、嵌套循环和串接循环。

假设 n 是允许通过循环的最大次数。简单循环测试可以采用：

1） 跳过循环。

2） 只通过循环一次。

3） 通过循环两次。

4）通过循环 m 次，其中 $m<n-1$。

5）通过循环 $n-1$ 次、n 次、$n+1$ 次。

如果将简单循环测试的方法直接用于嵌套循环测试，可能的测试次数会随着嵌套循环的层数的增加按几何级数增长，导致不现实的测试数目。B. Beizer 提出了一种能减少测试数目的方法：从最内层循环开始测试，把所有其他循环都设置为最小值；对最内层循环使用简单循环测试，而使外层循环的迭代参数（例如：循环计数器）取最小值；由内向外，对下一个循环进行测试，但保持所有外层循环为最小值，其他嵌套循环为典型值；继续进行下去，直到测试完所有循环。

如果串接循环的各个循环都彼此独立，则可以使用简单循环测试的方法进行；但若在两个串接循环中，第一个循环的循环计数器的值是第二个循环计数器的初始值，则这两个循环并不是独立的，这时，建议使用嵌套循环测试方法来测试串接循环。

3. 基本路径测试

在实际问题中，一个不是很复杂的程序，其路径个数都可能是一个庞大的数字，要覆盖所有的路径是不可能的，因此，只能把覆盖的路径数压缩到一定的限度内进行测试。

基本路径测试是 Tom McCabe 提出的一种白盒测试技术，其基本思想是：以软件过程性描述为基础（例如，详细设计的程序流程图），通过分析它的控制流程计算复杂度，导出基本路径集合，并设计一组测试用例，确保程序中的每个语句至少执行一次，每一条路径都通过一次。

4.5.4　黑盒测试法

白盒测试在测试过程的早期阶段进行，而黑盒测试主要用于测试过程的后期。

黑盒测试是把程序看作一个黑盒子，测试人员不关心程序的内部结构，测试在程序的接口进行，即检查软件的输入和输出数据是否满足需求定义的要求，另一方面还要验证程序是否做了不该做的事情。它注重测试软件的功能需求，所以，黑盒测试又称为功能测试或数据驱动测试。

测试方案的基本目标是：确定一组最可能发现某个错误或某类错误的测试数据。然而，不同的测试数据发现程序错误的能力的差别是很大的。

从理论上讲，穷尽的黑盒测试是最彻底的测试，但这需要输入全部的有效数据和无效数据对程序进行测试。通常，软件的输入空间是非常大的，功能测试时是不可能做到穷尽测试的。

为了提高测试效率、降低测试成本，应该选用高效的测试数据。解决的方法之一是将软件的输入空间分解为一系列子域，使得软件在一个子域上是“等价”的，即软件在子域内任意一个数据上的行为代表软件在子域内其他数据的行为，这些子域因而也被称为等价类。但在实践中，找到一个软件的等价类划分并不容易，因此，往往需要在一个子域之中测试多个数据。

黑盒测试主要检查的错误有：

1）功能不正确或者被遗漏。

2）界面错误。

3）数据结构错误或外部数据库访问错误。

4）性能错误。

5）初始化或终止错误。

4.6 软件开发工具与开发环境

4.6.1 软件开发工具

20世纪70年代中期，软件工程师迫于“软件危机”的压力，提出了计算机辅助软件工程（CASE）的设想，开发出一系列工具，尽量使软件开发过程的各项活动自动化、半自动化，即利用软件开发软件。例如，利用语法指导的编辑工具，编写程序时，凡是不符合语法的输入就拒绝往下走并给出提示；又例如，测试用例生成器可以为程序员生成大量的常规用例。

软件开发工具就是指软件分析、设计、测试和维护中使用的程序系统。例如，用于软件分析阶段的代表工具有PSL/PSA，它是由美国密执安大学于1977年研制的；操作系统、编译程序也是软件工具，它加工的对象是高级语言写的源程序，而加工的结果是机器指令或汇编语言程序；测试阶段的软件工具有静态分析工具（如覆盖监视工具、测试数据产生器和排错程序等）和动态分析工具等。

以上介绍的各种软件工具组成了“软件工具箱”，在软件开发的各个阶段，人们可以根据不同的需要，从“工具箱”中选择合适的工具来使用，这样，软件生产的速度及软件产品的质量都得到了极大的提高。

从现有的工具或环境的水平来看，这些工具大多都属于半自动的交互式系统，即只能在一定程度上帮助人们设计、修改、论证。也有一些专用程序，已经开发了相应的程序发生器，但这种自动化水平较高的软件工具，目前还只限于范围较小的专用程序的领域。

一般来说，大型软件生产所使用的软件工具的自动化程度是比较高的，包括需求分析工具、设计工具、编码工具、确认工具和维护工具等。但是，软件开发过程是复杂的，不能完全用工具来代替，许多工作需要人的创造能力。软件开发的全部自动化是很困难的，计算机的工具软件只能起到辅助的作用。

软件方法和软件工具有着密切的联系：方法是主导，工具是辅助，即软件研究方法是研究工具的先导，而工具的实现又将促进方法的发展。

4.6.2 软件开发环境

程序（软件）的开发和运行，都是在支撑软件的基础上做出的，这些支撑软件的总和被称为软件开发环境。一般是指在基本硬件的基础上，开发系统软件与应用软件所使用的一组高档软件工具的有机组合。

目前已经出现的软件开发环境具有3级结构。

1）核心级，一般来说有核心工具组、数据库、通信功能和运行时刻的支撑功能等，它相当于一个基本语言书写的工具。

2）基本级，可以将它看作是环境的用户（即程序开发人员）使用的工具组，如编辑程序、编译程序、连接装配程序、调试程序、作业控制语言的解释程序和配置管理程序等，它们都是由核心级支撑的。

3）应用级，一般以一种特定的基本级为基础，但也包含一些补充工具，这些工具支撑项目成员所使用的特定方法。

从另一个角度说，软件开发环境由以下几部分组成：

1）环境数据库，这是软件开发环境的重要组成部分。在环境数据库中，存放着被研制的软件在其生命周期中所必要的信息以及软件研制工具的有关信息。

2）接口软件，它包括系统与用户的接口、系统与环境数据库以及工具软件之间的接口。例如，为了实现用户与各种工具软件的通信，则要求有统一的调用方式。

3）工具组，它包括软件研制工具、软件维护工具和控制配置工具等。例如，供源程序及文件资料归档用的编辑程序；供目标机用的编译程序、连接程序和装配程序等。

4.7　软件文档

软件文档是一组文字资料，它从整个系统角度回答了“Who，What，Why，When，Where 和 How”等问题。软件生命周期的每个步骤都产生一定的文档，它是软件工程中每个步骤的自然结果，是软件配置的一部分。直接写在程序代码中间的注释也是一种文档，但软件文档更多的是指程序注释以外的、专门的文档。

软件文档是软件开发人员、管理人员、维护人员、用户和计算机之间的桥梁。文档编写是软件开发过程中的一项重要工作，在软件开发工作中占有突出的地位和相当大的工作量。没有文档的软件，谈不上为软件产品。

由于长期使用的大型软件系统在使用过程中都必然会经过多次修改，所以，软件文档比程序代码更重要，是影响软件可维护性的决定因素。

软件系统的文档可以分为系统文档和用户文档两大类。系统文档描述的是系统设计、实现和测试等各方面的内容，用户文档则是对系统的功能及使用方法的描述，但并不涉及这些功能是怎样实现的。

4.7.1　系统文档

所谓系统文档是指从问题定义、需求说明到验收测试计划这样一系列与系统实现有关的文档，它对于理解程序和维护程序来说是极为重要的。系统文档清楚准确地说明了各阶段任务是如何完成的、完成的情况以及下一步的工作是什么等，所以，软件开发人员在各个阶段都是以文档作为前一阶段工作结果的体现，并作为后一阶段工作的依据。

系统文档通常包括可行性研究报告、项目开发计划、软件需求说明书、总体设计说明书、详细设计说明书、开发进度月报、测试计划、测试报告和项目开发总结报告等。

4.7.2　用户文档

用户文档详细地描述软件的功能、性能和用户界面，以及如何使用软件等具体细节，它是帮助用户了解系统的第一步。

用户文档至少应包括下述5方面的内容：

1）功能描述，说明系统能做什么。

2）安装文档，说明怎样安装这个系统及怎样使系统适应特定的硬件配置。

3）使用手册，简要说明如何着手使用这个系统、如何进行错误恢复及重新启动。

4）参考手册，详尽描述用户可以使用的所有系统设施以及它们的使用方法，应该解释系统可能产生的各种出错信息的含义。

5）操作员指南（如果需要有系统操作员的话），说明操作员应该如何处理使用中出现的各种情况。

在软件的整个生存期中，各种文档会不断地生成、修改或补充。为了得到高质量的软件产品，必须加强对文档的管理。

4.8 软件质量的度量

4.8.1 软件质量

质量是产品的生命，不论什么产品，质量都是极为重要的。软件产品生产周期长、耗资大，更应该特别注意保证质量。

人们对软件开发项目提出的要求，如果只是强调系统必须完成的功能、应该遵循的进度计划及生产这个系统花费的成本，而不注意在整个生命周期中软件系统应该具备的质量标准，这样做的后果是：许多系统的维护费用非常高，为了把系统移植到另外的环境中或使系统和其他系统配合使用（接口）都必须付出很高代价。

所以概括地说，软件质量就是“软件与明确地和隐含地定义的需求相一致的程度”。

4.8.2 软件质量的度量标准

软件质量度量贯穿于软件开发的全过程及软件交付使用之后。在交付使用之前的度量主要包括程序复杂性、模块的有效性和总的程序规模，并以此提供一个定量的依据，用以评判软件设计和测试质量的好与坏。交付使用之后的度量则主要把注意力集中于还未发现的差错数和系统的可维护性方面。

虽然软件质量具有难于定量度量的软件属性，但是仍然能够给出一些重要的软件质量指标（其中绝大多数还是从定性角度度量的），主要指标有：

1）正确性，系统满足规格说明和用户目标的程度，即在预定环境下能正确地完成预期功能的程度。

2）健壮性，在硬件发生故障、输入的数据无效或操作错误等意外环境下，系统能做出适当响应的程度。

3）效率，为了完成预定的功能，系统需要的计算资源的多少。

4）完整性（安全性），对未经授权的人使用软件或数据的企图，系统能够控制（禁止）的程度，包括防范计算机病毒的能力。

5）可测试性，软件容易测试的程度。

6）可用性，系统在完成预定功能时令人满意的程度，包括人员学习操作软件、准备输入和输出所需的努力等。

7）可理解性，理解和使用该系统的容易程度。

8）自描述性，对软件功能进行自我说明的程度，也称为自含文档性。

9）文档完备性，软件文档齐全、描述清楚、满足规范或标准要求的程度。

10）可维护性，诊断和改正在运行现场发现的错误所需要的工作量的大小，或在需求变更时，更改软件或弥补软件缺陷的容易程度。

11）灵活性（适应性），修改或改进正在运行的系统需要的工作量的多少。

12）可移植性，把程序从一种硬件配置和（或）软件系统环境转移到另一种配置和环境时需要的工作量多少。

13）可再用性：在其他应用中该程序可以被再次使用的程度（或范围）。

4.8.3　软件质量保证

在软件开发过程中，为了保证软件的质量所采取的措施一般有评审、技术审查、管理复查和测试等。

评审就是评价总体设计思想和设计方针是否正确、需求规格说明是否得到了用户和上级机关的批准等。

技术审查就是在软件生命周期的每个阶段结束之前，都使用正式结束标准，对该阶段生产出的软件配置成分进行严格的技术审查。某些阶段可能进行多次审查，有时还需要复查。

管理复查指的是向开发的组织部门或使用部门的管理人员提供有关项目的总体状况、成本和进度等方面的情况，以便他们从管理角度对开发工作进行审查。

正如在软件生命周期中强调软件测试一样，测试是保证软件质量的一个主要手段，有效的测试能发现软件中的隐藏错误。

习　题

1. 什么是软件？软件与程序有什么不同？

2. 什么是软件危机？为什么会产生软件危机？软件危机与软件工程学有什么关系？

3. 什么是软件的生命周期？软件生命周期一般划分为几个阶段？每个阶段的基本任务是什么？

4. 可行性的含义是什么？在软件开发的早期阶段，为什么要进行可行性研究？应该从哪些方面研究目标系统的可行性？

5. 需求分析关注的主要问题是什么？

6. 软件的总体设计与详细设计有什么不同？

7. 名词解释

（1）黑盒测试

（2）白盒测试

（3）等价类划分

（4）逻辑覆盖

8. 什么是信息隐藏？什么是模块独立性？

9. 什么是面向对象的分析和设计方法？

10. 在软件的开发过程中，软件工具有什么作用？

11. 软件开发环境由哪些部分组成？

12. 因计算机硬件和软件环境的变化而修改软件的过程称为＿＿＿＿＿

（A）改正性维护　　　　（B）适应性维护

（C）完善性维护　　　　（D）预防性维护

13. 软件质量度量的含义是什么？怎样理解软件质量度量的重要性和必要性？软件质量的度量标准有哪些？

第 5 章　数据库技术

5.1　数据库技术的重要性

在现实生活中，库是随处可见的，例如书库、金库和仓库等。设立各种各样库的目的一是存放东西，二是方便查找，所以存放的东西一定要按某种规则存放。

数据库，顾名思义就是存放数据的仓库，但数据库对数据的存放不是简单的堆积，而是经过了科学的管理和组织，使其便于查找和处理。

那么，为什么要发展数据库技术呢?

从 20 世纪 50 年代开始，计算机的应用由科学计算逐渐扩展到企业、行政等社会各领域，数据及事务处理成为计算机的主要应用。有人统计，在科学计算、数据处理和过程控制 3 大计算机应用中，数据处理所占比例为 70% 左右。所以，计算机的作用已经不再仅仅是进行数值近似，更多的是用于数据的加工和管理。例如，图书资料的管理、天文气象观测数据的管理、银行帐目的管理和行政事务的管理等，这些应用的主要目的是对各种类型的数据进行综合、分析和加工，计算则居于次要位置。但这些数据的特点是数据量庞大，结构比较复杂，所以需要探求新的、更为有效的处理方法。

数据库是 20 世纪 60 年代末发展起来的计算机数据处理的最新技术，它的产生使计算机应用进入到人类社会中的经济、贸易、生产和政务等各个领域，已经成为各级政府、各个企业信息管理的重要手段。数据库技术是计算机科学技术中发展最快的领域之一，也是计算机应用领域中最成功的一个方面。当前，面向对象数据库、多媒体数据库、并行数据库、空间数据库、工程数据库和数据仓库等一批新兴数据库也已经崭露头角，在相应领域获得了非常广泛的应用。

未来社会是信息化社会，信息已经变成经济发展的战略资源，而数据库是信息化社会资源管理与开发利用的基础，因此，数据库的建设规模和应用水平已经成为衡量一个国家信息化程度的重要标志。

5.2　数据库技术的基本概念

5.2.1　信息

一般来说，信息是客观世界的事物在人们头脑中的抽象反映，是通过人的感官感知并对客观事物状态、特性和特征的描述。

信息具有许多重要的特点：

1）信息来源于现实世界。

2）信息是可以被感知和理解的。

3）信息是可以被加工、存储、检索、应用、传递和再生的。

这些特点构成了信息最重要的自然属性。

5.2.2　数据

从本质上说，数据是对客观事物特征的一种抽象的、符号化的表示，即用一定的符号表示那些从观察或测量中所收集到的基本事实，是可以识别的信息。

数据是数据库系统研究和处理的对象。

需要注意的是，不要把数据仅仅理解成“数字”。除了普通意义上的数字外，还包括字符、图形、图像和声音等，甚至是程序员编写的源程序，它是编译程序所使用的数据，只是数据类型不同。所以，从更广泛意义上讲，数据是所有能输入到计算机中并被计算机程序处理的符号的集合。

5.2.3　信息与数据的关系

信息与数据是既有联系又有区别的，二者密不可分。

未经处理的信息只是基本素材，只有通过消化、解释或处理的信息对人们来说才是有用的数据。

数据是信息存在的一种形式。数据表示了信息，是信息的载体。

信息是数据的内涵，数据则是表示信息的一种手段。

同时，信息是抽象的，不随数据设备所决定的数据形式而改变，但数据的表示方式却具有可选择性。

尽管信息与数据两者在概念上不尽相同，但通常人们并不严格去区分它们。例如，数据处理一般也称为信息处理。

5.2.4　数据处理

当把客观事物表示成数据后，这些数据便被人们赋予了特定的含义，从而为人们提供了不必直接观察和度量事物就可以获得有关信息的方法。数据处理的基本含义是从某些已知的数据出发，推导出一些新的数据，这些新的数据又表示了新的信息。

数据处理的目的就是根据人们的需要，从大量的数据中抽取出对人们来说是特定的、有意义和有价值的数据，并作为决策和行动的依据，它是对数据进行采集、整理、分类、存储、检索、统计、维护和传输等一系列活动的总称。

5.2.5　数据管理

数据管理指的是对数据进行分类、组织、编码、定位、存储、检索和维护等，它是数据处理的中心问题，并且是任何数据处理业务中必不可少的共同部分。可见，数据管理技术的优劣，直接影响数据处理的效率。

5.3　数据库管理技术的发展历程

过去，各种数据都是以书面形式保存在纸上，这样做的优点是直观，但也有诸如占用空间大、耗费人力大、查找不方便、不安全和保密性差等缺点。自从计算机问世以来，数据管理随着计算机软件和硬件的发展而发展，大体上经历了3个阶段：人工管理阶段、文件系统阶段和数据库系统阶段。

5.3.1 人工管理阶段

人工管理阶段是数据管理的初始阶段，可以说是管理的最低级阶段。这一阶段主要在20世纪50年代中期以前。

当时计算机的发展刚刚起步，主要应用领域是科学计算，数据量不大。从硬件方面看，计算机内存空间小，计算速度低，外存只有磁带、卡片和纸带等，没有像磁盘这样的随机存取的存储设备。从软件方面看，计算机没有操作系统，更没有数据管理软件，数据管理者是人。

人工管理阶段数据管理的特点是：

（1）计算机不保存数据

由于当时计算机主要用于科学计算，侧重于提高计算的速度和精度，相对而言，数据量较少，一般不需要将数据长期保存，数据一经用完，立刻撤走。在进行某一课题研究时，将原始数据输入计算机，运算处理完成后将结果输出。随着任务的完成，用户作业退出计算机系统，数据空间也随之释放。

（2）人工管理数据

由于当时没有相应的软件系统对数据进行管理，应用程序中涉及的数据由程序员自己管理，即人工对数据进行管理。这样，程序员不仅需要规定数据的逻辑结构，而且在程序中还要设计其物理结构（包括存储结构、存取方法和输入输出方式等），并通过物理地址来存储数据。

（3）数据与程序不具有独立性

程序往往是和数据结合从而成为一个有机的整体。这时，数据作为程序不可缺少的一部分而存在，这就导致程序与数据密切相关，即数据与程序不具有独立性。程序高度依赖于数据的结果是，数据在存储位置上若稍有变动，整个程序就必须全部进行修改，编程效率低，程序不灵活而且容易出错。

（4）数据面向应用

数据是面向应用的，即一组数据只能对应于一个程序，一个程序的数据不能被另一个程序所使用。但各应用程序处理的数据不会全无关系，当多个应用程序涉及某些相同的数据时，由于必须各自定义，无法相互利用、互相参照，所以程序与程序之间就会有大量重复的冗余数据，即数据不具备共享性。

人工管理阶段应用程序与数据之间的对应关系如图5.1所示。

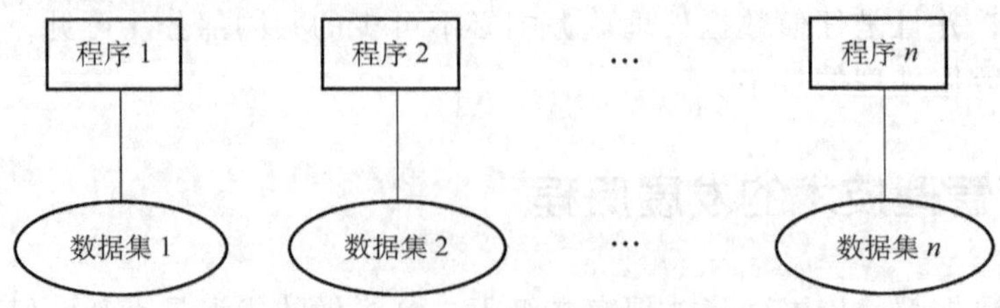

图5.1 人工管理阶段应用程序与数据之间的对应关系

5.3.2 文件系统阶段

这一阶段大约是在 20 世纪 50 年代后期至 60 年代中期。从硬件方面看，计算机内存空间增大，计算速度得到了很大的提高，外存储器有了磁盘、磁鼓等快速、直接存取的存储设备。

同时，计算机的应用范围不断扩大，不仅用于科学计算，还大量用于管理。由于数据量的增加，数据的存储、检索和维护成为非常迫切的任务。这样，导致了数据结构和数据管理软件的迅速发展。软件方面出现了高级语言和操作系统，且操作系统中已经有了专门管理外存的数据管理软件——文件系统。

这一时期数据管理的特点是：

(1) 数据可以长期保留

由于计算机大量用于数据处理方面，这样，数据就需要长期保留在外存上以便反复使用。能够将一批数据以一个文件的形式保存在磁盘等外存储器上，为数据的长期保存和反复使用（包括插入、查询、删除和修改等）提供了保证。

(2) 文件系统提供了程序与数据之间的存取方法

文件管理方式是把待加工处理的数据组织成数据文件，文件可以命名，一旦命名以后，程序中便可以通过文件名逻辑性地存取文件中的数据，解脱了程序员直接与物理设备打交道的沉重负担。当然，二者之间需要一个转换过程，这是由文件系统自动完成的。文件管理系统作为程序和数据之间的一个接口，担负着数据的逻辑组织到物理组织之间的映射任务，程序中不再涉及任何物理细节。

(3) 文件类型多样化

由于有了直接存取设备，也就出现了顺序文件、索引文件和随机文件等多种文件组织形式，对文件的访问呈现多样化。

(4) 程序与数据具有一定的独立性

利用“按文件名访问，按记录进行存取”的管理技术，使得程序与数据具有了一定的独立性，这样程序员可以集中精力于算法上，而不必过多地考虑物理细节，并且数据在存储位置上的改变不一定反映在主程序上，这样可以大大节省维护程序的工作量。但文件结构的设计仍然基于特定的用途，程序基于特定的物理结构和存取方法，因此，程序与数据结构之间的依赖关系并未根本解决。

(5) 数据冗余度较大

文件系统阶段的文件仍然由应用程序来定义。当不同的应用程序具有部分相同的数据时，也必须建立各自的数据文件，所以，此时也存在着数据冗余度大、空间浪费、文件不易扩充和修改费时间等问题。

(6) 数据面向应用

虽然文件系统阶段的数据管理与人工管理阶段相比有了很大的改进，但是，仍然存在着很大的弱点。文件本身基本上还是对应于一个或几个应用程序，或者说数据还是面向应用的。

文件系统阶段的应用程序与数据之间的对应关系如图 5.2 所示。

5.3.3 数据库系统阶段

针对文件系统的弊端，从 20 世纪 60 年代后期开始出现了数据库技术。数据库技术的目

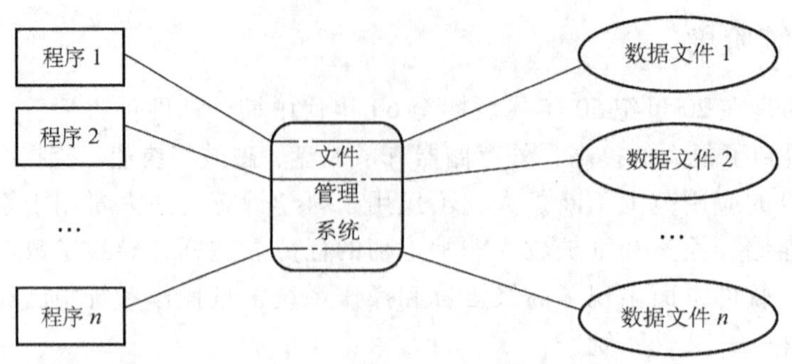

图 5.2 文件系统阶段应用程序与数据之间的对应关系

标：首先是克服程序与文件的相互依存，力求数据独立；其次是重在表现数据之间的联系，还要克服数据的冗余，并解决数据安全性和完整性的保护问题。

数据库是当今计算机系统的一个重要组成部分，很难用几句话严格、简明地概括它的全部特征。事实上，现在数据库的定义也是各式各样、不尽相同的，这是人们从不同角度用不同观点来看待数据库的结果。产生这种情况的另一个原因是数据库技术本身是逐渐形成的，而且直到今天还在发展之中，从而人们对它的认识也是一个历史的发展过程。因此，只能从数据管理的进展指出数据库的特点，给数据库一个轮廓性的描述。

从 20 世纪 70 年代以来，计算机被越来越多地应用于管理领域。人们称现代社会是一个信息化社会，数据量急剧增长，管理规模更加庞大，人们对数据共享的要求更为强烈（共享的含义是多种应用、多种语言互相覆盖地共享数据集合，如图 5.3 所示）。从硬件上看，随着大规模集成电路的发展，计算机硬件价格大大下降，计算速度更快，且逐渐出现大容量的磁盘、光盘等直接存取设备。但同时软件的价格却在不断上升，以文件系统作为数据管理的方法已经不能满足实际应用的需要。为了满足多用户、多应用共享数据的需求，使数据为尽可能多的应用服务，软件上出现了数据库这样的数据管理技术，并出现了对数据进行统一管理的专门软件——数据库管理系统。

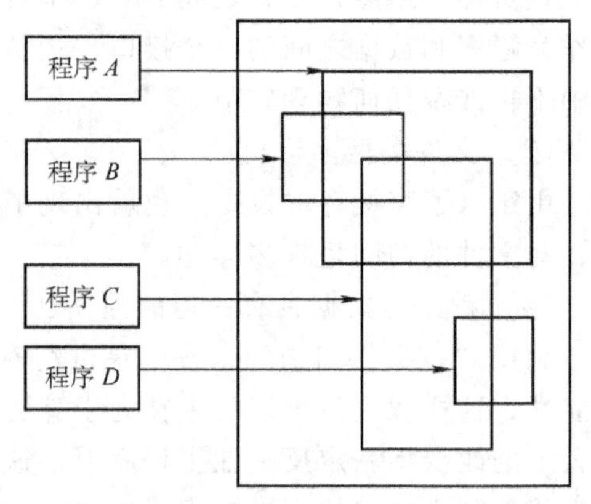

图 5.3 数据共享

数据库技术发展到今天，已经是一门成熟的技术。无论是从数据库的技术水平，还是从数据库的应用水平，都发生了很大的变化，但数据库的基本特征没有变。概括起来，数据库技术有以下一些特点。

(1) 数据结构化

这是数据库的主要特征之一，数据库有复杂的数据模型（数据结构），如网状模型、树状模型和关系模型等。可以变长记录格式存储数据，这样可以大大减少数据的冗余度、节省空间和减少存取时间。

数据的冗余有时难以避免，甚至有时为了某种需要有意地重复存储数据而带来其他方便。所以，只说“减少”数据的冗余而不提“避免”数据的冗余。

(2) 数据库设计时面向数据模型对象

设计数据库时，要站在全局需要的角度抽象和组织数据，要完整、准确地描述自身和数据之间联系的情况，要建立适合整体需要的数据模型。数据库系统是以数据模型为基础的，各种应用程序都建立在数据库之上，这就决定了它的设计特点，即先设计数据库，再设计程序功能。

(3) 数据的独立性

这是数据库的另一个主要特征。由于数据库管理系统使得数据的定义从程序中分离出去，加上数据的存取也由数据库管理系统负责，所以，数据和程序之间具有较高的独立性。从而简化了应用程序的编制，大大减少了应用程序开发、维护和修改费用。

(4) 数据共享度高

数据库是从整体角度看待和描述数据的，因而，数据库中同样的数据不会多次重复出现。数据是面向整个系统，是有结构的数据，不仅可以被多个应用共享使用，而且容易增加新的应用，这就使得数据库系统弹性增大，易于扩充，可以适合各种用户的需求。

计算机的共享一般是并发的（Concurrency），即许多用户同时使用数据库，数据库系统通过数据模型和数据控制机制来提高数据的共享性。因此，都提供了以下 3 方面的数据控制功能：数据的安全性——指保护数据以防止不合法的使用，可以采用口令、核实用户身份和检查用户权限等方法，检查通过才能执行允许的操作；完整性——包括数据的正确性、有效性和相容性，即系统有检验措施，以控制数据在一定范围内有效；并发控制——避免并发程序之间互相干扰。

(5) 数据存取粒度小

在数据库系统中，数据存取的最小粒度（即数据存取的最小单位）是数据项，可以使系统在查询、更新、修改、删除和统计等操作时，能以数据项为单位进行条件表达和数据存取处理，为系统带来高效性、灵活性和方便性。

(6) 数据面向系统

从整体上看，数据不是面向应用，而是面向系统。应用数据时可以有很灵活的方式。例如，可以取整体数据的各种合理子集应用于不同的系统，而当应用需求改变时，只要重新选取不同的子集即可满足新的需求。

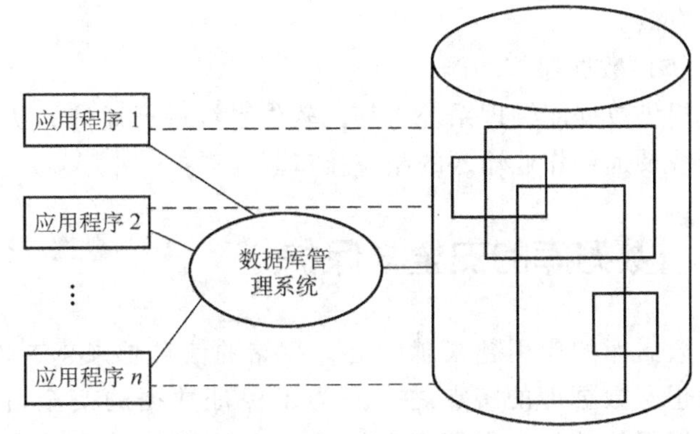

图 5.4　数据库系统阶段应用程序和数据之间的对应关系

综上所述，可以说数据库是个通用化的综合性的数据集合，它可以为各种用户提供数据共享，并使数据具有最小的冗余度，使数据与程序具有较高的独立性，而且由于多种程序并发地使用数据库，所以，应该及时有效地处理数据，并提供安全性和完整性保证。要做到上述各点，当然必须有一个软件系统——数据库管理系统（Database Management System，DBMS）对数据库的建立、运行和维护进行集中控制。数据库系统阶段应用程序和数据之间的对应关系如图 5.4 所示。

5.4 数据库管理系统

数据库管理系统（DBMS）是数据库系统的核心，是用于建立、使用和维护数据库的一组软件。一般情况下，数据库管理系统建立在操作系统基础之上，是位于操作系统与用户之间的一层数据管理软件，负责接受和响应用户对数据库的访问要求，以及对数据进行统一的管理和控制，数据库内的所有活动都是在其控制之下进行的。数据库管理系统分为多个程序模块，每个程序模块实现数据库系统的一种功能。数据库管理系统不仅承担执行各种应用程序对数据库中的数据的操作命令，还有承担数据库的维护工作，以保证数据库的安全性和完整性。

数据库管理系统的功能随系统而异，一般来说，它包括以下几个方面。

（1）数据库定义功能

定义数据库，包括全局逻辑数据结构的定义，局部逻辑数据结构的定义，存储结构定义，保密定义及信息格式定义等。

（2）数据库建立和维护功能

数据库建立和维护功能包括数据库的建立，数据库初始数据的载入、转换，数据库更新，数据库的转储和数据库恢复，数据库再组织，数据库结构维护及性能监视等。

（3）数据库操作功能

数据库管理系统提供数据操作语言实现对数据库中的数据的基本操作，包括检索、插入、删除、修改、更新和统计等。

（4）数据库运行控制功能

数据库运行控制功能包括系统控制、数据存取、更新管理、数据完整性、安全性控制和并发控制等，所有数据库的操作都要在这些控制程序的统一管理下进行，以保证数据库的正确、有效。

（5）数据通信功能

提供数据库管理系统与其他软件系统进行通信的功能，具备与操作系统的联机处理、分时系统及远程作业输入的相应接口。

5.5 数据库的安全与保护

数据库的应用越来越广泛，存储的信息越来越有价值。一旦这些信息暴露，其后果不堪设想。数据库的特点之一是为了保证数据的安全可靠，数据库管理系统必须提供统一的数据保护功能。数据库系统的安全性保护措施是否有效是数据库系统主要的性能指标之一。数据保护主要指数据的安全性、完整性和并发控制 3 个方面，下面将对它们做一简单的介绍。

5.5.1 安全性

数据库中的数据是在数据库管理系统统一控制下的共享数据集合，但它又不是任何人都可以随意访问和使用的。也就是说，数据库的共享不能是无条件的共享，它只允许有合法使用权限的用户访问他有权访问的数据。数据库的安全性是指保护数据库以防止不合法的应用而造成数据泄露、更改和破坏。

安全性问题并不是数据库系统所独有的，计算机系统都存在这个问题，只是在数据库中有大量数据集中存放，而且为各用户直接共享，从而使得安全性问题更为突出。在计算机系统中为提高安全性常采取以下一些措施。

1. 用户标识和鉴别

用户标识和鉴别是系统提供的最外层安全保护措施。

首先，系统提供一定的方式让用户标识自己的名字或身份，系统进行核实，鉴定通过后方获得计算机使用权。

然后，进一步核实用户往往需要用户输入口令，口令是一种使用广泛的保护方法。用户的口令相当于打开数据库管理系统的钥匙，所以，为保密起见，口令常常被隐蔽，不在终端上显示出来。为了防止有人猜测口令，很多系统限制了每次口令的输入次数，如果超过了这个次数，系统将拒绝该用户进入系统。

有时将用户的个人持有物作为用户身份的标识证明，包括磁卡、IC 卡和光卡等，在这些标识上可以记录个人的信息，以便于计算机识别。

此外，还可以利用用户的特征鉴别用户。例如，声音、容貌和指纹等都可以作为鉴别用户身份的特征。

2. 存取控制

存取控制是数据库管理系统级的安全措施，也是杜绝对数据库中的数据进行非法访问的主要方法。

存取控制允许用户只访问被授权的数据，和限定不同的用户有不同的访问模式，以保证用户的操作是合法的操作。对于获得上机权的用户还要进一步根据用户权限分类，系统根据用户权限执行存取控制。所谓用户权限是指不同的用户对于不同的数据对象允许进行的操作权限。

用户权限有以下几种。

1）基本存取权限，又可分为只读、读/写等。

2）数据检索和处置权限，又可分为检索、插入、删除、修改，以及它们的某种组合。

3）独立于数据值或与数据值有关的存取权限，指用户能否存取某个数据的权限与数据本身的内容无关。例如，用户不能存取任何职员的工资，不管工资额的大小如何。反之，若依赖于用户本身的数据内容或数据对象的内容则称为是与数据有关的，例如，用户不能查询工资高于 5 000 元的职工工资，或者若用户的行政级别低于 16 级，则不能查询别人的工资。

4）与时间和地点有关的存取权限，例如，限制某台终端在某段时间内存取有关数据。

3. 跟踪调查

上面所介绍的数据库安全性保护措施都是正面的预防性措施，它防止非法用户进入数据库管理系统，并从数据库系统中窃取或破坏保密的数据。而跟踪调查则是一种事后监视的安全性保护措施。例如，使用日志监视数据库活动，日志中记载日期、时间、程序名、地点和所存取的数据等项目。这个日志由数据库管理员监督检查，对于可疑的存取或者对于高度机密数据的存取都要进行调查。

5.5.2 完整性

数据库的完整性是指数据的正确性、一致性和相容性。保护数据库的完整性非常重要，它涉及到数据库能否真实地反映现实世界。所以，数据库管理系统必须提供一种功能（也称完整性检查）来保证数据库中数据的完整性，检查数据库中的数据是否满足规定的条件（也称完整性约束条件），它是语义的体现。例如，公民的身份证号码必须是唯一的，考试成绩只能是在 0 ~ 100 分之间等。

对数据库完整性产生破坏的主要原因有：来自操作员的错误输入、数据库应用程序出错、数据库中并发操作控制不正确、数据冗余引发的数据正本与副本之间的不一致、数据库管理系统或操作系统出错和系统硬件出错等。

保证数据库中数据的完整性的方法之一是设置完整性检验，即通过对数据与数据之间的逻辑关系施加约束条件来实现。对数据库中的数据强加的语义约束条件称为数据库完整性约束条件，也就是现实世界或系统设计者要求数据项应该满足的条件。

完整性约束条件可以分为以下几种：

（1）数值的约束

这类约束条件是指对数据取值类型、范围和精度等的规定。例如，规定年份是 4 位整数、月份是 1 ~ 12 的整数等。

（2）结构的约束

结构的约束是指数据之间联系方面的限制。例如，每个学生对应着一个学号，学号的某个取值将唯一决定该学生其他方面的数据。根据这个特点，学号的取值不能为“空”值，并且它必须在数据库中是“唯一”的。从而，能根据学生学号的“唯一”条件找到某学生的相关数据，如果违反了这种限制，就破坏了结构的约束。

（3）静态约束

所谓静态约束是指对数据库每一确定状态的数据所应满足的约束条件，1）和 2）两种约束属于静态约束。

（4）动态约束

动态约束是指数据库从一种状态转变为另一种状态时新、旧值之间所应满足的约束条件。例如，当更新职工工资时，若旧工资大于等于 800 元时新工资等于旧工资，否则新工资等于旧工资加上 50 元。这条约束条件体现了这样的语义：调资范围仅限于工资低于 800 元的职工。

（5）立即执行约束

立即执行约束是指在执行用户事务时，对事务中某一更新语句执行完后马上对此数据所应满足的约束条件进行完整性检查。

对于立即执行约束，如果发现用户操作违反了完整性约束条件，系统将拒绝该操作。

（6）延迟执行约束

延迟执行约束是指在整个事务执行结束后方对此约束条件进行完整性检查，结果正确方能提交。

对于延迟执行约束，如果发现用户操作违反了完整性约束条件，系统将拒绝该事务，并把数据库恢复到该事务执行前的状态。

例如，银行数据库中“借贷总金额应平衡”的约束就应该属于延迟执行约束。从账号 A 转一笔钱到账号 B 为一个事务，从账号 A 转出去钱以后就不平衡了，必须等转入到账号 B 后才能重新平衡，这时才能进行完整性检查。

从上面的讨论中可以看出，数据库的安全性和完整性是两个不同的概念。安全性措施的防范对象是非法用户和非法操作，目的是保护数据库防止恶意的破坏和非法的存取。完整性措施的防范对象是数据库中存在不符合语义的数据，目的是防止错误信息的输入和输出。当然，数据的安全性和完整性又是密切相关的，特别是从系统实现的方法上来看，某一种机制常常既可以用于安全保护，也可以用于完整性保护。

5.5.3 并发控制

1. 并发的目的

数据库是一个共享资源，可以允许多个用户使用。使用的方法当然可以让这些用户程序一个接一个地串行执行，即每一时刻只能有一个用户程序在运行，并执行对数据库中的数据的存取。其他用户程序必须等到这个用户程序结束以后方能对数据库存取。

但是，由于用户程序在执行过程中，随着时间的不同会需要不同的资源，有时需要 CPU，有时需要访问磁盘，有时需要 I/O 设备，有时需要通信设施等。这样，若按照上述串行方式调度就会产生瓶颈现象，因为假如一个用户程序涉及大量数据的输入/输出，则将导致许多系统资源在大部分时间内处于闲置状态。所以，为了充分利用数据库资源，发挥数据库共享资源的特点，应该允许多个用户程序并行地存取数据库，这样就会产生多个用户程序并发地存取同一数据的情况。

2. 并发所引起的问题

若对并发操作不加控制，则会存取不正确的数据，破坏了数据库的一致性。例如，飞机订票系统中：

1）甲售票点读出某航班的机票余额 $A=6$。

2）乙售票点读出同一航班机票余额 $A=6$。

3）甲售票点预订了一张机票，修改余额 $A \leftarrow A-1$，所以，A 变为 5，并把 A 写回数据库。

4）乙售票点预订了一张机票，修改余额 $A \leftarrow A-1$，所以，A 也变为 5，并把 A 写回数据库。

所以，若按上面的次序执行，则座位数减 1 而不是减 2。也就是说，结果明明是卖出两张机票，但数据库中机票余额只减少 1。这种情况称为数据库的不一致性。这种不一致性是由并发操作引起的，因为在并发操作情况下，对甲、乙两个用户活动序列的调度是随机的。若按上面的调度序列执行，用户甲的修改就被丢失，这是由于第 4）步中用户乙修改 A 并写回后破坏了甲的修改。可见，若对并发的事务访问数据库的操作不进行有效控制，数据库中的数据就有可能变为不正确。

并发操作可能会产生以下几种不一致性。

（1）丢失修改

丢失修改是由于两个事务对同一数据并发地写入而引起的。例如，两个事务 T_1 和 T_2 读入同一数据并修改，T_2 提交的结果破坏了 T_1 提交的结果，T_1 的修改被丢失。如上面的订票例子。

(2) 不能重复读

不能重复读是指事务 T_1 读取某一数据后，事务 T_2 读取并修改了同一数据（更新操作），T_1 为了对读取值进行校对再读此数据，却得到了不同的结果，即 T_1 无法再现前一次的读取结果。例如，T_1 读取 $A=100$，T_2 读取 A 并把 A 改为 200，T_1 再读 A 得 200 与第一次读取值不一致。

(3) “脏”数据的读出

读“脏”数据（Dirty Read）是指两个或多个事务并发执行时，事务 T_1 修改了某一数据，并将其写回。事务 T_2 在这之后读取了同一数据，而 T_1 在未正式提交之前由于某种原因被撤销，系统就要对事务 T_1 已经修改过的数据恢复原值。这样，T_2 读到的就是不正确的数据——“脏”数据，即 T_2 读到的数据就与数据库中的数据产生了不一致。例如，T_1 把 A 由 100 改为 200，T_2 读到 A 为 200。而 T_1 由于某种原因被撤销，其修改宣布无效，A 恢复为原值 100，而 T_2 却读得了 A 为 200，与数据库的内容不一致。

3. 并发控制方法

所谓并发控制就是要用正确的方式来调度并发操作的事务，避免造成数据的不一致性，使一个用户事务的执行不受其他事务的干扰。

(1) 封锁机制

并发控制的主要方法是采用封锁机制。

所谓封锁就是指某事务在对某对象执行操作前，先要对此对象加上自己的锁。加锁后，其他事务对此对象的操作就受到了规定的限制。当然，该事务完成自己的操作之后，必须将加上的锁撤消，以便其他事务执行相应的操作。

例如在上述的订票例子中，若用户甲要修改 A 时，在读出 A 前先封锁 A，其他用户就不能读取和修改 A，直到甲修改完并写回 A 以后解除了对 A 的封锁为止。这样，就不会丢失甲的修改了。

(2) 封锁类型

基本的封锁类型有两种：排他性封锁和共享性封锁。

事务 T 对数据 A 建立了排他性封锁，则只允许 T 读取和修改 A，其他一切事务都不能对此对象加锁，也就不能对此对象执行任何操作。可见，只有数据对象未被任何其他事务加锁时，对它的排他性封锁请求才会成功。

若某数据对象被加上了共享性封锁后，该数据对象就不能再被加上排他性封锁，但可以被多个事务加上各自的共享性封锁。所有对此对象加了共享性封锁的事务都可以读此对象，但不能修改此对象。例如，若事物 T 对数据 A 建立了共享性封锁，则 T 和别的事务均可读取 A，但不能修改 A，其他事务只能再对 A 加共享性封锁，而不能加排他性封锁，直到 T 释放 A 上的共享性封锁。

当一个数据对象未被任何事务加上任何锁时，一个事务发出对该数据对象的任何锁的请求都会被满足。但当该数据对象已经被加上锁时，对它的其他锁申请就不一定被满足。排他性封锁和共享性封锁的控制方式可以用表 5.1 的相容矩阵来表示。

表 5.1　封锁类型的相容矩阵

T_2 \ T_1	排他性封锁	共享性封锁	无封锁
排他性封锁	否	否	是
共享性封锁	否	是	是
无封锁	是	是	是

(3) 死锁及其解除

排他性封锁可能引起死锁问题，即系统中的两个或更多个事务同时处于等待状态，且其中的每一个事务在它能够进行之前都在等待着另一个事务释放封锁，结果造成任何一个事务都无法继续执行，这种现象便是死锁。

例如，两个事务 T_1 和 T_2 分别需要数据 A_1 和 A_2，它们在执行时，T_1 封锁了 A_1，T_2 封锁了 A_2，然后，T_1 又申请封锁 A_2，同时 T_2 也申请封锁 A_1。因为 T_2 已经封锁了 A_2，所以，T_1 必须等待 T_2 解除封锁，同理，因为 T_1 已经封锁了 A_1，所以，T_2 也在等待 T_1 解除封锁。T_1 和 T_2 都要等待对方数据才能进行下去。这样就造成这两个事务相互等待，永远不能结束。

在数据库中，解决死锁的方法主要有两大类：死锁的预防和死锁的解除。

死锁的预防就是破坏死锁产生的条件，例如可以采用一次加锁等方法预防死锁，即要求每个事务一次就将要用的数据全部加锁。若不能全部加锁成功，则全部不加锁，并处于等待状态；若全部加锁成功，则可以继续执行下去。

可以采用“超时法”等方法解除死锁。例如，预先规定一个最大等待时间，如果一个事务的等待时间超过了此规定时间，则认为产生了死锁。可以从相关事务中选择一个“牺牲品”打破死锁，即剥夺它所占有的资源。感兴趣的读者可参考有关书籍。

5.5.4　数据库的恢复

数据库中的数据是公司或政府部门的重要信息资源，尽管系统具有一定的保护措施来防止数据库的安全性和完整性受到破坏，但是系统中任何硬件的故障、软件的错误、操作失误及人为的恶意破坏都是不可避免的。无论控制措施多么周密完善，这些故障仍可能导致数据库安全性和完整性的丢失，甚至可以导致系统瘫痪。

例如，掉电将会使半导体存储器中的数据遭到破坏，瞬时的强磁场干扰也会使磁盘、磁带等磁性存储设备上的数据受到破坏等。因此，数据库管理系统必须具有检测故障并把数据库从错误状态中恢复到某一正确状态的功能，这就是数据库的恢复。恢复技术是否有效是数据库系统性能的一个重要标志。

各种系统的恢复技术和方案不尽相同，但恢复的基本原理却是十分简单，可用一个词来概括，即冗余。也就是说，保护数据库的方法是，保证其中的任何一部分信息可以根据冗余地存储在系统别处的其他信息来重建。

以数据库的转储为例。所谓转储，即定期地将整个数据库复制到多个存储设备（如磁带、磁盘）上保存起来的过程。这些备用的数据文本称为后备副本或后援副本。当数据库遭到破坏后就可利用后援副本把数据库有效地加以恢复。当然，转储是十分耗费资源的，不能频繁进行，应根据数据库使用情况来确定一个适当的转储周期。

转储分为静态转储和动态转储。

静态转储指的是在转储期间不允许对数据库进行任何操作（包括存取、修改等），即在系统中没有事务运行的情况下进行的转储。静态转储比较简单，且可以保证有一个一致性的数据库副本，但是转储必须等到用户事务全部结束后才能进行，在转储期间整个数据库不能使用，这就降低了数据库的可用性。

动态转储指的是在转储期间允许对数据库进行存取等操作，即数据转储和用户事务可以并发执行。动态转储可以克服静态转储的缺点，转储工作可以随时进行。但是，由于与事务并行执行，不容易保证转储结束时后备副本上的数据的一致性，因此，其实现技术要求较高。

5.6 数据模型及数据库的基本类型

我们对模型并不陌生，例如，建筑模型、汽车模型等都是常见模型。这些模型属于实物模型，它们通常是客观事物的外观特征或功能特征的模拟与刻画。此外，还可以用抽象模型来刻画客观事物的某些特征，例如一些数学模型。通常模型是现实世界某些特征的模拟和抽象，是对事物、现象和过程等客观系统的简化描述，是理解系统的思维工具。

5.6.1 什么是数据模型

由于计算机只能存储和处理数据，而不能直接存储和处理现实世界中的客观事物，所以，必须先把企业的设备、产品和人员等客观事物的某些特征抽象成计算机能够存储和处理的数据，才能用计算机对其进行管理。

在计算机中，相应于每一实体的数据为记录，相应于属性的数据为数据项。实体内部的联系反映在数据上是记录内数据项之间的联系，实体间的联系反映在数据上是记录间的联系。所谓数据模型就是指具有这种联系的数据结构形式，也就是如何更好地定义各种记录及它们之间的相互联系。

数据模型是数据库系统设计中用于提供信息表示和操作手段的形式框架，是数据库的核心和基础。不仅反映管理数据的具体值，而且，更重要的是要根据数据模型表示出数据之间的联系。

5.6.2 常见数据模型

各国学者提出了几十种数据模型，但有影响的只有几种。目前，数据库领域中主要的结构数据模型有 4 种：层次模型、网状模型、关系模型和面向对象模型。

1. 层次模型

现实世界中，许多实体之间的联系本身就是一种自然的层次关系。例如，所有单位的行政组织机构都是一种层次关系。所以，层次模型是数据库系统中出现最早的数据模型，它表示的是一对多的联系。

层次模型实际上是树，如图 5.5 所示。它采用树形结构表示各类实体及实体之间的联系，每个结点表示一个记录，结点之间的连线表示记录之间的联系，这种联系只能是父子关系，每个记录可以包含若干个字段。

2. 网状模型

在现实世界中，许多事物之间的联系更多的是一种非层次的关系。网状模型是一种比层次模型更具普遍性的结构，它允许两个结点之间有多种联系（称之为复合联系）。

网状模型实际上是图，如图 5.6 所示。网状模型中，每个记录对应一个或多个其他记录，每个记录也可以包含若干个字段。

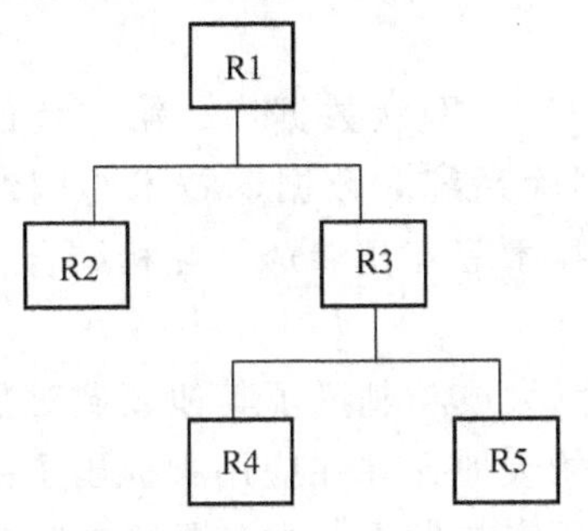

图 5.5　层次模型示意图

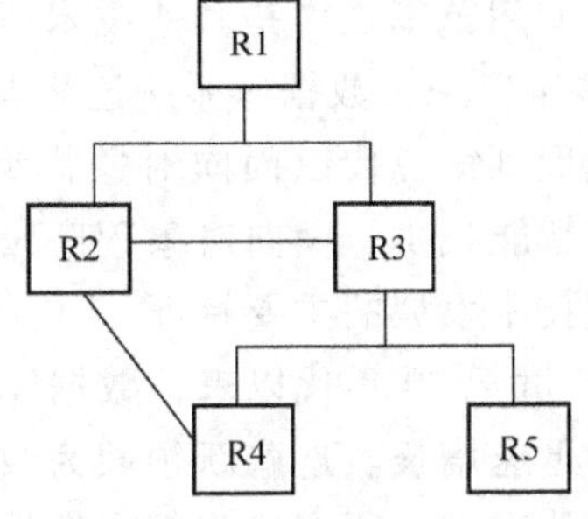

图 5.6　网状模型示意图

3. 关系模型

用二维表格数据（即集合论中的关系）来表示实体和实体之间联系的模型被称为关系模型，如图 5.7 所示。

二维表格由行和列组成，一行表示一条数据记录，一列表示所有数据记录在特定域的值。一条数据记录描述了一个应用对象的实例状态。

学号	姓名	年龄	民族	政治面貌	家庭所在地
2005041101	张华	18	汉	团员	哈尔滨
2005041102	李立	19	朝鲜	团员	北京
⋮	⋮	⋮	⋮	⋮	⋮

图 5.7　关系模型示意图

现在流行的大部分数据库系统都是基于关系模型的。例如，Visual FoxPro、Oracle、SQL 和 Sybase 等。

4. 面向对象模型

众所周知，面向对象是一种认识和描述事物的方法论。面向对象方法以客观世界中存在的实体对象为基本元素，通过类和继承来表达事物之间具有的共性和关系，并采用一种比较直接的映射方式来很好地实现抽象、封装、复杂性控制和信息隐藏等机制。

面向对象模型中最基本的概念是对象和类。对象是现实世界中实体的模型化，与记录概念相仿，但远比记录复杂。每个对象有一个唯一的标识符，把状态和行为封装在一起。其中，对象的状态是该对象属性值的集合，对象的行为是在对象状态上操作的方法集。共享同一属性集和方法集的所有对象构成一个类。这就是面向对象模型。

5.6.3　数据库的基本类型

与各种数据模型相对应，数据库可以划分为层次型数据库、网状型数据库、关系型数据库和面向对象型数据库等。例如，以关系数据模型作为数据的组织方式的数据库称为关系型数据库，其余数据模型依此类推。

5.7 常用数据库系统概述

数据库技术从20世纪60年代后期产生到今天，仅有短短40多年的历史，但其发展速度之快、使用范围之广是其他技术所远不及的。

40多年以来，数据库系统已经从第一代的层次数据库、网状数据库，第二代的关系数据库，发展到第三代以面向对象模型为主要特征的数据库系统。数据库技术与网络通信技术、人工智能技术、面向对象程序设计技术、并行计算技术等互相渗透、互相结合，成为当今数据库技术发展的主要特征。

从20世纪80年代以来，数据库技术在商业领域的巨大成功刺激了其他领域对数据库技术需求的迅速增长。这些新领域为数据库应用开辟了新的天地，并在应用中提出了一些新的数据管理的需求，所有这些都直接推动了数据库技术的研究与发展，尤其是面向对象数据库系统（Object Oriented Database System，OODBS）的研究和发展。

20世纪90年代后期，信息产业的发展势头异常迅猛，数据库技术在其中起着举足轻重的作用。下面介绍几个流行的数据库产品和数据库快速开发工具。

5.7.1 FoxPro

随着IBM PC及其兼容机的广泛使用，由Ashton-Tate公司开发的dBASE Ⅱ在20世纪80年代成为主导的数据库管理程序。此后，人们又开发了dBASE Ⅲ和dBASE Ⅲ PLUS。由于dBASE Ⅲ操作方便，简单易学，是当时最畅销的软件之一，有“大众数据库”的美称，被广泛用于会计、财政、商业和家庭等各种领域。在鼎盛时期，大约有80%～90%的IBM PC及其兼容机上的数据库应用程序使用的是dBASE。但是，由于dBASE语言是解释型而不是编译型的，所以它的运行速度太慢，大型数据文件尤其如此，这不利于开发可独立发布的商品软件，因为应用程序必须与解释器一起交给用户。

1987年2月美国Fox Software公司正式推出了FoxBASE+，它是一个多用户数据库管理系统，与dBASE Ⅲ PLUS（也称dBASE Ⅲ+）系统完全兼容，而且进一步扩展了dBASE Ⅲ PLUS的功能。此外，它还提供了一组功能较强的开发工具。

Microsoft公司分别于1993年1月和2月发行了FoxPro 2.5 for DOS和FoxPro 2.5 for Windows。因为FoxPro的功能明显优于FoxBASE，所以，当它一面市，就成为一个炙手可热的数据库管理系统，受到许多数据库用户和程序员的青睐。由于FoxPro增加了Fox公司的Rushmore技术，使得与同类产品相比，在进行某些查询时，FoxPro要快上千倍。FoxPro可以从含有成千甚至上百万条记录的数据库中快速搜索并提取记录，这种能力是没有哪一种软件能与之匹敌的。尤其令人振奋的是，Watcom C发展公司为FoxPro设计了Distribution Kit，利用它可以生成EXE文件。

5.7.2 Visual FoxPro

近年来，面向对象的程序设计（Object-Oriented Programming，OOP）方法在程序设计领域引起了普遍的重视。在这种势态的推动下，相继出现的C++、Visual Basic等语言颇为风行。为了适应这种趋势，Microsoft公司推出了Visual FoxPro（VFP）。Microsoft公司将

Visual FoxPro 定位于面向开发者的工具。于是，FoxPro 迎来了它的更新换代产品——Visual FoxPro。

Visual FoxPro 提供的功能（速度、能力和灵活性）是非凡的。那么，与过去版本的 FoxPro 同类产品相比，Visual FoxPro 又具有哪些特点呢？

1）VFP 是性能完善的编程语言。VFP 既支持交互式的运行环境又支持编译的运行环境。这意味着尽管在开发应用程序时必须有 VFP 的完全版本，但可以创建并分发必要的文件以使用户可以不必拥有 VFP 的拷贝就可以使用应用程序。如果用户没有作为专业版一部分的分发工具包，则只能交互式地使用 VFP。这也意味着不能将编译好的应用程序分发给那些没有 VFP 的用户。当然，完全可以将应用程序的源文件或编译好的模块分发给另一个 VFP 用户。

VFP 的分发工具包（Distribution Kit）的功能是为日益复杂的 Windows 应用程序创建分发盘。Windows 应用程序需要更多的支持文件，如动态连接库（Dynamic Link Library，DLL）。DLL 是一种工具例程，它是单独编译过的文件，可以在运行期间被应用程序动态地调用。Setup Wizard（安装 Wizard）工具可以将所有需要的文件包含在易于使用的分发盘上的工作变得非常简单。

2）VFP 中最显著的新特性是使用了面向对象的编程。VFP 使用了真正的类，包括继承性、封装性、多态性和子类。每个类都有属性、事件和方法。VFP 仍然支持标准的面向过程的程序设计，但更主要的是，它提供了真正的面向对象的程序设计能力。

语言和对象模块中增加了 70 多个新的属性、事件、方法、命令和系统变量。借助 VFP 的事件模型，可以访问所有的标准 Windows 事件。例如，可以从工具条上访问 OLE 控件，从而可以利用 Microsoft Office 和其他应用程序的功能，也可以在 VFP 应用程序中修改和运行 Microsoft Excel 电子表格，这就使得数据库管理程序能利用先进的面向对象的程序设计技术，使信息管理系统的设计走向一个新的里程碑。

3）VFP 的用户界面经过很大的改进，使得 FoxPro 的功能更易于发挥。在 VFP 的向导、生成器、工具栏和设计器的帮助下，可以快速开发应用程序。

如果想快速得到结果，向导可以满足要求。设计器提供了图形界面，通过它可以创建应用程序组件。例如，可以用表设计器设计表或用表单设计器定义表单。这样，只用少量代码甚至根本不用代码就可以得到完善的功能和出色的界面。

4）VFP 与 FoxPro 2.5/2.6 相比，它是一个革命性的软件。VFP 引进了可视化编程的概念，降低了对用户的要求，加大了开发数据库管理程序的自动化程度，极大地减轻了程序设计的难度。VFP 可借助工具条、对象和可视控件来自动完成界面的设计并执行各种任务，同时不牺牲数据库的性能。

5）VFP 独具特色的数据库容器，为交互式用户和应用程序开发者提供了集中的数据管理功能。在 VFP 中，数据库不但包含表，而且还包含表之间的关系、视图及数据字典功能等。这使得数据完整性的维护变得非常容易。

6）VFP 可以访问与 ODBC 兼容的数据库中的数据文件。开放式数据库连接（Open Database Connectivity，ODBC）是针对数据库服务器的标准协议。利用 ODBC，能在 Windows 环境下创建、访问各种类型的数据库和开发应用程序，甚至在网络中实现后台运行网络数据库，前台单机上显示并操作数据库信息。因此，用户可以直接访问并使用 Access 等源文件中的数据，而不再需要转换。

7）重新设计项目管理器（Project Manager）。VFP 结合了目录管理器（按应用程序文件的类型分类）的最好特性及编译应用程序的能力，可以借助项目管理器创建和集中管理应用程序中的任何元素（包括数据、文档、类和代码等）。它还允许编译并运行单独的模块。

8）VFP 真正的更新是迈进了客户端/服务器体系结构。VFP 可以很方便地存储、检索和处理服务器平台上的关键信息。SQL Server 可以说是最流行的平台，但 ODBC 也支持其他服务器，包括 Oracle。

Visual FoxPro 5.0 是一个真正 32 位的微机版数据库管理系统开发工具。它不仅兼容 FoxPro 系列的所有前期版本，而且比 3.0 版本在面向对象编程方面有了新的改进，更令人兴奋的是 Visual FoxPro 5.0 紧跟时代的潮流，提供了数据库系统 Web 的功能，使得开发出的管理系统可以方便、迅速地实现在 Internet 和 Intranet 上的应用。

5.7.3 SQL

1. SQL 简介

结构化查询语言（Structure Query Language，SQL）是用来与关系型数据库管理系统通信的工业标准语言。

SQL 作为关系型数据库的共同语言，是由 IBM 公司发明的。现在，SQL 是从 PC 到大型机的所有计算机平台上的事实上的标准。美国国家标准协会（ANSI）出版了定义标准版本的 SQL 指南。

一个 SQL 数据库是表、视图、索引和具有相关数据的其他对象的集合。尽管 SQL 中的 Q 代表查询，但 SQL 不只是包括查询数据库的语句。使用 SQL 还可以建立新表和视图、增加新数据、修改现有的数据和执行其他功能。

SQL 的机制能确保请求的正确格式。它是一种数据存取的特殊语言，使得发布一条错误请求是一件不可能的事情。而且，根据惯例，现代的 SQL 工具包含了事务的锁定机制，以确保数据的完整性。这种机制即使在请求失败时仍然有效。在锁定事务的各方面都执行完之前不会执行下一个请求。

2. Microsoft SQL Server

Microsoft SQL Server 是一个基于 PC 的局域网（LAN）的多用户关系数据库管理系统（RDBMS），它是一个完全符合关系模型的数据库服务器。

关系模型的关键特性是：数据总是作为含有表行（数据记录）和表栏（每个记录的字段）的二维表的形式呈现给用户的。数据表之间的关系是基于表栏中的值，而不是基于数据元素之间预先定义好的固定链接，后一种情况适合于许多早期的层次或网状数据库。

3. Microsoft NT SQL Server

微软的 Windows NT SQL 服务器（Microsoft SQL Server for Windows NT）在扩充能力和易于使用方面拥有很强的能力。

Windows NT SQL 服务器直接与 Windows NT 集成在一起，作为 Windows NT 的服务得以执行。它有一个开放的应用编程接口（Application Programming Interface，API），使软件开发者能够为 SQL Server 建造应用。客户使用 API 与 SQL Server 通信，依靠 API 管理通信和数据传输。

可以用 SQL Server for Windows NT 的编程工具编写客户应用、服务器应用和扩展存储过程（扩展 SQL Server 功能的系统过程）。SQL Server for Windows NT 包括开发系统的几种编程语言，如 C、C + + 和 Visual Basic，支持调用级的应用开发，可以使用 Microsoft、Borland 和 MicroFocus 的流行编译器。Microsoft SQL Server for Windows NT 还提供了以 C 和 COBOL 实现的嵌入式 SQL 开发。

4. Transact-SQL

Transact-SQL 语言是对 ANSI 标准的关系型数据库语言 SQL 的增强，它提供了一种综合的语言来定义表，插入、更新或删除存放在表中的信息，以及控制对这些表中的数据的访问等。

5.7.4 Oracle

1977 年，Larry Ellison、Bob Miner 和 Ed Oates 三位年青人联手组建了以开发关系型数据库管理系统为主的软件公司，公司命名为“关系型软件公司（Relational Software Incorporate，RSI）”。由于该公司成功地完成了一个由美国政府机构招标的代号为“Oracle（其英文的原意是：先知、神谕）”的项目，该项目旨在管理全美和在全球从事安全工作的美国人的档案资料，因此，三位创业者正式把 Oracle 作为该公司的名称。于是 Oracle 公司就这样诞生了。

1979 年，Oracle 以 E. F. Codd 的关系理论及关系模型为基础开发关系型数据库管理系统产品，推出了世界上第一个商业化的关系型数据库管理系统。

1983 年，Oracle 采用标准的 ANSI C 重新改写其内核，使其内核能很容易地移植到 UNIX 等各种硬件平台上，成为第一个具有开放性的数据库管理系统。

1984 年，运行在 PC 上的 Oracle 产品正式问世。同一时期，Oracle 又率先推出了与数据库结合的语言开发工具系列，并制定了工具与数据库核心同步发展的策略。

1988 年，Oracle 推出了第一个基于数据库的帐务处理系统及制造业管理软件。从此，Oracle 公司不仅以其先进的数据库技术闻名于世，而且以完整的问题解决方案成为真正的信息处理软件公司。

1992 年，Oracle 又宣布推出最新产品——Oracle 协同服务器 7.0，即 Oracle 7。Oracle 7 自宣布诞生到正式在市场上出售，历经了两年多的黑盒、白盒及疲劳测试，被证明是极其稳定并完全达到设计目标。Oracle 7 实现了关系型数据库和分布式数据库处理的所有主要特征。

Oracle 产品早在 1986 年就进入中国市场（主要是第五版）。随着国内的信息处理需求和处理技术的飞速发展，许多行业和部门选用 Oracle 作为信息系统的基础。Oracle 7 是 1993 年正式进入中国的，先后经历了 7.0、7.1、7.2 和 7.3 版本的升级。

Oracle 7.3 是 Oracle 全能服务器（Universal Server）中的关系数据库，是 Oracle 服务器产品系列中的一员。Oracle Universal Server 提供了高性能的开发平台，通过完备的网络（Web）、报文处理和多媒体支持，它可用于计算及信息行业的各个领域，使得综合数据管理步入到一个新的阶段。Oracle 7.3 在性能和功能等方面作了许多重大改进，目的就是更好地支持数据仓库和多媒体等应用。

从关键任务的联机事物处理到查询密集的数据仓库，以及 Internet 等一系列应用，Oracle 都能提供高效、可靠和安全的数据管理。

5.7.5 SYBASE

1. SYBASE 的由来

20 世纪 80 年代中期，信息系统的应用环境发生了重大变革。集中式的处理环境向分布式系统转化，联机事物处理的应用比以往任何时候都更加重要，不同的操作系统、网络协议和数据库需要在同一环境下协同工作。所有这一切，都迫切期待着新一代产品的问世，SYBASE 正是在这样的环境下诞生的。

美国数据库厂商 SYBASE 公司成立于 1984 年 11 月，"SYBASE" 的含义是 System（系统）和 Database（数据库）相结合。该公司自创立之日起，就致力于研制适合于 20 世纪 90 年代应用需求的新的数据库核心及一整套计算环境，SYBASE 的最大功绩是促进了客户/服务器的迅猛发展。

SYBASE 公司的设计目标是：

1）满足联机事务处理的应用需求。

2）采用客户端/服务器的体系结构。

3）实现真正开放的和分布的数据库管理。

SYBASE 数据库软件产品近几年来特别流行，成为闻名全球的新产品。它之所以受到广大用户的青睐，其中有两个重要的因素。一是 SYBASE 支持作为标准的关系数据库语言 SQL，二是它率先参照远程数据库访问（RDA）国际标准，使用客户/服务器模式，提供了在网络环境下各节点上的数据库真正实现互访操作的体系结构，并为其应用提供了方便实用的手段。这些特色正好迎合了 20 世纪 90 年代计算机系统联网应用迅速发展的普遍要求，因此走俏市场。

美国 SYBASE 公司于 1991 年 12 月宣布进入中国市场。它首先在北京建立了技术中心，1993 年成立了 SYBASE 中国有限公司。SYBASE 公司非常重视中国市场的发展，在众多的海外软件厂家中率先建立了软件研究基地，引进了最新技术和研究手段，促进了中国软件产业的发展。

2. SYBASE 服务器的系列产品

（1）SYBASE SQL Server

SYBASE SQL Server 是可编程的联机关系数据库管理系统软件，专门负责高速计算、事务管理和数据管理，它是 SYBASE 体系中的核心，是专门针对联机事务处理的要求（大吞吐量、高速事务响应）而设计的关系数据库管理系统。它把传统的由各个客户（应用）负责的数据完整性逻辑改变为由数据库服务器软件集中进行控制。其产品有 SYBASE SQL Server 11.5 等。

（2）SYBASE Backup Server

为确保有效地恢复数据库，免受丢失数据的困扰，需要一个容易使用、高速的联机备份系统。SYBASE Backup Server 以高速、自动地备份和恢复来帮助用户管理庞大的数据库系统。

对复制系统的最严格的要求是当网络和系统出现故障时也能提供连续可靠的数据传输。复制服务器应该做到尽可能地快速工作以保证整个企业范围数据的精确和一致，甚至在发生网络或系统故障时也能如此。

SYBASE Backup Server 是一个独立的服务器，它管理所有的转储和装载。它支持联机备份，在备份时不影响前台的联机事务处理。它能支持多达 32 个转储设备的并行操作，以便在数据库增大时能保证用户选择备份和恢复时间。

（3） SYBASE Secure SQL Server

当今网络系统和高性能的数据库环境使得用户可以容易地从各地通过电子途径存取信息。由于信息可存取性的提高，各组织机构都面临着如何保证机密数据的安全性这一严峻问题。

SYBASE Secure SQL Server（安全 SQL 服务器）通过在不限制实际的联机应用所需求的关系数据库管理系统的功能和特性的前提下，提供严格的安全控制措施。

（4） SYBASE Navigation Server

SYBASE Navigation Server（SYBASE 导航服务器）是 SYBASE SQL Server 的软件扩展，它允许在分布式环境中多个 SQL Server 共同工作，对所有查询和事务提供并行处理能力。它支持大规模并行处理（MPP）和对称多处理（SMP）环境中的巨大数据库，并且独立于硬件和网络。

3. SYBASE 开放互连、互操作的系列产品

（1） Omni SQL 网关

企业信息系统发展具有阶段性这一事实造成了硬件平台、数据库和网络环境的异构和复杂，成为组织机构进行企业范围的数据存取、数据管理和应用开发的障碍。因此，信息管理工作就迫切需要实现异构分布环境中透明的互操作。

SYBASE Omni SQL 网关是一个提供支持全局透明访问的新一代数据库网关，它提供了整个企业范围内不同数据库管理系统之间的透明的数据集成，实现了在不同的 SQL 语言、不同厂商的数据库和数据存储位置之间的透明访问，Omni SQL 网关使用户可以透明地访问各种数据源。

（2） Open Client & Open Server

SYBASE 的互连产品 Open Client 和 Open Server 是 SYBASE 开放式客户/服务器互连的基础，它们为不同数据源、几百种工具及其应用提供了一致的开放界面，简化了异构系统，从而可以帮助人们建立更好的分布式计算环境。

Open Client 是客户方的 API，它的作用是提供调用级接口，用以建立有效的前端应用，它向 SQL Server 或 Open Server 程序发出请求，获得返回信息和服务。

Open Server 则是一个用于分布式数据库系统的服务器端的 API，也就是说，它是服务器的构造工具。它用于全面集成联机事务处理中的任何的客户端应用、任何的 SQL 或非 SQL 数据源及任何的应用服务。

利用其编程接口 Server-Library，可以编写访问异构数据库的网关（Gateway）。它是 SYBASE 客户/服务器技术中主要的组成部分，支持用户在自己的网络环境中建立命名的服务器，即可将文件系统、实时数据管理和应用服务等形成特殊的“Server”集成到客户/服务器环境中。

5.7.6 PowerBuilder

1. 什么是 PowerBuilder

世界上具有代表性的 C/S 应用快速开发工具主要有：

1） PowerSoft 公司的 PowerBuilder。

2） Uniface 公司的 Uniface。

3） Gupta 公司的 SQL-Windows。

4） Lotus 公司的 Lotus。

PowerBuilder 是这些开发工具中的典型代表，它是由美国著名的数据库应用开发工具厂商 PowerSoft 公司于 1991 年推出的，完全按照客户/服务器体系结构设计的快速开发系统，是一个客户机前端开发工具。PowerBuilder 以它独特的设计思想和卓越的功能，一问世就赢得了广大用户的一致好评，在美国的多次评比中荣获第一名，被誉为“世界风云产品”。

PowerBuilder 产品升级换代的速度很快。1991 年 6 月推出 1.0 版，1992 年 7 月推出 2.0 版，1993 年 9 月推出 3.0 版，1994 年 12 月推出 4.0 版，1996 年初推出了 5.0 版，1998 年推出了 6.0 版等。在每一次升级换代中，都在设计上对 PowerBuilder 进行了改进，并不断融进新技术。因而，其功能不断得到加强，很快发展成为新一代快速开发工具的典型代表。其主要功能有：

1） 全面支持面向对象的开发。

2） 提供可视化图形用户界面。

3） 独立于特定 DBMS，同时支持多种数据库连接。

4） 非常适合于客户/服务器结构的集成化应用系统开发。

PowerBuilder 的发展速度很快，应用十分广泛，其销售量几乎每年都要翻番。据 Meta Group 公司 1996 年初的统计，它占全球客户/服务器前端开发工具市场 40% 的份额，雄居第一。在美国市场上它的占有率更高达 55%。1992 年下半年，PowerBuilder 随 SYBASE 进入中国市场，现在已经在邮电、金融、外贸、电力、军事、商业及石油等许多领域得到了广泛的应用。

2. PowerBuilder 的特点

PowerBuilder 之所以能够取得如此成就，在于它具有以下一些特点。

（1） 易用性

在当前的软件市场上，功能强大的软件并非一定能够取得成功。开发人员如果不能使自己的产品简单好用，那么，它是无法得到广大用户认同的。

现在易用性已不再仅仅是软件的一个特点，而是成为软件产品能否成功的关键。PowerBuilder 在这一点上做得十分出色，它从设计思想、体系结构直到各个产品之间的配套与使用等各个方面都始终贯穿着“易用性”的思想，它尽可能地采取多种措施来增强产品的易用性，使得 PowerBuilder 不仅功能强大，而且也使“易用性”成为 PowerBuilder 的首要特点，也是它深受广大用户欢迎的重要原因。

PowerBuilder 为用户提供了界面友好的 Windows 下的可视化开发环境，它由一系列图形化的描述器（Painter）工具组成。这些描述器不仅提供了大量的应用构件，而且也提供了管理、集成、调试和编译应用程序的完备功能。

应用开发中的各项工作，包括应用对象定义、数据库管理、程序编写、调试和编译等全都在 PowerBuilder 的开发环境中完成，这极大地方便了开发人员，从而加快了开发的进程。

另外，这些描述器的类似功能，均采用统一的用户界面，因而有效地减少了对新环境的学习时间，使开发人员能够尽快过渡到利用 PowerBuilder 进行应用开发。

PowerBuilder 支持可视化图形用户界面设计，它全面支持 Windows，提供了所有流行的 GUI 部件，如静态文本、命令按钮、图形按钮、组合框、复选框、菜单和 OLE（对象链接与嵌入）等。对于这些对象，PowerBuilder 描述器提供了多种定义方式，其中包括丰富的对象风格选择（如阴影、3D 风格）等。

（2）面向对象的开发

PowerBuilder 的面向对象开发机制简化了一般开发人员开发面向对象程序的过程，为从未进行过面向对象开发的开发人员提供了一种很好的过渡，使他们能够迅速地转向面向对象的开发。

（3）数据集成

PowerBuilder 支持 Microsoft 公司的 ODBC 标准，也提供了一些专用的数据库连接接口，以获得更快的响应速度。

通过这些接口，PowerBuilder 具有了连接多种数据库系统的能力。它支持连接 ORACLE、Microsoft SQL Server、SYBASE、INFORMIX、SQLBASE、INGRES 和 DB2 等多种数据库系统，并能使每一种数据库充分发挥其特长。

利用这些接口，PowerBuilder 可以透明地访问多个数据库的信息，然后显示在同一个窗口内，以使得在一个应用内访问多个数据库成为可能。这样，可以实现以 PowerBuilder 开发的应用为核心，集成异种多数据库互操作的应用系统。该集成的应用系统在开发中是一个可伸缩的体系结构，这使得用 PowerBuilder 可实现扩展型的应用开发策略。

PowerBuilder 拥有数据窗口（DataWindow）对象，它向用户提供一种非常有效的信息访问方式。

数据库访问被封装在 DataWindow 对象中，它能操纵关系数据库而无需编写 SQL 语句。使用数据窗口时的查询效率比嵌入式 SQL 编码高出 10 倍。

此外，数据窗口还能提供多种多样的数据表现形式，可以制作复杂的复合报表和嵌套报表等多种报表，也可以选择直方图、圆饼图及折线图等图形表示，还可以将文本文件与图形报表结合起来，这些功能为开发人员带来极大的方便。

（4）团队开发

PowerBuilder 通过公共对象库管理程序和中央应用设计源来支持信息系统项目的团队开发方式。

中央应用设计源可以确定和统一“编程和 GUI”的设计标准，使应用开发标准更明确，加快了开发进程。

（5）与第三方产品集成

PowerBuilder 是一个开放的开发环境，它可以方便地集成第三方的类库和第三方的工具。

PowerBuilder 全面支持 Windows，可以通过 DDE（动态数据交换）技术与其他应用进行交互，还可以调用以其他语言开发的 DDL（动态链接库），OLE 应用（如 Microsoft Word）能够在 PowerBuilder 中被链接和嵌入。通过这些方式，PowerBuilder 能够做到与 CASE 工具、多媒体、图形、DCE（Distributed Computing Environment），以及其他许多技术丰富的第三方类库的完美连接，使开发人员能够方便地使用自己最熟悉的工具进行开发，并保护其已有的投资。

丰富的第三方类库不仅使 PowerBuilder 开发环境自身的适应性和功能得到加强，也使其能够做到对某一具体应用领域的支持。

总之，PowerBuilder 的开放机制，使其能够不断融入新技术，使应用开发更方便、更灵活，并且随着应用范围的扩大，其功能也越来越强大和丰富。

5.8 关系数据库理论基础及关系数据库管理系统 FoxPro

5.8.1 关系数据库理论基础

1. 关系数据库的基本概念

关系数据库是用数学方法处理数据库组织，它具有简单灵活、数据独立性强和理论严格等优点，被认为是最有前途的一种系统。

现实生活中，人们往往用表格的形式反映客观世界，如各种表、册等，关系数据库正是利用类似于表格的“关系”来表示这些信息。

首先以图 5.7 为例，给出一些基本概念。

称二维表（STUDENT）为一个关系，表的格式由“学号、姓名、年龄、民族、政治面貌、家庭所在地”组成，其中“学号”、“姓名”……是每列的名字，称为属性。每个属性都代表关系所反映的客观对象的一个性质，它只能在一定的范围内（称为取值域）取值。“2005041101，张华，18，汉，团员，哈尔滨”分别为“学号、姓名、年龄、民族、政治面貌、家庭所在地”各属性的值。在诸属性中，应有一个属性（或属性联合）的值唯一地标识一个记录，称这样的属性（或属性联合）为这个关系的“关键字”。

表中每行称为一条记录，每条记录反映了一个学生的情况。因此，讨论关系时可以从两个角度来考察：一是从行的角度来讨论，另一个是从列的角度来讨论。

总之，数据库中的关系有以下性质。

1）每一列中的各分量是同类型的数据。

2）每一列称为一个属性，要给予不同的属性名；不同的列，其数据类型可以相同。

3）列的顺序无所谓，即列的次序可以任意交换。

4）任意两个记录的值不能完全相同。

5）行的顺序无所谓，即行的次序可以任意交换。

所以，一个关系由若干条记录组成，每条记录由一组属性值组成。当把一个关系（即其所有的记录）保存在计算机的存储设备上时就构成了一个文件，该文件有一个文件名，即为其关系名。文件通过操作系统存取。

2. 关系代数

关系代数是关系运算的总和，关系运算是通过对已存在的关系的运算产生一个新的关系，它包含所要的结果数据。

关系运算可分为两类：

1）传统的集合运算，这种运算将关系看成记录的集合，其运算是从“水平”的角度，即行的角度来进行的。

2）专门的关系运算，这种运算主要是从列的角度，即属性的角度来进行的，但往往也会对行有影响。

3. 传统的集合运算

传统的集合运算是二目运算。设关系 R 和关系 S 的属性个数（也称为“度”）相同，且相应属性的取值域相同，分别如图 5.8a、b 所示。则可以定义以下 3 种运算。

（1）并运算（Union）

关系 R 和关系 S 的并记为 $R \cup S$，它表示一个新的关系，由属于 R 或属于 S 的所有记录组成，如图 5.8c 所示。

（2）差运算（Difference）

关系 R 和关系 S 的差记为 $R-S$，它得到一个关系，记录属于 R 但不属于 S，如图 5.8d 所示。

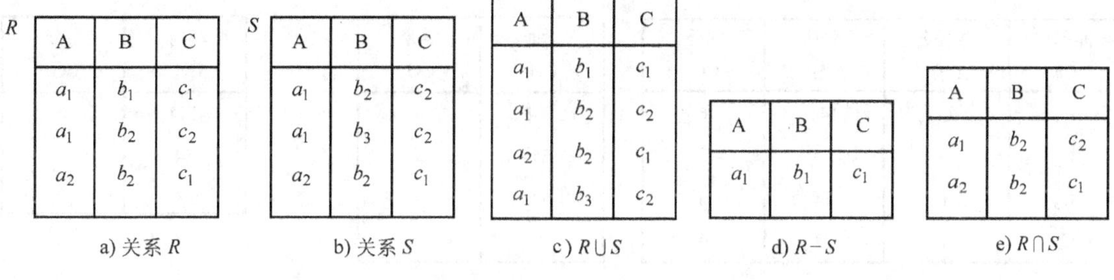

R

A	B	C
a_1	b_1	c_1
a_1	b_2	c_2
a_2	b_2	c_1

a) 关系 R

S

A	B	C
a_1	b_2	c_2
a_1	b_3	c_2
a_2	b_2	c_1

b) 关系 S

A	B	C
a_1	b_1	c_1
a_1	b_2	c_2
a_2	b_2	c_1
a_1	b_3	c_2

c) $R \cup S$

A	B	C
a_1	b_1	c_1

d) $R-S$

A	B	C
a_1	b_2	c_2
a_2	b_2	c_1

e) $R \cap S$

图 5.8　传统的集合运算

（3）交运算（Intersection）

关系 R 和关系 S 的交记为 $R \cap S$，它同样得到一个新的关系，其中记录既属于 R 也属于 S，如图 5.8e 所示。

（4）广义笛卡儿乘积（Extended Cartesian Product）

两个分别为 n、m 度的关系 R 和 S 的广义笛卡儿乘积，记作 $R \times S$，它得到一个 $(n+m)$ 度的关系，其中每条记录的前 n 个分量是 R 中的某条记录，而后 m 个分量是 S 中的某条记录。

4. 专门的关系运算

（1）限制或筛选（Restriction or Selection）

在关系中选取满足一定限制条件的记录，这个限制条件是以逻辑表达式的形式出现，这种运算用文字表示为

SELECT < 关系名 > WHERE < 条件 >

这是从行的角度进行的运算。例如，关系 S 由图 5.9a 给出，要求从 S 中选择学生所在系为“CS”的那些记录，如图 5.9b 所示。

（2）投影（Projection）

这是选属性，即从给定关系的各记录中选出指定的属性的值，去掉重复记录，形成一个新的关系，用文字表示为

PROJECT < 关系名 > ON < 属性 >

例如，图 5.10a 是开课关系表，对其属性“学时”及“学分”进行投影，结果如图 5.10b 所示；再去掉重复记录，得新的关系如图 5.10c 所示。

（3）连接（Join）

学号 S#	学生姓名 SN	所属系名 SD	学生年龄 SA
S_1	A	CS	20
S_2	B	CS	21
S_3	C	MA	19
S_4	D	CI	19
S_5	E	MA	20
S_6	F	CS	22

a) 关系 *S*

学号 S#	学生姓名 SN	所属系名 SD	学生年龄 SA
S_1	A	CS	20
S_2	B	CS	21
S_6	F	CS	22

b) *S* =[SD='CS']

图 5.9 关系 *S* 及其筛选运算

课程号 C#	课程名 CN	学时 CH	学分 CG
C_1	G	144	6
C_2	H	54	3
C_3	I	54	3
C_4	J	72	4

a) 关系 *C*

学时 CH	学分 CG
144	6
54	3
54	3
72	4

b) *C* [CH, CG]

学时 CH	学分 CG
144	6
54	3
72	4

c) 去掉重复记录的 *C* [CH, CG]

图 5.10 关系 *C* 及其投影运算

连接是二目运算，它是从两个关系的广义笛卡儿乘积中，选取满足给定属性间一定条件的那些记录，用文字表示为

JOIN <关系 1> AND <关系 2> WHERE <条件>

可以简记为$R \underset{条件}{\times} S$。

例如，关系 *R* 和关系 *S* 分别如图 5.11a、b 所示，则$R \underset{C<E}{\times} S$的结果如图 5.11c 所示。

A	B	C
a_1	b_1	5
a_1	b_2	6
a_2	b_3	8
a_2	b_4	12

a) 关系 *R*

D	E
d_1	3
d_2	7
d_3	10
d_4	2

b) 关系 *S*

A	B	C	D	E
a_1	b_1	5	d_2	7
a_1	b_1	5	d_3	10
a_1	b_2	6	d_2	7
a_1	b_2	6	d_3	10
a_2	b_3	8	d_3	10

c) 关系 *R* 的关系 *S* 的连接运算

图 5.11 关系 *R* 和关系 *S* 及其连接运算

5.8.2 关系数据库管理系统 FoxPro

1. 进入 FoxPro 系统

若要启动 FoxPro，则可执行如下操作。

选择“桌面”→“开始”→“程序”→“Microsoft Visual Studio”→“Microsoft Visual FoxPro”命令，即可进入系统，这时屏幕显示如图 5.12 所示。

图 5.12　FoxPro 起始界面

2. 退出 FoxPro 系统

若要退出 FoxPro，则可使用如下的 3 种方法之一。

1）直接单击关闭按钮。

2）从菜单中退出。用鼠标指针指向菜单中第一行的 File，单击左键，再用鼠标指针指向提示字符 Exit，单击左键。

3）从 Command 窗口退出。在 Command 窗口，输入 quit 并按 Enter 键。

3. FoxPro 的文件

FoxPro 的各类数据和程序都是以文件的形式存储在磁盘上，文件名可以由字母、数字和下画线等组成，文件扩展名由三位不含空格的字符串构成，一般用它来表示文件的类型。FoxPro 对每种类型的文件只默认一种扩展名，只要用户不指定，在文件建立或生成时自动按系统默认的扩展名存储或调用。

下面是 FoxPro 的几种最基本的文件类型。

（1）表文件（扩展名为 .DBF）

数据库是结构化的数据的集合。关系型数据库中的每一个关系（即数据子集）都是二维表，形如常见的学生成绩表、职工工资表和生产统计表等。二维表中的每一行存放一条由若干信息项组成的数据，称为记录。二维表的每一列均是这些数据中的一个信息项，称为字段。字段的个数、字段的名称、字段的数据类型、字段的宽度和小数位决定了这一关系的结构。这些二维表是以文件形式存储在磁盘上的，一个文件就是一个关系。这种文件就称为表文件。

表是数据库保存信息的基本单位，是 FoxPro 中的核心文件，其数据是以记录的形式存放的。

数据库是由许多表组成的。

（2）命令文件（扩展名为 .PRG）

命令文件是用户编制的 FoxPro 的应用程序，也是 FoxPro 的主要文件。命令文件是一种 ASCII 码文件，可用 FoxPro 的文件编辑命令进行编辑，也可用其他任何一种字处理软件进行编辑。

FoxPro 程序是解释执行的，也可以进行准编译，编译后的目标文件与原文件同名，但扩展名改变为 .FXP。编译后的目标程序不能独自运行，还得需要 FoxPro 的环境才能够运行。但编译后的目标程序与源程序相比装载快、内容保密。

FoxPro 是一种结构化的数据库编程语言，没有无条件转向语句，也不使用语句标号，它的程序流向是由逻辑结构来控制的。FoxPro 的基本逻辑结构有以下 3 种：

①顺序结构；

②分支结构；

③循环结构。

(3) 索引文件（扩展名为 .IDX）

索引文件是一种数据库辅助文件，它是按数据库的逻辑次序而不是按物理次序进行操作的，主要用于对数据库记录的快速检索。

索引文件总是同数据库文件一起使用。

(4) 文本文件（扩展名 .TXT）

文本文件以标准 ASCII 码的形式存储 FoxPro 的信息，多用于与其他语言或应用软件进行数据通信。

4. FoxPro 的命令结构

FoxPro 命令的基本格式如下：

<命令动词> <基本项 1>… <基本项 *m*> <任选项 1>… <任选项 *n*>

每个用 < > 括住的部分之间都要留一个以上的空格。

“命令动词”是一个英文单词。它说明了该命令的基本功能，这个基本功能一般都是该英语单词的含义。例如“CREATE”是建立的意思，“DELETE”是删除的意思。“命令动词”是每条命令中不可缺少的部分。

“基本项”也是命令中的重要部分，注意有些命令中没有基本项。

“任选项”在命令中是可有可无的部分。不管它出现或不出现在命令中，命令的格式都是正确的，但是命令的功能有所不同。

基本项和任选项统称为“命令短语”，用于指出命令的具体操作对象和要求。

在 FoxPro 中，为了简明起见，只要写出命令动词或短语的前四个字母即可。

5. FoxPro 的命令短语

FoxPro 命令中最常用的短语有：

1) 范围，用于指出参加本次操作的记录范围。

- ALL：全部记录。
- NEXT *n*：从当前记录开始以下的 *n* 个记录。
- REST：从当前记录开始到最后一个记录。
- RECORD *n*：记录号为 *n* 的一个记录。

其中，*n* 是一个数值型表达式。

2) 条件，用于指出参加本次操作的记录应符合的条件。

- FOR <条件>：使条件为真的那些记录。若省略范围，则默认为 ALL。
- WHILE <条件>：从当前记录开始直到第一个使条件为假的那些记录，若当前记录不满足条件，则不操作。若省略范围，则默认为 REST。

若命令中 FOR、WHILE 项均出现，则 WHILE 优先。

3）字段，用于指出参加本次操作的字段。

- FIELDS <字段名表>：只处理字段名表中的那些字段。

4）文件，用于指出参加本次操作的文件。

- TO 文件名或设备名：输出指定的文件或设备。

6. 路径设置

为了将自己的文件存放在某个目录下，可以用一条环境设置命令，例如：

set default to e:\数据库示例

则以后默认的路径是 e:\数据库示例。

7. 创建表文件

关系数据库通过表建立和输入数据来达到保存信息的目的。建立表的过程分为两个阶段，首先建立表结构，然后输入数据。

假设建立一个名为 student 的表，如表 5.2 所示。

表 5.2　student 表

学号	姓名	性别	出生日期	家庭所在地	数学成绩	英语成绩	总分

该表在表文件中的结构如表 5.3 所示。

表 5.3　student 表结构

字段名称（Fields Name）	类型（Type）	宽度（Width）	小数点（Decimal）
ID	数值型	10	
NAME	字符型	10	
SEX	字符型	2	
BIRTH	日期型	8	
HOME	字符型	20	
MATH	数值型	7	1
ENGLISH	数值型	7	1
TOTAL	数值型	7	1

（1）建立表结构

用户可以使用命令来创建一个表。

一般格式：Create 表文件名。

例如，在命令窗口中输入：

Create student

这时，FoxPro 在默认的目录下创建 student 表。若不输入文件类型，则隐含文件类型为 . DBF，界面如图 5. 13 所示。

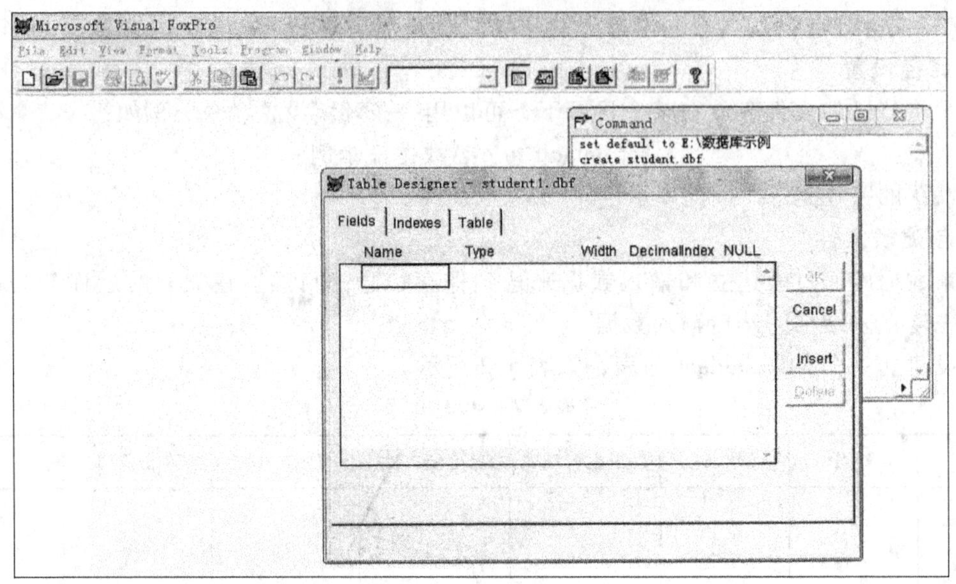

图 5. 13　建表窗口

这是一个全屏幕的编辑界面，按照表 5. 3，完成逐个字段的定义，结果如图 5. 14 所示。

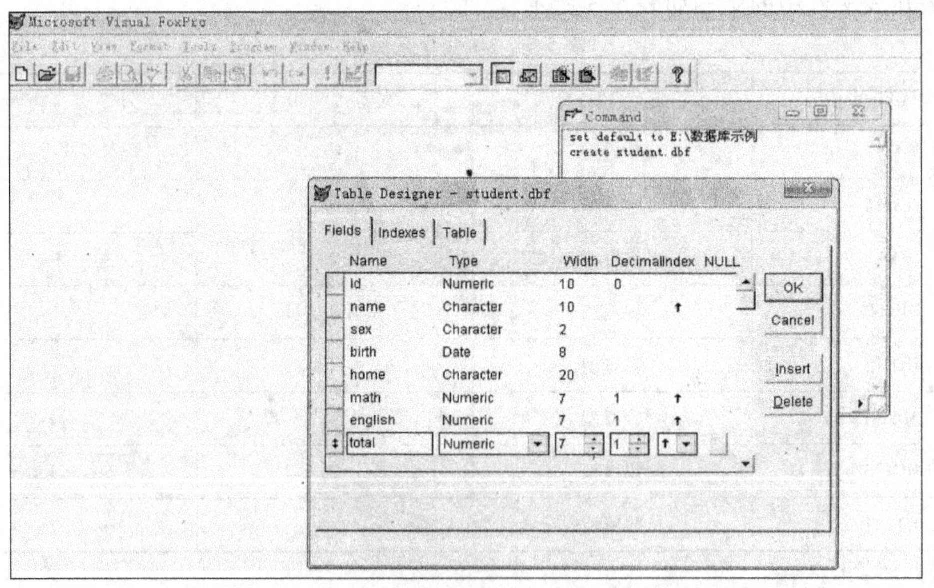

图 5. 14　表 student 中各个字段的定义窗口

（2）输入数据

若结构确定无误后，可单击“OK”按钮，画面如图 5. 15 所示。

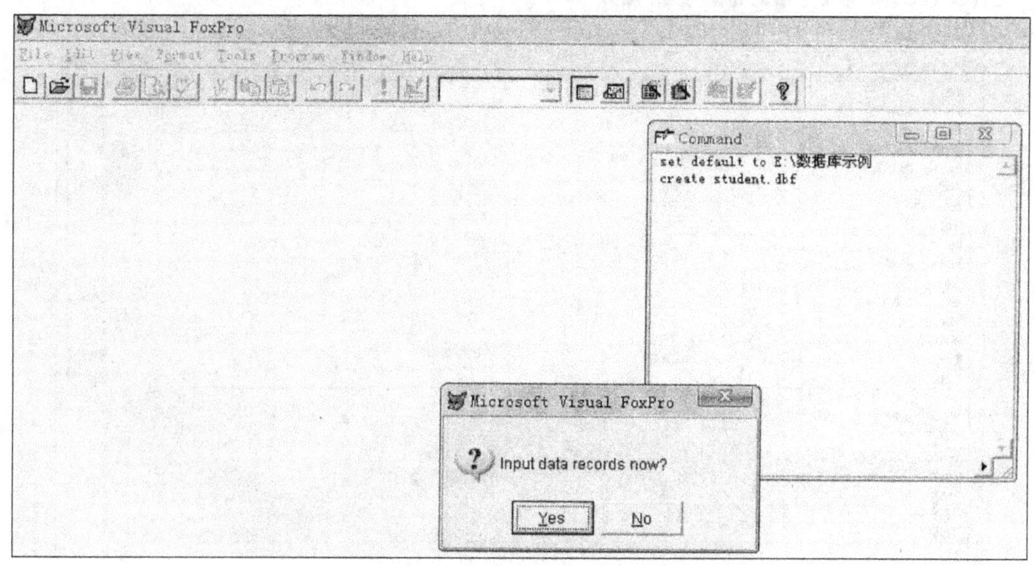

图 5. 15　询问是否输入数据的窗口

若选择“No”，则以后可以采用其他方法输入数据，若选择“Yes”，则给出画面如图 5. 16 所示。

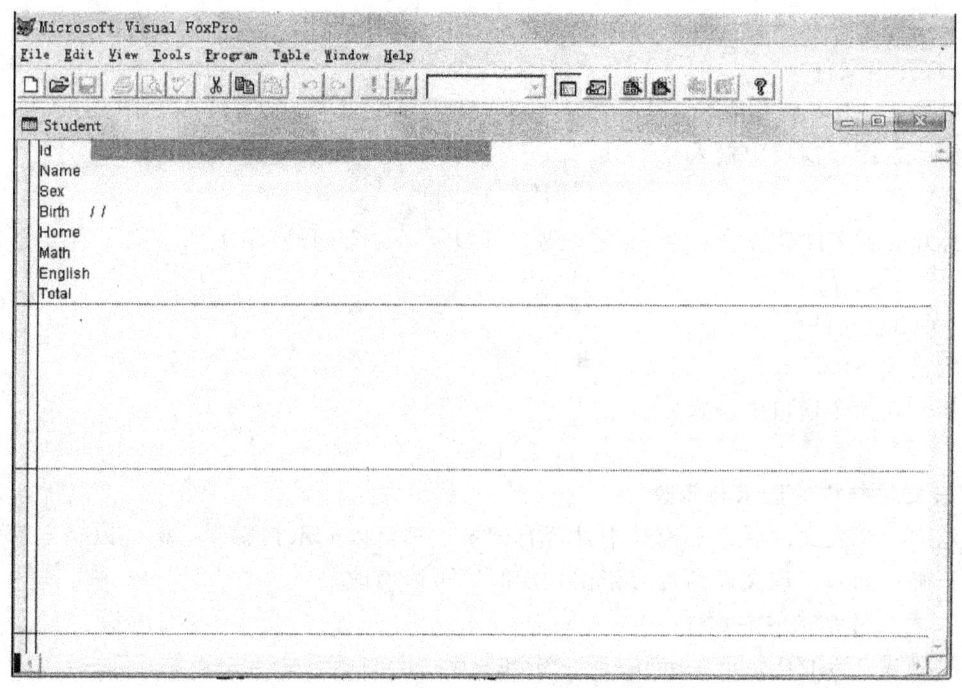

图 5. 16　输入数据画面

这也是一个全屏幕的编辑界面。输入 3 个人的信息（即 3 条记录）后的画面如图 5. 17 所示。

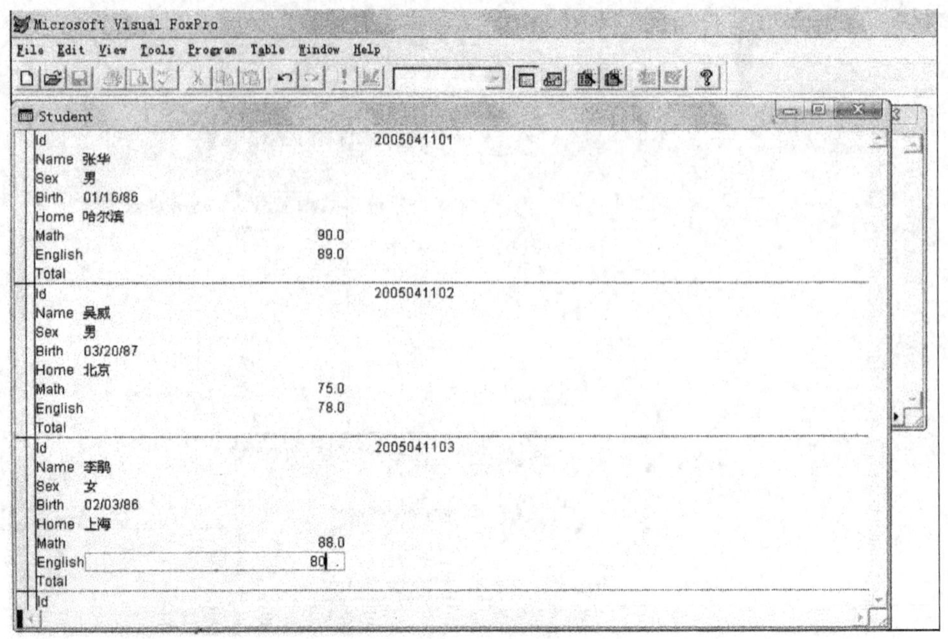

图 5.17 输入 3 条记录的画面

8. 打开与关闭表文件

由于表文件平时是存放在磁盘上的，使用时必须先调入计算机内存，这个过程称为打开文件。使用完毕，应当将计算机内存的表文件再存回到磁盘上，这个过程称为关闭表文件。

1）打开表文件

一般格式：Use 表文件名

例如，在命令窗口中输入：

Use student

已打开的表文件被称为“当前表文件”。打开的表文件只要不关闭，则一直处于打开状态。

2）关闭表文件

一般格式：Use

例如，在命令窗口中输入：

Use

9. 表文件结构的显示与修改

当建立一个表文件后，不论其中是否有记录，都可以显示其文件结构，以确定其文件结构是否正确。如果发现文件结构有错误，随时都可以修改。

(1) 表文件结构的显示

一般格式：List/Display structure [to print]

Display 命令的格式与作用与 List 的基本相同，差异在于 Display 会自动分屏显示。

To print 选项表示显示的内容是否打印。

例如，表 student 在打开后，输入

List structure

则返回如下结果：

Structure for table: E：\数据库示例\STUDENT.DBF
Number of data records: 3
Date of last update: 02/13/07
Code Page: 936

Field	Field Name	Type	Width	Dec	Index	Collate	Nulls
1	ID	Numeric	10				No
2	NAME	Character	10				No
3	SEX	Character	2				No
4	BIRTH	Date	8				No
5	HOME	Character	20				No
6	MATH	Numeric	7	1			No
7	ENGLISH	Numeric	7	1			No
8	TOTAL	Numeric	7	1			No
* * Total * *			72				

（2）表文件结构的修改

一般格式：Modify structure

例如，若想将 Math 和 English 字段的总长度修改为 5，Total 字段的总长度修改为 6，则表 student 打开后，在命令窗口中输入：

Modify structure

出现的画面如图 5.18 所示。

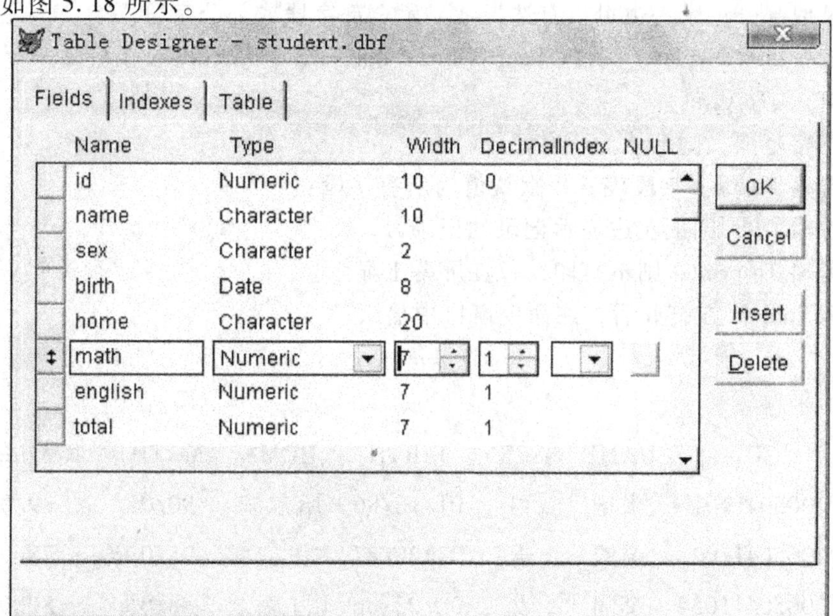

图 5.18　表文件结构的修改画面

通过全屏幕编辑键完成相应的修改，并单击“OK”按钮，出现的画面如图 5.19 所示。

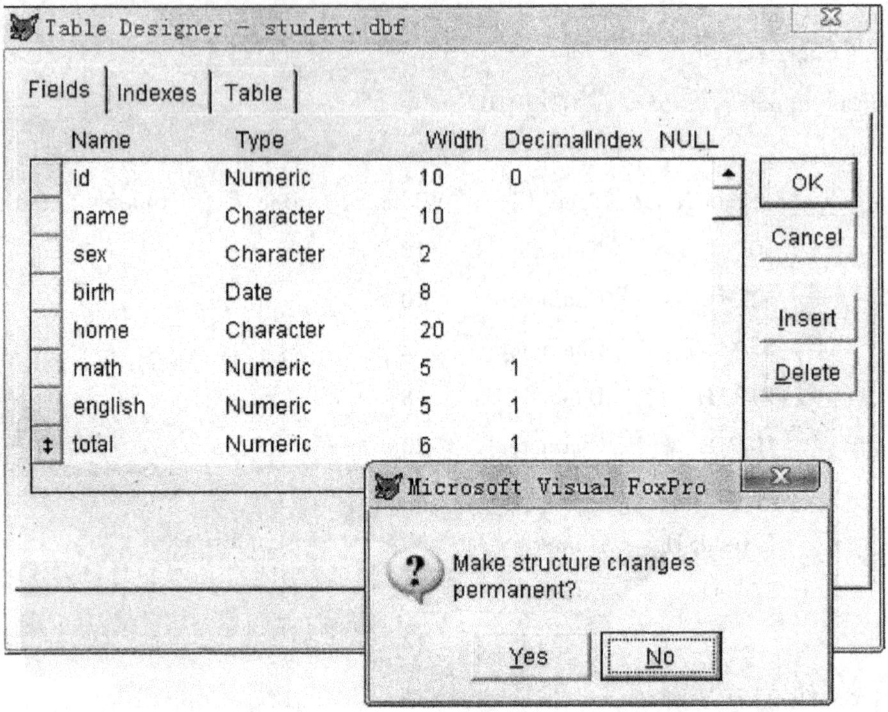

图 5.19 询问表文件结构的修改是否保存的画面

若单击“Yes”按钮，则保留此次的修改，若单击“No”按钮，则放弃此次的修改。

10. 显示当前表文件的内容

表文件中记录的显示是数据库应用系统中最常见的操作。利用 List 或 Display 命令可以显示全部记录或部分记录，也可以有选择地显示全部字段或部分字段。

一般格式：List/Display ［<范围>］［For <条件 1>］［While <条件 2>］［Fields <字段表>］［Off］［To print］

注：若省略范围，则默认为所有记录；

若省略 Fields <字段表>，默认值为所有字段；

若省略 Off，则最左边显示记录的记录号；

若省略 To print，则不打印，仅在屏幕上显示。

例如，表 student 在打开后，在命令窗口中输入

List

则返回如下结果：

Record#	ID	NAME	SEX	BIRTH	HOME	MATH	ENGLISH	TOTAL
1	2005041101	张华	男	01/16/86	哈尔滨	90.0	89.0	0.0
2	2005041102	吴威	男	03/20/87	北京	75.0	78.0	0.0
3	2005041103	李鹏	女	02/03/86	上海	88.0	80.0	0.0

若在命令窗口中输入

List off Id，Name，Math

则返回如下结果：

ID	NAME	MATH
2005041101	张华	90.0
2005041102	吴威	75.0
2005041103	李鹏	88.0

若在命令窗口中输入

List for English > =80 Name，English

则返回如下结果：

Record#	NAME	MATH
1	张华	89.0
3	李鹏	80.0

若在命令窗口中输入

Display for Name ="吴威"

则返回如下结果：

Record#	ID	NAME	SEX	BIRTH	HOME	MATH	ENGLISH	TOTAL
2	2005041102	吴威	男	03/20/87	北京	75.0	78.0	0.0

11. 记录的定位

表文件中记录的定位也是数据库应用系统中最常见的操作。定位命令分为记录绝对定位和记录相对定位。

(1) 记录绝对定位

一般格式：Go/Goto Top/Bottom/ [Record] <数值表达式>

注：若选择 Top，则将记录指针定位于第一号记录；

若选择 Bottom，则将记录指针定位于最后一条记录；

若选择<数值表达式>，则将记录指针定位于“<数值表达式>”号记录；

Go 和 Goto 的作用完全相同。

例如，表 student 在打开后，在命令窗口中输入

Go 3

Display

则返回如下结果：

Record#	ID	NAME	SEX	BIRTH	HOME	MATH	ENGLISH	TOTAL
3	2005041103	李鹏	女	02/03/86	上海	88.0	80.0	0.0

若在命令窗口中输入

Go top

Display

则返回如下结果：

Record#	ID	NAME	SEX	BIRTH	HOME	MATH	ENGLISH	TOTAL
1	2005041101	张华	男	01/16/86	哈尔滨	90.0	89.0	0.0

（2）记录相对定位

记录相对定位操作是指从当前记录向前（或向后）跳跃若干个记录的定位方式。

一般格式：Skip［<数值表达式>］

注：当数值表达式值<0 时，则从当前记录向文件首方向跳“数值表达式”绝对值个记录；

当数值表达式值=0 时，则当前记录不变；

当数值表达式值>0 时，则从当前记录向文件尾方向跳“数值表达式”个记录；

若省略数值表达式值，则默认值为 1。

例如，表 student 在打开后，在命令窗口中输入

```
Go Bottom
Skip-2
Display
```

则返回如下结果：

Record#	ID	NAME	SEX	BIRTH	HOME	MATH	ENGLISH	TOTAL
1	2005041101	张华	男	01/16/86	哈尔滨	90.0	89.0	0.0

在命令窗口中输入

```
Go 1
Skip
Display
```

则返回如下结果：

Record#	ID	NAME	SEX	BIRTH	HOME	MATH	ENGLISH	TOTAL
2	2005041102	吴威	男	03/20/87	北京	75.0	78.0	0.0

12. 记录的顺序查询

查询是将指针定位在符合条件的第一个记录上，所以，查询也可以看成是一种灵活的定位。

FoxPro 中提供了两种顺序查询的方法：顺序查询和继续查询。顺序查询是按照给定的条件在指定的范围内查找第一个符合条件的记录。而继续查询则是在顺序查询的基础上，从当前记录的下一个记录开始，在顺序查询规定的范围内接着查找符合条件的记录。两者配合可以依次查出所有符合条件的记录。

（1）顺序查询

一般格式：Locate［<范围>］［For <条件 1>］［While <条件 2>］

注：本命令只能查找范围内符合条件的第一个记录，若在同样的范围内多次使用本命令，每次查到的记录都是同一个。

例如，表 student 在打开后，在命令窗口中输入

Locate for Name ="李鹃"

Display

则返回如下结果：

Record#	ID	NAME	SEX	BIRTH	HOME	MATH	ENGLISH	TOTAL
3	2005041103	李鹃	女	02/03/86	上海	88.0	80.0	0.0

（2）继续查询

一般格式：Continue

注：本命令只能在 Locate 命令中指定的范围内由当前记录的下一个记录开始，依次查找符合 Locate 命令中指定条件的记录。

本命令只能与 Locate 命令配对使用。

例如，表 student 在打开后，在命令窗口中输入

Locate for Math >80

Display

则返回如下结果：

Record#	ID	NAME	SEX	BIRTH	HOME	MATH	ENGLISH	TOTAL
1	2005041101	张华	男	01/16/86	哈尔滨	90.0	89.0	0.0

若在命令窗口中再输入

Continue

Display

则返回如下结果：

Record#	ID	NAME	SEX	BIRTH	HOME	MATH	ENGLISH	TOTAL
3	2005041103	李鹃	女	02/03/86	上海	88.0	80.0	0.0

13. 表文件的全屏幕编辑

表文件构建以后，对其中内容的修改是经常要做的事情。

对表内容的修改可以有交互式和非交互式两种方法。在交互式修改过程中，系统首先将要修改的内容显示给用户，然后，由用户通过键盘输入进行修改。这种方法的好处是比较直观，但速度慢。

交互式修改也称为全屏幕编辑。这里介绍两个全屏幕编辑修改命令 Edit 和 Browse。Edit 和 Browse 命令的区别仅在于记录表现的形式不同。

（1）Edit 修改命令

一般格式：Edit［<范围>］［For <条件 1>］［While <条件 2>］［Fields <字段表>］

注：若省略范围，则默认为所有记录；

若省略 Fields <字段表>，默认值为所有字段。

例如，表 student 在打开后，在命令窗口中输入

Go top

Edit

则出现与图 5.17 一样的画面，经全屏幕的交互式编辑，即可完成相应的修改。

也可以用

Edit 3

则将直接修改记录3。

(2) Browse 修改命令

一般格式：Browse [<范围>] [For <条件1>] [While <条件2>] [Fields <字段表>] [Freeze <字段名>] [Noedit/Nomodify]

注：本命令允许对所有记录进行显示、修改等操作，功能非常强大；

显示格式是每行一个记录，所以，也叫做行式编辑；

若选择 Freeze <字段名>，则指定的字段才可以修改；

若选择 Noedit 或 Nomodify，则用户可以浏览表，但不能编辑。Noedit 等同于 Nomodify。

例如，表 student 在打开后，在命令窗口中输入

Go top

Browse

则弹出图 5.20 的画面，经全屏幕的交互式编辑，即可完成相应的修改。

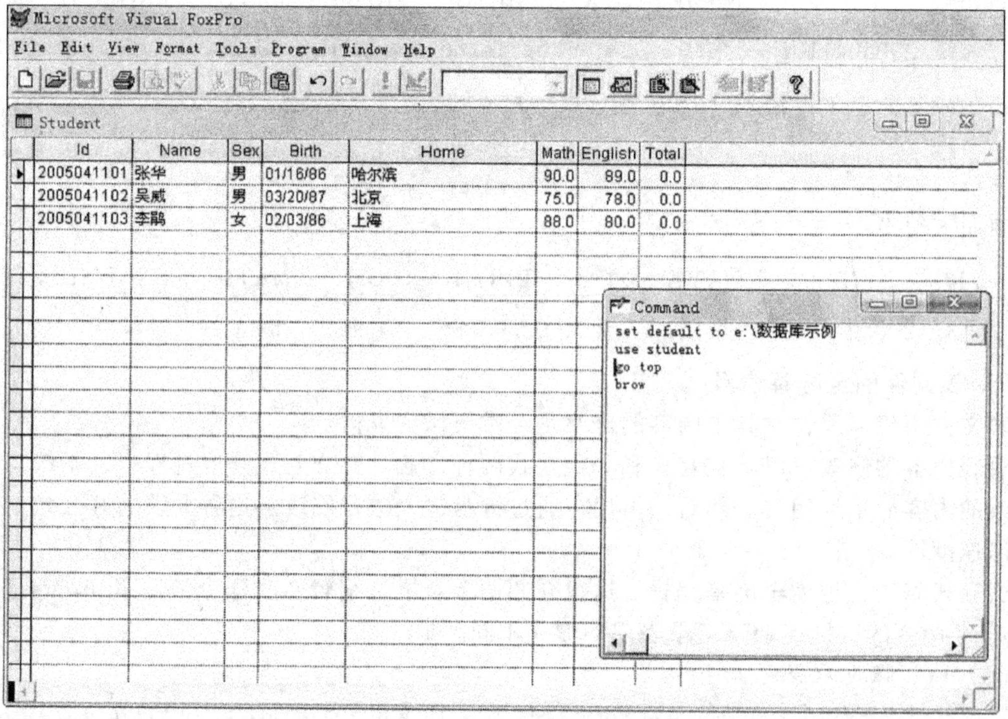

图 5.20 Browse 编辑窗口

若在命令窗口中输入

Go top

Browse freeze total

则发现只有 total 字段可以修改。

若在命令窗口中输入

Go top

Browse Noedit

则发现任何字段都不能修改，只能浏览表。

14. 表文件的非交互式修改

非交互式的自动修改命令主要用于那些有规律的修改。例如，对所有字段的统一做某种修改。

一般格式：Replace 字段名 1 with <表达式 1> ［，字段名 2 with <表达式 2> ［，…］［<范围>］［For <条件 1>］［While <条件 2>］［Fields <字段表>］［Freeze <字段名>］

注：字段名 i 表示当前表文件中某个字段名；

表达式 i 表示与字段名 i 类型一致的表达式；

本命令对表中范围内符合条件的所有记录进行修改，用表达式 1 的值代替字段名 1 的原值，……；

若同时省略范围和 For/While，则指定当前记录。

例如，表 student 在打开后，在命令窗口中输入

List

返回如下结果：

Record#	ID	NAME	SEX	BIRTH	HOME	MATH	ENGLISH	TOTAL
1	2005041101	张华	男	01/16/86	哈尔滨	90.0	89.0	0.0
2	2005041102	吴威	男	03/20/87	北京	75.0	78.0	0.0
3	2005041103	李鹏	女	02/03/86	上海	88.0	80.0	0.0

若在命令窗口中输入

```
Go 1
Replace Total with Math + English all
List
```

则返回如下结果：

Record#	ID	NAME	SEX	BIRTH	HOME	MATH	ENGLISH	TOTAL
1	2005041101	张华	男	01/16/86	哈尔滨	90.0	89.0	179.0
2	2005041102	吴威	男	03/20/87	北京	75.0	78.0	153.0
3	2005041103	李鹏	女	02/03/86	上海	88.0	80.0	168.0

发现只用一条命令，就将所有记录的总分字段（Total）用数学成绩（Math）与英语成绩（English）之和做了替换。

15. 表文件的记录增加

在 5.8.2 的 7. 中创建表文件时就已经介绍了初始记录的输入方法，该方法只能在建立数据库文件时输入记录。这里将介绍另外两种增加新记录的方法：一种是在尾部追加新记录，另一种是插入新记录。

（1）在表尾部追加新记录

不论表中是否有记录，都可以利用本命令在表的尾部追加新记录。

一般格式：Append ［Blank］

注：若只用 Append，则先清屏，然后进入全屏幕编辑窗口；

若选择 Blank，则在当前表的结尾追加一个空白记录。

例如，表 student 在打开后，在命令窗口中输入

```
Append
```

则出现与图 5.16 一样的画面，可以在全屏幕编辑状态下增加若干条记录的内容。

若在命令窗口中输入

```
Append blank
```

则在表的尾部追加一条空白记录，空白记录的内容可以用 Edit、Browse 或 Replace 等命令修改。

例如，在命令窗口中输入

```
Append blank
List
```

则返回如下结果：

Record#	ID	NAME	SEX	BIRTH	HOME	MATH	ENGLISH	TOTAL
1	2005041101	张华	男	01/16/86	哈尔滨	90.0	89.0	179.0
2	2005041102	吴威	男	03/20/87	北京	75.0	78.0	153.0
3	2005041103	李鹏	女	02/03/86	上海	88.0	80.0	168.0
4				/ /				

可以看出，第 4 条记录是个空白记录。

若在命令窗口中继续输入

```
Replace Id with 2005041105, Name with "李红", Sex with "女", Birth with
ctod ("06/06/86"), Home with "天津", Math with 92, English with 93, Total with Math + English
List
```

注：ctod 是将字符型数据转换成日期型数据的函数。

则返回如下结果：

Record#	ID	NAME	SEX	BIRTH	HOME	MATH	ENGLISH	TOTAL
1	2005041101	张华	男	01/16/86	哈尔滨	90.0	89.0	179.0
2	2005041102	吴威	男	03/20/87	北京	75.0	78.0	153.0
3	2005041103	李鹏	女	02/03/86	上海	88.0	80.0	168.0
4	2005041105	李红	女	06/06/86	天津	92.0	93.0	185.0

（2）插入新记录

有时为了保持表中记录的某种顺序（例如，按照学生号的先后顺序等），则新增加的记

录就不允许追加在表的尾部，而是必须将新增加的记录按顺序插入到某个记录的前面或后面，这就是插入新记录。

一般格式：Insert [Before] [Blank]

注：若只用 Insert，则先清屏，然后进入全屏幕编辑窗口，在当前记录的后面插入一条新记录；

若选择 Before，则在当前记录的前面插入一条新记录，否则，在当前记录的后面插入一条新记录；

若选择 Blank，则在当前记录的前面或后面插入一个空白记录。

例如，表 student 在打开后，在命令窗口中输入

```
Go 2
Insert Blank
List
```

则在 2 号记录的后面插入一条空白新记录，新插入的记录号为 3。返回如下结果。

Record#	ID	NAME	SEX	BIRTH	HOME	MATH	ENGLISH	TOTAL
1	2005041101	张华	男	01/16/86	哈尔滨	90.0	89.0	179.0
2	2005041102	吴威	男	03/20/87	北京	75.0	78.0	153.0
3				/ /				
4	2005041103	李鹏	女	02/03/86	上海	88.0	80.0	168.0
5	2005041105	李红	女	06/06/86	天津	92.0	93.0	185.0

若在命令窗口中继续输入

```
Go 5
Insert before blank
List
```

则在 5 号记录的前面插入一条空白新记录，新插入的记录号为 5。返回如下结果：

Record#	ID	NAME	SEX	BIRTH	HOME	MATH	ENGLISH	TOTAL
1	2005041101	张华	男	01/16/86	哈尔滨	90.0	89.0	179.0
2	2005041102	吴威	男	03/20/87	北京	75.0	78.0	153.0
3				/ /				
4	2005041103	李鹏	女	02/03/86	上海	88.0	80.0	168.0
5				/ /				
6	2005041105	李红	女	06/06/86	天津	92.0	93.0	185.0

16. 表文件的记录删除

在对表的操作过程中，需要及时删除一些过时的记录（例如人员的调离）。

因为删除属于破坏性的操作，一旦将某些记录真正删除后，要想恢复就只能重新输入了，所以，一定要谨慎处理。

FoxPro 为此提供了预防措施，将删除操作分为两步：先做逻辑删除，即给要删除的记录加上逻辑删除标记（*），然后，待用户用 List 或 Display 等命令确认后再真正删除。

凡是被逻辑删除的记录，在第一个字段的前面均有一个逻辑删除标记“*”。当用户发现逻辑删除的记录有误时，还可以将它们恢复成正式记录。

被逻辑删除的所有记录只是带上了标记“*”，但它们仍然占有原来的位置，并具有原来的记录号；真删除的记录不占有表中的位置，其原空间将被压缩，其后的记录号将改变，表的记录总数也将减少。所以，“逻辑删除”又称为“假删除”，“物理删除”又称为“真删除”。

(1) 逻辑删除记录

一般格式：Delete [<范围>] [For <条件 1>] [While <条件 2>]

注：逻辑删除范围内符合条件的所有记录；

若同时省略范围 For 和 While，则默认记录为当前记录，即只逻辑删除当前记录。

例如，表 student 在打开后，在命令窗口中键入

```
Go 2
Delete Next 2
List
```

则逻辑删除 2 号和 3 号记录。返回如下结果：

Record#	ID	NAME	SEX	BIRTH	HOME	MATH	ENGLISH	TOTAL
1	2005041101	张华	男	01/16/86	哈尔滨	90.0	89.0	179.0
2*	2005041102	吴威	男	03/20/87	北京	75.0	78.0	153.0
3*				/ /				
4	2005041103	李鹏	女	02/03/86	上海	88.0	80.0	168.0
5				/ /				
6	2005041105	李红	女	06/06/86	天津	92.0	93.0	185.0

(2) 恢复被逻辑删除记录

一般格式：Recall [<范围>] [For <条件 1>] [While <条件 2>]

注：恢复范围内符合条件的所有记录，即去掉删除标记“*”；

若同时省略范围 For 和 While，则默认记录为当前记录，即只恢复当前记录。

例如，在命令窗口中继续输入

```
Go 2
Recall
Go 5
Delete
List
```

则去掉了 2 号记录的删除标记，但 3 号记录的删除标记仍保留，同时，第 5 号记录也加上了删除标记。返回如下结果：

Record#	ID	NAME	SEX	BIRTH	HOME	MATH	ENGLISH	TOTAL
1	2005041101	张华	男	01/16/86	哈尔滨	90.0	89.0	179.0
2	2005041102	吴威	男	03/20/87	北京	75.0	78.0	153.0
3*				/ /				
4	2005041103	李鹏	女	02/03/86	上海	88.0	80.0	168.0
5*				/ /				
6	2005041105	李红	女	06/06/86	天津	92.0	93.0	185.0

若在命令窗口中继续输入

```
Recall all
List
```

则发现所有被逻辑删除的记录的“ * ”号全部去掉。返回如下结果：

Record#	ID	NAME	SEX	BIRTH	HOME	MATH	ENGLISH	TOTAL
1	2005041101	张华	男	01/16/86	哈尔滨	90.0	89.0	179.0
2	2005041102	吴威	男	03/20/87	北京	75.0	78.0	153.0
3				/ /				
4	2005041103	李鹏	女	02/03/86	上海	88.0	80.0	168.0
5				/ /				
6	2005041105	李红	女	06/06/86	天津	92.0	93.0	185.0

（3）物理删除记录

一般格式：Pack

注：真正删除表中所有已被逻辑删除的记录；

真正删除的记录是不能用 Recall 命令恢复的；

当真正删除记录后，其后的所有记录号均减 1。

例如，当表中 2 号和 5 号记录均被加上删除标记“ * ”后，在命令窗口中继续输入

```
Pack
List
```

则发现原来所有带逻辑删除标记的记录真正从表中全部去掉，并且，记录号紧缩。返回如下结果：

Record#	ID	NAME	SEX	BIRTH	HOME	MATH	ENGLISH	TOTAL
1	2005041101	张华	男	01/16/86	哈尔滨	90.0	89.0	179.0
2	2005041102	吴威	男	03/20/87	北京	75.0	78.0	153.0
3	2005041103	李鹏	女	02/03/86	上海	88.0	80.0	168.0
4	2005041105	李红	女	06/06/86	天津	92.0	93.0	185.0

（4）删除所有记录

一般格式：Zap

注：当表中所有的记录都要真正删除时，才能用该命令；

用 Zap 真正删除的记录是不能用 Recall 命令恢复的。

例如，表 student 在打开后，在命令窗口中输入

Zap

则弹出图 5.21 所示对话框：

单击“No”按钮，表将保持原样不变；单击“Yes”按钮，则表中的全部记录都被真正删除。

单击“Yes”按钮后，若在命令窗口中继续输入

List

将无记录显示。

图 5.21 询问是否真正全部删除数据的对话框

17. 表文件记录的再组织

从前面的介绍可以看出，表文件中的记录基本上是按照进入表文件的先后顺序排列的。这种组织方式有时对用户来说也许是方便的，但数据存放的最根本目的是为了方便快速查找。而对于一个无序的表来说，只能采用顺序查询，其效率是最低的。高效的查找都是基于已经有序的数据集合的。

FoxPro 提供了排序和索引命令来重新组织数据库，使某个（些）字段按照大小排序或建立索引。

（1）表文件记录的排序

排序就是按照表文件中某个指定字段（称关键字段）的值，将所有记录重新排列。若排列后记录的关键字值是按从小到大排列的，称为“升序排列”；若排列后记录的关键字值是按从大到小排列的，称为“降序排列”。表排序后，将生成一个新的表文件，称为排序文件，其中的记录编号是按照新排列的顺序依次编号。

一般格式：Sort to <排序文件> on 字段名 1 [/A] [/D] [/C] [，字段名 2 [/A] [/D] [/C]，…]

[Ascending/Descending] [<范围>] [For <条件 1>] [While <条件 2>] [Fields <字段表>]

注：排序文件　　存放排序后形成的新表文件，隐含扩展名为 .DBF；

[/A]　　指定升序排序，默认值是升序排序；

[/D]　　指定降序排序；

[/C]　　排序时忽略大小写；

Ascending　　指定所有不带/D 的字段为升序排列；

Descending　　指定所有不带/A 的字段为降序排列；

Fields <字段表>　　指定 Sort 命令所创建的新表中包含原表的哪些字段；若省略，则新表中包括原表的所有字段。

例如，表 student 在打开后，在命令窗口中输入

```
Sort to student _ sort on Name
Use student _ sort
List
```

则返回如下结果：

Record#	ID	NAME	SEX	BIRTH	HOME	MATH	ENGLISH	TOTAL
1	2005041105	李红	女	06/06/86	天津	92.0	93.0	185.0
2	2005041103	李鹏	女	02/03/86	上海	88.0	80.0	168.0
3	2005041102	吴威	男	03/20/87	北京	75.0	78.0	153.0
4	2005041101	张华	男	01/16/86	哈尔滨	90.0	89.0	179.0

可以看出，姓名字段的内容是按照拼音的顺序升序排列的。

(2) 表文件记录的索引

排序是将记录在物理上真正重新排列，但当数据量很大时，要耗费较多的时间。

FoxPro 中提供了一种索引文件，它并不真正地将所有记录重新排序，而只是保存表文件中每个记录的某个关键字段的值及相应记录在表中的位置，并将这两类数据构成一个新文件，这个新文件就称为索引文件。

利用索引文件可以按照某种逻辑顺序显示和访问表记录。

一般格式：Index on 表达式 to < 索引文件名 > [For < 条件 >]

注：建立一个名为“索引文件名”的索引文件，隐含扩展名为 . IDX；

索引文件对表文件中所有符合条件的记录按关键字表达式的顺序（由小到大）排列，并将排列的结果存放在该索引文件中，原表中记录的顺序不改变。

例如，在命令窗口中输入

```
Use student
Index on Name to student _ index
```

则建立了一个按姓名（Name）字段升序排序的索引文件（student _ index. IDX）。

(3) 索引文件的打开和关闭

1) 索引文件的打开

一般格式 1：Use < 表文件名 > Index < 索引文件名 >

注：关闭当前已打开的表文件和所有索引文件，再打开新的表文件和指定的索引文件；

当前记录是索引文件中排列在第一个位置上的那个记录；

List/Display 显示的顺序将不按表中的记录号，而是按索引文件中记录的排列顺序，即按关键字表达式值由小到大的顺序依次显示记录；

Goto Top 将指向索引文件中的第一个记录；

Goto Bottom 将指向索引文件中的最后一个记录；

Skip 从当前记录的相对跳跃是指在索引文件中的跳跃，而不是指在表文件中的跳跃。

例如，在命令窗口中输入

```
Use student index student _ index
List
```

则返回如下结果：

Record#	ID	NAME	SEX	BIRTH	HOME	MATH	ENGLISH	TOTAL
4	2005041105	李红	女	06/06/86	天津	92.0	93.0	185.0
3	2005041103	李鹏	女	02/03/86	上海	88.0	80.0	168.0
2	2005041102	吴威	男	03/20/87	北京	75.0	78.0	153.0
1	2005041101	张华	男	01/16/86	哈尔滨	90.0	89.0	179.0

可以看出，记录是按姓名字段拼音的顺序升序排列的，但物理位置并没有真正发生变化。

若在命令窗口中输入

```
Goto Bottom
Display
```

则返回如下结果：

Record#	ID	NAME	SEX	BIRTH	HOME	MATH	ENGLISH	TOTAL
1	2005041101	张华	男	01/16/86	哈尔滨	90.0	89.0	179.0

若在命令窗口中输入

```
Goto 2
Display
```

则返回如下结果：

Record#	ID	NAME	SEX	BIRTH	HOME	MATH	ENGLISH	TOTAL
2	2005041102	吴威	男	03/20/87	北京	75.0	78.0	153.0

若在命令窗口中输入

```
Skip
Display
```

则返回如下结果。

Record#	ID	NAME	SEX	BIRTH	HOME	MATH	ENGLISH	TOTAL
1	2005041101	张华	男	01/16/86	哈尔滨	90.0	89.0	179.0

可以看出，Skip 是以索引文件的顺序跳步的。

若在命令窗口中输入

```
Use student
Index on Math to student _ index1
Use student index student _ index1
List
```

则建立另外一个索引文件 student _ index1. IDX，并返回如下结果：

Record#	ID	NAME	SEX	BIRTH	HOME	MATH	ENGLISH	TOTAL
2	2005041102	吴威	男	03/20/87	北京	75.0	78.0	153.0
3	2005041103	李鹏	女	02/03/86	上海	88.0	80.0	168.0
1	2005041101	张华	男	01/16/86	哈尔滨	90.0	89.0	179.0
4	2005041105	李红	女	06/06/86	天津	92.0	93.0	185.0

可以看出，student _ index1. IDX 是以数学成绩（Math）为关键字升序排列的。

一般格式 2：Set Index to <索引文件名>

注：关闭当前已打开的所有索引文件，再打开指定的索引文件。

2）索引文件的关闭

一般格式 1：Use

注：关闭当前已打开的表文件和所有已打开的索引文件。

一般格式 2：Set Index to

注：关闭当前已打开的索引文件。

（4）快速查询

FoxPro 提供了两条快速查询记录的命令：Find 和 Seek，这两个命令的功能基本相同，差别仅在于 Find 可以查询字符型或数值型数据，而 Seek 可以查询字符型、数值型或日期型数据。使用这两条命令时，必须打开按待查值为关键字表达式建立的索引文件，即只能对已经建立了索引的表使用 Find 和 Seek 命令，且只能搜索索引关键字。

1）Find 命令

一般格式：Find 字符串/常数

注：字符串带不带引号均可以；

常数可以是任何整数或实数。

例如，若在命令窗口中输入

```
Use student index student _ index
Find 李鹏
Display
```

返回如下结果：

Record#	ID	NAME	SEX	BIRTH	HOME	MATH	ENGLISH	TOTAL
3	2005041103	李鹏	女	02/03/86	上海	88.0	80.0	168.0

2）Seek 命令

一般格式：Seek 表达式

注：当待查的是字符型数据时必须加上引号。

例如，若在命令窗口中输入

```
Use student index student _ index
Seek"李鹏"
Display
```

返回如下结果：

Record#	ID	NAME	SEX	BIRTH	HOME	MATH	ENGLISH	TOTAL
3	2005041103	李鹏	女	02/03/86	上海	88.0	80.0	168.0

18. 变量

变量是内存中的一个位置，它的值在程序操作过程中可变。

为了使用变量，必须给变量起一个名字，称为变量名；每个变量由其存放数据的类型来决定它的类型，称为变量的数据类型；每个变量使用时都对应着一个值，称为变量的当前值。

FoxPro 中提供了两种变量：内存变量和字段变量。

内存变量的含义与其他程序设计语言中的变量基本相同。

字段变量是数据库语言中所特有的。在建立表文件结构时所定义的所有字段名就是字段变量，字段变量的类型就是定义表文件结构时对应字段的类型，它用来存放表文件中某个记录的某个字段的值。

当用命令打开表文件时，这些字段变量不但都有定义，而且都有值，其值等于表文件的当前记录中对应字段的值。如果使用定位、跳转等命令使当前记录改变了，则所有与该表文件相对应的字段变量的值将全部自动换成新的当前记录对应字段的值。

如果关闭了某个表文件，则该表文件对应的所有字段变量将变得没有定义，也就是说，不能够使用这些字段变量。

总而言之，字段变量是完全依赖于表文件的：表文件打开，对应字段变量有定义且有值；表文件关闭，则对应字段变量无定义。

不论是内存变量还是字段变量，都可以用一个最简单的命令输出：

? 表达式 1，表达式 2，…，表达式 n

例如，若在命令窗口中输入

```
Use student
Display
? Name, math
Skip
Display
? Name, math
```

则返回如下结果：

Record#	ID	NAME	SEX	BIRTH	HOME	MATH	ENGLISH	TOTAL
1	2005041101	张华	男	01/16/86	哈尔滨	90.0	89.0	179.0

张华　90.0

Record#	ID	NAME	SEX	BIRTH	HOME	MATH	ENGLISH	TOTAL
2	2005041102	吴威	男	03/20/87	北京	75.0	78.0	153.0

吴威　75.0

例如，若在命令窗口中继续输入

```
Use
? Name, math
```

则返回如图 5.22 所示的对话框。

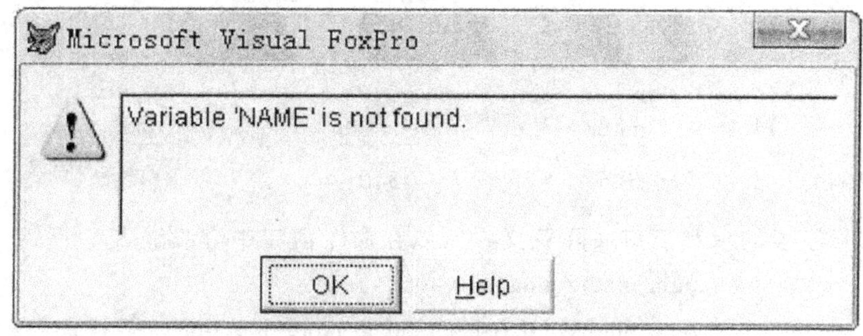

图 5.22　关闭文件后对应字段变得无定义

19. 表文件记录的统计与汇总

表文件的常用操作中，除了修改、增加、删除和查询外，还有统计符合某个条件的记录数、求某些记录中某些数值型字段的总和及平均值等处理要求，下面是与此相关的一些命令。

（1）计数命令 Count

在某些应用中，有时并不需要查询记录的实际内容，而只是想了解满足某个条件的记录个数。例如，求某一类人员的总数等，这在表的操作中就对应着求表的某些符合条件的记录个数的问题。

一般格式：Count [<范围>] [For <条件 1>] [While <条件 2>] [to <内存变量>]

注：若同时省略范围 For 和 While，则默认为库中所有记录。

例如，若在命令窗口中输入

```
Use student
Count to Num
? Num
Count for Sex ="女" to Num1
? Num1
```

则返回如下结果：

```
4
2
```

（2）求和命令 Sum

在某些应用中，有时需要了解满足某个条件的所有记录中某些数值型字段的总和，例如，求全体学生的总分数等，这在表的操作中就对应着求表的某些符合条件的数值型字段总和的问题。

一般格式：Sum [<范围>] [For <条件 1>] [While <条件 2>] [数值表达式 1，数值表达式 2，…，数值表达式 n] [to <内存变量 1，内存变量 2，…，内存变量 n] >]

注：若同时省略范围 For 和 While，则默认为库中所有记录；

若省略所有的数值表达式，则默认为表文件中的所有数值型字段（按表结构的顺序）。

例如，若在命令窗口中输入

```
Use student
Sum
```

则返回如下结果：

Id	math	english	total
8020164411.0	345	340	685

因为对学号字段的求和没有实际意义，所以在命令窗口中继续输入

```
Sum math, english, total
Sum math, english, total to mm, me, mt
? mm, me, mt
```

则返回如下结果：

math	english	total
345	340	685
345	340	685

（3）求平均值命令 Average

在某些应用中，有时需要了解满足某个条件的所有记录中某些数值型字段的平均值，例如，求全体学生的平均分数等，这在表的操作中就对应着求表的某些符合条件的数值型字段平均值的问题。

一般格式：Average ［<范围>］［For <条件 1>］［While <条件 2>］［数值表达式 1，数值表达式 2，…，数值表达式 *n*］［to <内存变量 1，内存变量 2，…，内存变量 *n*］>］

注：若同时省略范围 For 和 While，则默认为库中所有记录；

若省略所有的数值表达式，则默认为表文件中的所有数值型字段（按表结构的顺序）。

例如，若在命令窗口中输入

```
Use student
Average math, english for Sex ="男"
```

则返回如下结果：

math	english
82.5	83.5

即得到了男同学数学、英语科目的平均分。

20. 程序文件的编写与运行

FoxPro 利用各种命令对表中数据进行管理，而执行这些命令的方法有两种：一种是前面所采用的在命令窗口直接输入命令的方式，即“会话方式”；另一个就是编制程序的“程序方式”，即与其他程序设计语言类似，将所用的命令写在一个程序文件中，再运行这个程序文件以获得相应的结果。

(1) 建立程序文件

一般格式：Modify Command < 文件名 >

注：默认的程序文件名是 .PRG；

进入全屏幕编辑状态，即可以输入自己的程序。

例如，若在命令窗口中输入

Modify Command example

则弹出如图 5.23 所示的画面。即可建立一个名为 example. prg 的程序文件。

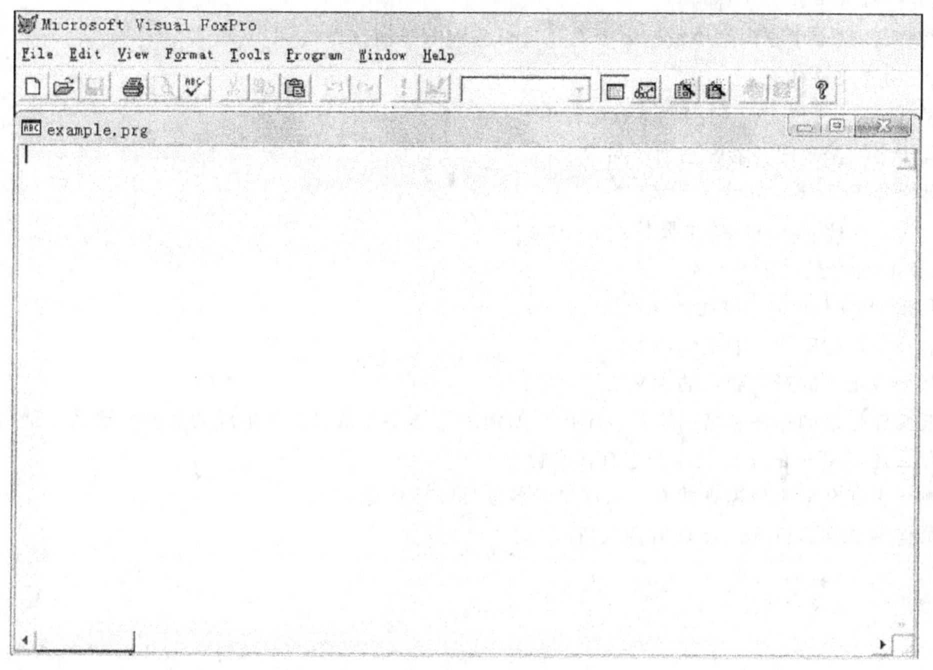

图 5.23　编写程序文件窗口

(2) 运行程序文件

当一个程序建立完以后，就可以运行了。

一般格式：Do < 文件名 >

例如，在命令窗口中输入

Do example

即调用执行了 example. prg 程序文件。

(3) 调试修改程序文件

一般来说，程序不会一次就能准确无误地运行并获得结果，可能出现很多错误，这就需要调试修改程序。

程序的修改用与程序的建立相同的命令，即再输入

Modify Command example

每次修改后都可以用同样的命令运行程序

Do example

习　题

1. 数据管理技术的发展经过哪几个阶段？
2. 数据库技术的主要特点是什么？它与传统的文件系统有何本质的区别？
3. 什么是数据库管理系统，它是由哪些部分组成的？
4. 简述数据库的安全性、完整性及并发控制的含义。
5. 计算机系统中为提高安全性常采取哪些措施？
6. 并发操作可能会产生几种数据的不一致性？
7. 并发控制的主要方法有哪些？
8. 数据库领域中主要的结构数据模型有几种？分别简要加以介绍。
9. SQL 的含义是什么？
10. SYBASE 数据库产品的主要特点是什么？
11. 写出 SYBASE 服务器的系列产品。
12. 什么是 PowerBuilder？
13. Visual FoxPro 具有哪些主要特点？
14. Create 命令的功能是什么？
15. Display 与 List 命令有何不同？
16. 有几种数据库记录的定位命令？
17. 数据库记录的逻辑删除的含义是什么？
18. 表文件记录的排序和索引有什么不同？如何进行排序和索引？所生成的文件扩展名分别是什么？
19. 什么是 FoxPro 的字段变量？它有什么特点？
20. 顺序查找和索引快速查找有什么区别？各使用什么命令实现？
21. 如何编制和运行 FoxPro 的程序文件？

第6章　软件新技术

1997年以来，传统的客户/服务器应用已经非常成熟，用户的开发方向也已经从构造单一的客户/服务器应用转变为集客户/服务器应用、Internet应用和数据仓库应用为一体的综合应用系统。软件及其开发工具品种繁多，令人眼花缭乱，这也使得软件及其开发工具的选择余地越来越大。

本章为已有计算机基础知识、并希望了解流行的新计算方法和基本原理的读者提供了了解和学习计算机、特别是计算机软件方面一些新的技术热点所必需的入门知识。如果不了解软件的发展现状及其功能，就无法在众多的、令人眼花缭乱的软件产品面前做出正确的选择。

在这一章中，将介绍Internet与Intranet、多媒体与多媒体计算机、数据库研究和应用的新领域、数据仓库及辅助决策支持系统SAS、适用于大型办公自动化的优秀产品Lotus Notes、面向对象的程序设计语言（Visual Basic、Visual C++、Borland C++）、控制系统计算机辅助设计系统MATLAB、用于Internet网上的程序设计语言Java及同时兼备了VC功能强大和VB简单易学特点的Delphi等软件。

6.1　Internet与Intranet

6.1.1　Internet简介

20世纪90年代以来计算机领域最热门的技术之一是网络技术，而网络技术最激动人心的应用是Internet。

（1）Internet的概念

人们称Internet为交互网络、网中网或国际互联网。Internet作为最大的国际互联网，在各国信息产业的建设中起着举足轻重的作用，被普遍看好是信息高速公路的基本骨干网的雏形。它已从教育科研领域扩展到各行各业，在世界范围内进入千家万户。目前，Internet的用户和联网计算机与日俱增，已冲破国界、跨越五大洲，延伸到人类居住的任何地方，这是人类现代文明和智慧的结晶。Internet几乎就像有线电视一样，无处不在，它正在迅速地改变着人们的工作和生活方式，对社会的发展产生了深远的影响。

（2）路由器

为了连接两个网络，并将数据分组从一个网络传到另一个网络，需要在网络的连接处安装路由器（Router）。所谓“路由器”是专用于网络通信的计算机，它只为传输信息选择经过的路径（路由），不再承担其他数据处理任务。所以，可以认为，Internet是由通信线路，并基于一个共同的通信协议TCP/IP，把不同的LAN（局域网）与LAN、LAN与MAN（城域网）、MAN与WAN（广域网）等经路由器连接起来的网络，是共享资源的集合。简单地说，Internet是“网络的网络”，如图6.1所示。

（3）Internet上的透明访问

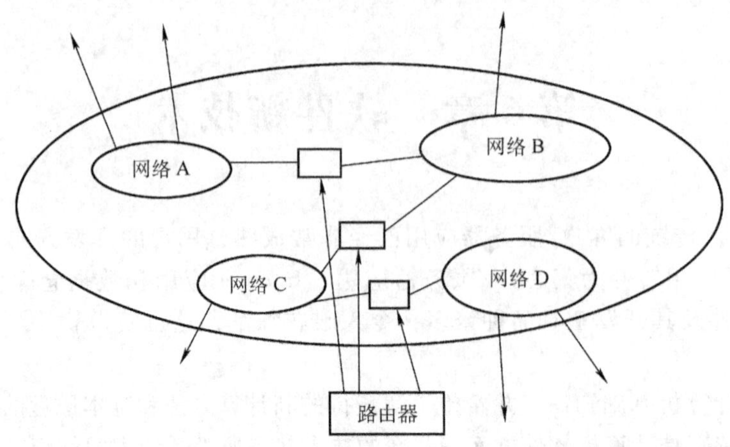

图 6.1 Internet 是网络的网络

从用户的使用角度来看，这种网络给人的感觉是：用户似乎是在使用一个单一的庞大的网络系统，这是由于 TCP/IP 对不同网络的透明访问的结果。在整个通信工程中，用户感觉不到 Internet 的网络和连接用的路由器，就像电话用户感觉不到电话线和交换机一样。因此，Internet 对广大的用户来说是一个大型的虚拟网络。

（4）Internet 是信息资源基地

Internet 通过路由器将世界上几十万个网络互连起来。连入 Internet 的几百万台计算机向用户提供了人类社会生活所需要的各类信息资源，包括科学、技术、教育、文化、经济、工业、娱乐、商业、旅游、艺术、新闻、图书、医疗和交通等各个方面。Internet 已经成为全球最大的信息资源基地，是人类巨大的财富。如果说 Internet 引发了一场全球性的信息产业革命，已不足为奇。它的增长速度是前所未有的，它所提供的信息也是无所不包的。从某种意义上说，Internet 向人们提供了一种全新的信息服务，并把这种服务扩展到整个世界。

Internet 并不仅仅用于传送电子邮件，还可以查询各种信息资源。人们在讨论计算机网络时，总是把计算机的资源共享作为组建计算机网络的主要目的和基本出发点。现在，人们确实从 Internet 中体会到"资源共享"的真正含义了。

身处信息爆炸时代，又随着我国和 Internet 的接轨，一些人面对"网络"好奇而又心慌意乱，无所适从。网络的使用是无法避免的，且越早了解与使用，自己的学习和工作才会越有效率。

一定要知道如何让计算机使自己的生活更便利，因为将来不仅绝大部分的信息会在网络上，而且生活上一些必需品的获得也都得经由网络。不使用网络，你无疑就少了使人生变得更现代、更丰富的机会。

6.1.2 Internet 的地址

Internet 上的每台主机都分配有一个 32 位地址，称为 Internet 地址，简称为 IP 地址。Internet 上的每台计算机（包括路由器在内）在通信之前必须指定一个 IP 地址。

IP 地址是一个 32 位长的地址，它由两部分组成：网络号和主机号。其中网络号标识一个网络，主机号标识这个网络上的一个主机。

Internet 上最高级的维护机构是网络信息中心（NIC）。它负责分配最高级的 IP 地址，授权给相应的机构管理自治系统号（AS），保证其唯一性。网络信息中心只分配 IP 地址的网络号，主机地址的分配则由申请的组织负责。自治系统负责 Internet 各网点的拓扑结构、地址建立和刷新。这种分层管理的方法有效地防止了 IP 地址的冲突。

6.1.3　Internet 的域名服务

IP 地址是用数字代表主机的地址，但对于用户来说，成千上万的主机 IP 地址以数字形式来记忆是很困难的。若能用有一定含义的字符串（比如字符串中包含主机所在地信息）来表示主机的地址，那用户就容易记忆了。

为此，Internet 提供了一种域名服务：即为每台主机分配一个由多个部分组成的主机名，计算机主机名的一般格式是：主机名．单位名．类型名．国家代码。例如，cs. nankai. edu. cn 就是一个由 4 部分组成的主机名，它表示的是“中国南开大学计算机系的主机”。主机名与其 IP 地址一一对应。当访问 Internet 上的主机时，既可用它的 IP 地址，也可以用它的主机名。

6.1.4　超文本和超媒体

长期以来，人们都在研究如何对信息进行组织。这其中最常见的和最古老的方式就是人们在读书时采用的方式，即从书的第一页到最后一页顺序地阅读有关内容。

计算机及基于计算机的信息的出现对这种方式带来了很大的冲击，人们不断地推出新的信息组织方式，以方便对各种信息的访问。人们常说的用户界面设计问题实际上就是信息组织方式的问题。用户和信息之间的界面是一个菜单，用户在看到最终信息之前，总是浏览于菜单之间；当用户选中了代表信息的菜单后，菜单消失，取而代之的是信息内容；用户看完内容后，重新回到菜单之中。

（1）超文本

超文本（Hypertext）对普通菜单做了重大改进，它将菜单集成于文本之中，是一种集成化的菜单系统。用户直接看到的是文本信息本身，在浏览的同时，随时可以选中其中的菜单——确切地说应称之为“热字”（Hot Word）（而这些“热字”往往是与上下文关联的单词，通常带有下划线等标识），跳转到其他文本信息上。超文本正是在文本中包含了与其他文本的链接而形成了它的最大特点：即无序性。例如，Windows 的 Help 系统就是一个超文本的典型示例。

（2）超媒体

超媒体（Hypermedia）则进一步扩展了超文本所链接的信息类型。用户不仅能从一个文本跳转到另一个文本，而且可以激活一段声音、显示一个图形，甚至可以播放一段动画。目前市场上的多媒体电子书大都采用这种方式来组织信息。超媒体正是通过这种集成化的菜单系统将多媒体信息联系在一起的。

（3）超文本和超媒体的优点

超文本和超媒体通过将菜单集成于信息之中的方法，就使得用户的注意力集中于信息本身，消除了用户对菜单的二义性，并能将多媒体信息有机地结合在一起，因此得到了广泛的应用。

目前，超文本和超媒体的界限已不是很清楚，通常所指的超文本一般也包括超媒体的概念。

6.1.5 什么是 WWW

WWW 是 World Wide Web 的简称，读作“3W”。它是 Internet 上提供的一种高级浏览服务器，采用超文本和超媒体的信息组织方式，将信息的链接扩展到整个 Internet 上，即允许一台计算机上某文档中的菜单指向存储于另一台计算机上的文档，用户通过一个入口进去，便可以透明地从一台计算机跳转到另一台计算机上。

目前，WWW 已经成为 Internet 上应用最广和最有前途的访问工具，并在商业等领域发挥着越来越重要的作用。

WWW 系统是基于客户/服务器模式的。服务器负责对各种信息按超媒体的方式进行组织，并形成一个文件存储于服务器之上。当客户提出访问请求时，负责向用户发送该文件；客户接收到文件后，解释该文件，并将结果显示在计算机上。

6.1.6 Intranet 简介

Intranet 为内部网，它是在企业内部建立的、基于 WWW 技术的网络系统，它可以连入 Internet，也可以独立存在。

6.2 多媒体技术

6.2.1 多媒体技术与多媒体计算机

人类所接受的信息中约 80% 来自视觉。周围景物在眼睛视网膜上的映像，也就是图像（包括图形和文字），是人类最有效和最重要的获得信息的形式。同时，“听”和“说”又是最方便的信息交流方式。如何改变计算机仅仅以字符形式、通过键盘和显示器与使用者之间进行的单调、呆板的交流方式？解决这个问题的答案就是采用多媒体技术。

（1）媒体

媒体（Media）这个词，在计算机学科中有两层含义。一种含义是指信息的物理载体，如穿孔卡片、磁盘、磁带和打印纸等；另一种含义是指信息的表现形式（或者说传播形式），例如文字、声音、图形、图像和动画等都是信息表现的媒体。多媒体计算机中所说的媒体指的就是后者。

（2）多媒体

多媒体（Multimedia）技术是 20 世纪 90 年代崛起的一门新兴的计算机技术，它集图像、图形、声音和文本于一体，它使计算机具有综合处理和管理上述信息的能力，从而使计算机能以人类习惯使用的交流信息的方式提供信息服务，从根本上改变了计算机主要以字符形式与使用者交流信息的状况。

（3）多媒体计算机

计算机不仅能够处理文字、数据之类的信息媒体，而且还能够处理声音、图形和图像等各种不同形式的信息媒体。这里所说的对各种信息媒体的“处理”，是指计算机能够对它们进行获取、存储、编辑、检索、显示和传输等各种操作。一般来说，称具有对多媒体进行处理能力的计算机为多媒体计算机。

多媒体及多媒体计算机的出现给计算机应用领域带来了一场革命性的变化。短短的几年内，多媒体技术在计算机、出版、电视、娱乐和通信等领域获得了突飞猛进的发展。所以，今天的计算机已不再是办公室和实验室的专用品，它已进入家庭、商业、教育、旅游，以至艺术等几乎所有的生活和生产领域。

6.2.2　多媒体技术的特点

在现代社会中，人们对电视是"喜闻乐见"的，因为它具有真实感的画面、悦耳的音乐和生动的解说，电视已经成为最有影响的传播媒介。但它的缺点是观众只能被动地看，也就是说没有交互能力。而交互性正是计算机的优点。将电视技术所具有的声、图并茂的信息传播能力与计算机的交互性结合起来，取长补短，就会产生全新的信息交流方式，这就是多媒体技术的目的。

多媒体技术的主要特点是集成性和交互性。

（1）集成性

集成性（Integrative）有两方面的含义：一是从信息形式来说，它是以声、文、图并茂的形式来交流信息的；二是指通过计算机可以集成来自各种电子媒介和信息源的信息。例如，计算机可以把来自摄像机或录像机的视频图像、存储在计算机中的图像数据照片，连同计算机产生的文本、图形和动画一起显示在屏幕上，并可以加上声音和解说，还可以通过网络进行传输。这样计算机才能真正起到了信息交流媒体的作用。

（2）交互性

交互性（Interactive）是指人们可以通过编程与计算机进行对话，从而能主动地控制计算机的工作。这是传统信息交流媒体所不具备的优点。例如，收看电视时，人们只能选择频道，对电视内容则无法控制。但是，这种交互性还并不具备很高的智能，也就是说，它能够向使用者显示一张菜单或图符供人们选择，但还不能够完全根据使用者的要求自动地进行识别和理解。

6.2.3　多媒体技术中的关键问题

（1）数据压缩技术

多媒体技术需要处理声音和图像信息，不仅处理的数据量大，而且还要求很高的实时性。解决这个矛盾的根本办法是利用数据压缩编码和解码技术，同时采用大容量的光盘存储器。只读式紧凑光盘（CD-ROM）可存储多达 650MB 的数据，利用数据压缩技术可以在一张 CD-ROM 上存储足够播放 70 分钟视频图像的数据。

数据压缩技术不仅与计算机有关，而且还涉及到通信和电视技术。因此，其标准化就至关重要。例如，国际标准委员会制定的用于静止图像的 JPEG（Joint Photographic Experts Group）标准，以及用于运动图像连同音频信息的 MPEG（Moving Picture Experts Group）标准等。

（2）数字信号处理器

数据压缩需要进行大量的数据处理和计算，如果采用通用的处理器来进行数据压缩将难以满足实时性的要求。实时图像和声音的处理需要有高速数字信号处理器（DSP）、宽带数据传输装置、大容量内存和外存等硬件环境的支持。

(3) 实时多任务操作系统和窗口管理系统

在多媒体系统中，声音信号要求保持连续；视频图像要求以固定的速率显示，并且要求保持图像与声音的同步；要求同时处理多个实时事件等，因此就需要有支持声、文、图信号的实时多任务操作系统和窗口管理环境。例如，电视图像、伴音和解说声音就要求同时实时处理。

(4) 作者工具语言

它的作用是提供一种工具（软件环境），能对声音、文本、图形和图像等不同形式的数据进行综合管理，以便能方便地编辑、查询、生成所需形式的信息，并在各种电子媒体如 CD-ROM、硬盘等上存储和重复再现。Hypertext 就是目前十分流行的多媒体信息管理系统。

6.2.4 多媒体计算机的应用

多媒体计算机的主要应用领域有 5 个方面。

(1) 办公自动化（Office Automation）

这主要是指办公自动化和商业领域。应用多媒体技术进行产品的信息传播会收到更好的效果。

(2) 信息（Information）

以往大多数的信息类出版物，例如：百科全书、字典、地图册和参考书等都是以印刷在纸介质上的形式提供的，而现在，辅以光盘片为介质的电子类图书则具有更为广阔的应用前景。

(3) 教育（Education）

多媒体技术为计算机辅助教学（CAI）开辟了新的途径。音频、视频信息的处理功能使教学内容的表达更为形象、生动和有趣。同时，多媒体技术也是实现远程教学的一种有效手段。

(4) 创作（Creative）

多媒体计算机为人们的创作提供了新的工具。例如绘画软件使不懂艺术的人也可能绘出优美的图画；使用 MIDI 编辑软件可以方便地进行音乐创作等。尤其是各种光盘出版物中收集了大量优秀的音乐片段、艺术剪贴、摄影图片、图案商标和中西文字体等，这就为创作性的开发活动提供了大量有价值的参考资料。

(5) 娱乐（Entertainment）

多媒体游戏可以将活动图像、影片、各种特殊效果的声音等结合在一起，使计算机游戏更富有真实感，更令人激动和兴奋。

同时，多媒体也为文学创作提供了新的表现手法。

总之，多媒体计算机的应用十分广泛，20 世纪 90 年代多媒体技术对生产、生活和社会的影响，不亚于 20 世纪 80 年代的个人计算机。多媒体计算机的使用，对提高人们的工作效率和生活质量起到了很大的作用。多媒体技术的研究与开发，也将对国民经济的发展和科学技术的进步起着积极的作用。

6.3　数据库研究和应用的新领域

6.3.1　数据库技术研究的新特点

数据库是计算机科学技术中发展最快、应用最广泛的重要分支之一，它已经成为各种计算机信息系统和计算机应用系统的重要技术基础和支柱。然而，随着计算机应用领域的不断扩大、数据库技术的发展及用户对数据需求的多元化，传统的数据库系统已经不能完全满足一系列新的应用需求。

数据库技术的广泛应用，在不断地刺激了新的数据库应用需求产生的同时，也促进了诸多的大学、科研机构和著名的数据库公司开始进行新型数据库技术的研究与开发。

数据库技术与其他学科的有机结合，是新一代数据库技术的一个显著特征，使数据库领域中新内容、新应用和新技术层出不穷，在许多领域都取得了重要的研究成果，涌现出了许多新型的数据库。例如：

从数据分布来看，数据库技术与分布式处理技术相结合产生了分布式数据库；

从数据处理方式来看，数据库技术与并行处理技术相结合产生了并行数据库；

从数据库的应用领域来看，数据库技术与多媒体处理技术相结合产生了多媒体数据库；数据库技术与特定应用领域结合产生了工程数据库、空间数据库、科学数据库和文献数据库等专用数据库；数据库技术与人工智能相结合产生了演绎数据库、知识库和主动数据库等；

从数据模型来看，出现了新型的面向对象数据库系统（Object Oriented Database System，OODBS）。

数据库技术已经发展到一个新的阶段，通常称为第 4 代数据库，它们具有强大的数据建模能力、新的查询机制、强大的数据存储和共享能力、高级事务处理、主动服务和时间认知机制等特点，已经广泛地应用于现代信息系统、数据处理和 GIS 等领域。所以，了解当前数据库技术的新进展，研究数据库发展的新动向，分析各种新型数据库的特点，对数据库技术的研究和应用具有重大的意义。

下面介绍几个具有代表性的数据库新技术。

6.3.2　分布式数据库

1. 分布式数据库的产生

分布式数据库（Distributed Database，DDB）的出现是地理上分散的用户对数据共享的需求和计算机网络技术空前发展的结果。

自 20 世纪 70 年代以来，随着传统数据库技术的日趋成熟、计算机网络与数字通信技术的飞速发展，以及计算机局域网、广域网和国际互联网的广泛应用，地域上分散的公司、企业和组织等迫切需要远程交换和共享信息。于是，以数据分布存储和分布处理为主要特征的数据库系统的研究与开发受到人们的关注。同时，又由于计算机硬件和通信设备价格的不断下降，分布式数据库成了 20 世纪 80 年代数据库研究的主要方向，并取得了很多显著的成果。

分布式数据库管理系统（Distributed Database Management System，DDBMS）领域中的几个具有代表性的系统有：德国斯图加特大学在小型机网络上开发的分布式数据库管理系统

POREL，美国 ORACLE 公司的 SQL *STAR 和 INFORMIX 公司的 INFORMIX _ STAR 等。

2. 分布式数据库的定义

分布式数据库系统的基础是集中式数据库系统技术和计算机网络技术，但并不是说简单地把集中式数据库通过连网就能构成分布式数据库系统。在分布式数据库系统的研究与开发中，人们要解决分布式环境下数据库的设计、数据分配、查询处理、并发控制及系统的管理等多方面的问题。

在分布式数据库系统中，数据存储在几台计算机中，这几台计算机之间通过高速网络或电话线等各种通信设备相互通信，计算机之间没有共享的内存或磁盘。图 6.2 给出的是分布式数据库系统示意图。

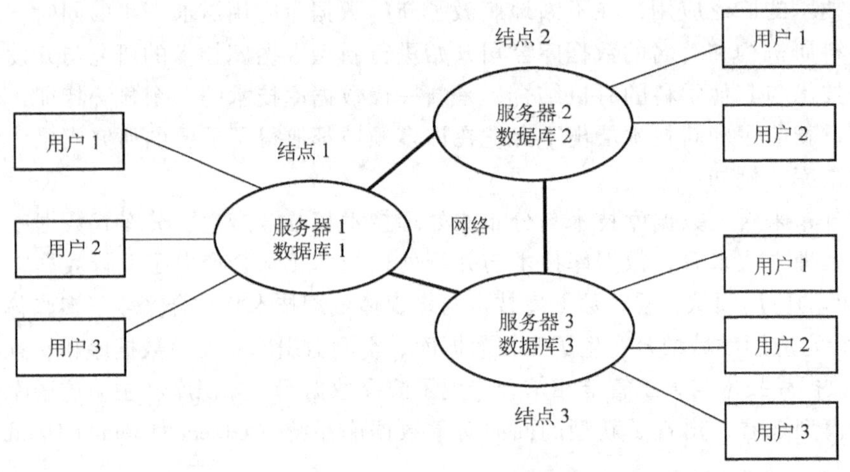

图 6.2 分布式数据库系统示意图

分布式数据库系统强调数据的分布性，也就是说，数据分布在计算机网络的不同结点上，但逻辑上属于同一个系统。各个结点具有高度的自治性，同时，又强调各结点系统之间的协作性。

随着信息技术的飞速发展，分布式数据库系统获得了广泛的应用。例如，在银行的通存通兑系统中，某用户可以通过访问该支行的账目数据库来实现现金的存取等交易，即实现所谓的局部应用，还可以通过计算机网络实现异地异行之间的现金转账等业务，即实现同时访问两个支行上的数据库的全局应用。

不支持全局应用的系统不能称之为分布式数据库系统。同时，分布式数据库系统不仅要求数据的物理存储分布，而且要求这种分布是面向处理、面向应用的。

所以，分布式数据库是由一组数据组成的，这组数据分布在计算机网络的不同计算机（结点）上，网络中的每个结点具有独立处理的能力，可以进行局部应用；同时，每个结点也能通过网络系统进行全局应用。

一个分布式数据库系统在逻辑上看就如同一个集中式数据库系统一样，用户可以在任何一个结点执行全局应用和（或）局部应用。

3. 分布式数据库的特点

分布式数据库系统具有以下一些特点。

（1）数据的物理分布性

数据库中的数据分布在计算机网络的不同结点上，而不是集中在一个结点上。因此，它不同于通过计算机网络共享的集中式数据库系统。

（2）数据逻辑整体性

分布在计算机网络不同结点上的数据在逻辑上同属于一个系统，因此，它们在逻辑上是相互联系的整体。

（3）数据冗余和冗余透明性

共享数据和减少数据冗余是集中式数据库系统的目标之一，为的是节省存储空间和减少额外开销。相对而言，分布式数据库系统则保留更多的冗余数据，以适应分布处理的特点。

冗余对用户来说是透明的，即用户并不需要知道冗余数据的存在。这种透明包括位置透明性和复制透明性。位置透明性是指用户和应用程序不必知道它所使用的数据在什么场地；而复制透明性是指在分布式数据库系统中，将部分数据同时重复地存放在不同的场地。这样，本地数据库中也可能包含外地数据库中的数据。

（4）结点自治和协调

系统中的每个结点都具有独立性，能执行局部的应用请求；每个结点又是整个系统的一部分，可以通过网络处理全局的应用请求。

（5）数据库的安全性和一致性

由于数据分布在各个结点上，而且存在一定程度的冗余，所以，各个结点之间的数据副本的一致性必须得到保证，否则，可能出现数据存取错误。

4. 分布式数据库的优缺点

根据分布式数据库的特点，它与集中式数据库相比具有以下优点：

（1）适合分布式数据管理与控制的需要

分布式数据库系统克服了地域上的障碍，使得在地理上分布的组织和机构，可以在其位于不同地点的分支机构对本地数据进行录入、查询、修改、更新和维护，同时，又可以方便地存取存放在其他场地的数据。

（2）性能得到改善

由于用户的常用数据放在用户所在地，从而，既缩短了系统的响应时间，又减少了通信开销；同时，由于冗余数据的存在，系统可以选择距离用户最近的数据副本进行操作，这样也减少了响应时间和通信开销。

（3）可扩充性好

当已经分散建立了若干数据库系统之后，为了充分利用数据资源，可以采用分布式数据库系统技术，在已建立的若干数据库的基础上开发全局应用，形成一个分布式系统。这比新建一个大型集中式系统要简单，既节省了时间，又节省了物力和财力。

尽管分布式数据库系统具有很多优点，但也存在以下缺点：

（1）系统实现复杂

由于数据库是分布在各个结点上，因此，在协调各个结点来完成用户的数据处理操作时，要比集中式数据库复杂得多。

（2）开销增大

分布式数据库与集中式数据库相比，增加了许多额外的开销，包括硬件开销——分布式数据库系统需要一些额外的硬件；通信开销——指通信本身所需要的时间和费用；冗余数据的潜在开销——分布式数据库系统中冗余数据虽然在可用性和效率方面给系统带来了好处，但在执行查询、更新等操作时，系统需要选择需要访问的副本及保证冗余副本的一致性等；此外，在保证数据的全局并行性、全局并行操作的可串行性、安全性和完整性等方面也需要额外的开销。

6.3.3 并行数据库

1. 并行数据库的产生及定义

随着数据库规模越来越大，数据查询越来越复杂，对数据库系统处理能力和速度要求也越来越高。

在20世纪80年代初，微型计算机及小尺寸的磁盘已经获得广泛应用，性能价格比和可靠性迅速提高。

在提高计算机速度方面，计算机工作者提出了并行的概念，从计算机体系结构的角度上提高计算机的运算速度，而不是一味地加快计算机芯片速度。

这些为解决数据库的硬件支撑和软件支撑提供了一个新的机遇。

用多磁盘并行操作以扩大I/O带宽，用多处理器并行处理以提高处理速度，以获得更高的运算效率，很自然地成为提高数据库系统吞吐量和减少事务响应时间的合理选择。并行数据库（Parallel Database System，PDB）由此应运而生，它是在并行计算机上运行的、具有并行处理能力的数据库系统。

2. 并行数据库系统的体系结构

并行数据库系统的体系结构与并行计算机系统的结构有关，可以分为4种：全共享并行结构、共享磁盘并行结构、无共享并行结构和分层并行结构。

（1）全共享并行结构

图6.3是全共享并行结构（Shared Everything，SE）的示意图。在该结构中，多个处理器通过高速通信网络相连，并共享磁盘和内存，它与单机系统的差别仅在于用多个处理器代替单个处理器。

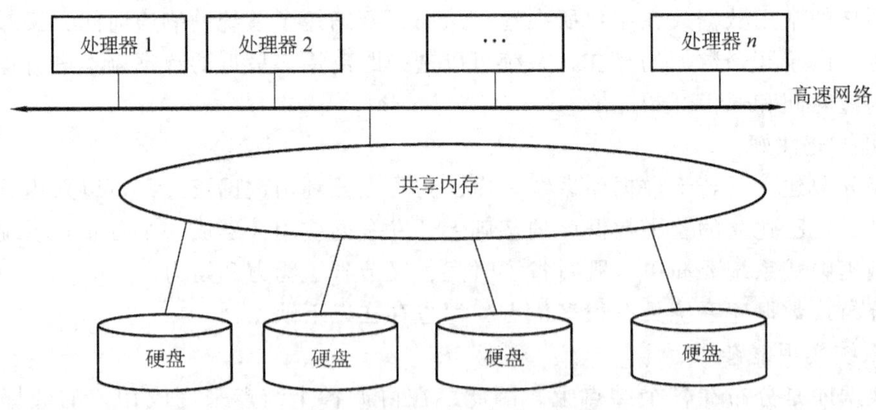

图6.3 全共享并行结构示意图

全共享并行结构的优点之一是处理器之间的通信效率极高。由于每一个处理器都可以直接访问共享内存中的数据，所以，处理器之间的消息传递可以通过读写内存数据来实现。这种结构的另一个优点是实现简单，负载均衡。

这种结构存在的问题是，当处理器的个数超过一定数量时，网络就会产生瓶颈。所以，这种体系结构的规模一般不超过 64 个处理器。

（2）共享磁盘并行结构

图 6.4 是共享磁盘并行结构（Shared Disk，SD）的示意图。在该结构中，每个处理器都有自己的内存，但磁盘是共享的，各个处理器都可以通过高速通信网络访问任一个磁盘。

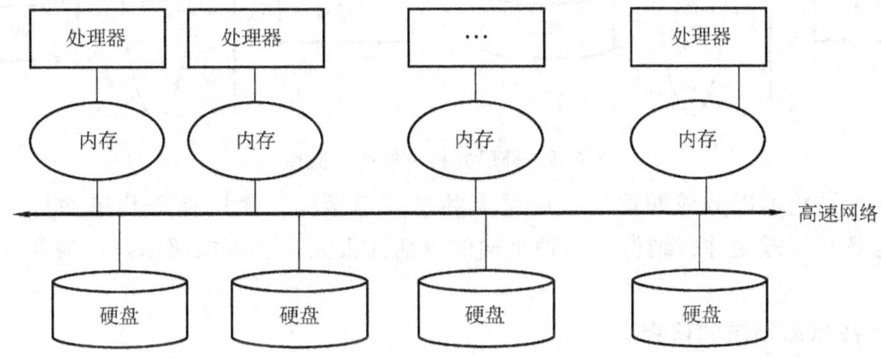

图 6.4　共享磁盘并行结构示意图

共享磁盘并行结构具有一定的容错能力，如果一个内存储器（或处理器）发生故障，其他内存储器（或处理器）可以替代它工作。

（3）无共享并行结构

图 6.5 是无共享并行结构（Shared Nothing，SN）的示意图。在该结构中，每个结点包括一个处理器、一个主存储器及若干个磁盘，组成一个完整的、相对独立的计算机系统。结点之间通过高速通信网络相连，各个结点间无共享的硬件资源。

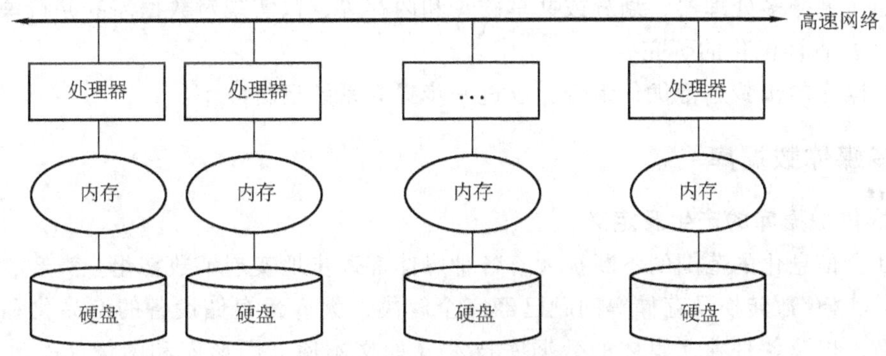

图 6.5　无共享并行结构示意图

在无共享并行结构中，由于处理器、内存和磁盘三者之间频繁的数据交换由结点完成，网络只是承担结点之间的数据交换，其通信负荷要远小于全共享并行结构，网络不再成为制约并行规模的关键因素。

（4）分层并行结构

分层并行结构（Hierarchical）综合了全共享并行结构和无共享并行结构等的特点，图 6.6 是分层并行结构的示意图。在该结构中，具有若干个全共享并行结构的结点，通过无共享并行结构连接在一起。

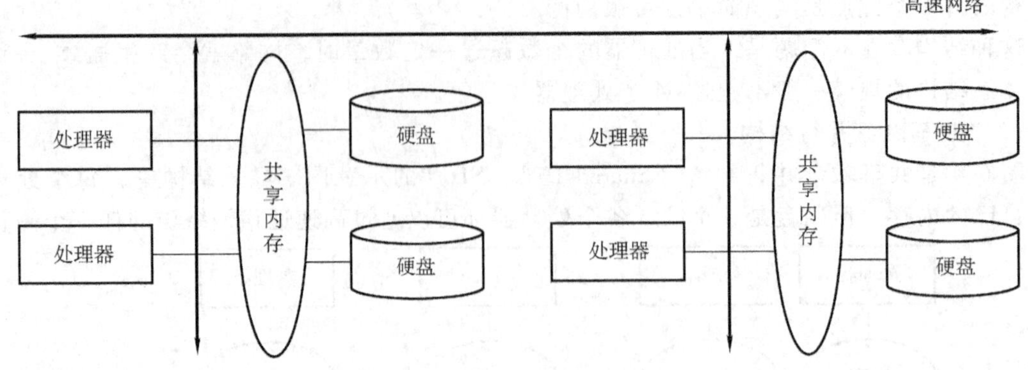

图 6.6 分层并行结构的示意图

分层并行结构可以分成两层，顶层是无共享并行结构，底层是全共享并行结构，实际上，底层也是共享磁盘并行结构。这种结构的灵活性很大，可以按照用户的需要，配置成不同的系统。

3. 并行数据库领域的研究

在并行数据库领域，虽然取得了一些成果，但还是有很多问题需要进一步地研究。主要包括以下几个方面。

(1) 并行体系结构

需要研究与并行计算机结构相一致的并行数据库的体系结构及相关的实现技术。

(2) 并行数据库的并行算法的设计与实现

主要是对各种并行算法的研究。

(3) 并行数据库物理存储结构的研究

研究如何划分多处理器、划分或共享磁盘和内存等，以实现对数据库的并行操作。

(4) 并行查询优化的研究

对并行操作的步骤进行优化组合，以进一步提高系统运行效率。

6.3.4 多媒体数据库

1. 多媒体数据库的产生及定义

随着社会信息化的范围的不断扩大，各种媒体都逐步地实现了数字化。声音、图像和视频等的采样、模/数转换及存储等问题已经完全解决，大容量存储设备的商品化和网络带宽的不断提高，以及各种独立媒体的数据库技术（如文本库、图形库和图像库等）的发展和研究为多媒体数据库系统的研究和开发奠定了重要的硬件基础，提供了基本的技术保障。

多媒体数据库是把组织在不同媒体上的数据一体化的技术，主要研究并实现对多媒体数据的综合处理，包括对多媒体对象的建模、对各种格式化和非格式化的多媒体数据的获取、存储、管理和查询等。

2. 多媒体数据库的基本功能

1）多媒体数据库应该能够表示多种媒体数据。各种媒体数据所固有的特性决定了其在计算机内的表示方法。对常规的格式化数据的表示相对比较简单，但对非格式化的图形、图像和声音等数据的表示就比较复杂，需要根据多媒体的特点来决定表示的方法。可见，在多媒体数据库中，对非格式化的数据往往要用不同的形式来表示。

多媒体数据具有数据量大、类型多样，以及表现时具有时、空性质等特点。但作为多媒体数据模型则应该提供统一的概念，既要在用户使用时屏蔽各类媒体间的差异，又要在具体实现时考虑各种媒体的不同。

2）多媒体数据库应该能够协调处理各种媒体数据并正确识别各种媒体数据之间在空间或时间上的关联。

在多媒体数据库管理系统中，除了要对多媒体数据的内容和结构建模外，还要提供对各种媒体数据的特性和集成机制的时空关联的组织和管理方法。各种媒体数据在播放时应该保持良好的协调关系。

3）多媒体数据库应该提供比传统数据管理系统更强的、适合非格式化数据查询的搜索、浏览等功能。

期望的多媒体查询语言应该能够表达复杂的时空概念；而信息检索可能引入基于内容的检索方法，允许不精确检索等。

4）应该具有大容量、高带宽的存储器系统。多媒体数据库容量相当庞大，而输入/输出又相当频繁，从而对存储器系统提出了更高的要求。

3. 多媒体数据库的应用领域

多媒体数据库是最具有吸引力的一种技术，目前在各行各业都有应用，例如：电视点播、数字图书馆、电子商务、教学和培训、远程医疗和多媒体文档系统等。

6.3.5　面向对象数据库

面向对象数据库系统（Object Oriented Database System，OODBS）是数据库技术与面向对象程序设计方法相结合的产物。

1. 面向对象数据库的产生

由于数据库技术在商业领域的巨大成功，使得数据库的应用范围迅速扩展。20 世纪 80 年代以来，出现了大量的新一代数据库应用，人们在探究支持新一代数据库的技术和方法，以研制和开发新一代数据库管理系统。

面向对象的程序设计方法在包括程序设计语言、软件工程等在内的计算机的各个领域中都产生了深刻的影响，也给数据库技术带来了新的发展机会和希望。人们发现，把面向对象的程序设计方法与数据库技术相结合，能有效地支持新一代数据库的应用。于是，面向对象的数据库系统研究便应运而生了。

2. 面向对象数据系统

面向对象数据库系统支持面向对象数据模型（OO 模型）。

面向对象方法在数据库中得到了广泛的应用，主要原因在于面向对象模型能够更好地描述复杂对象，更好地维护复杂对象的语义信息。

一个面向对象数据库系统是一个持久的、可以共享的对象库的存储和管理者；而一个对象库是由一个面向对象数据模型所定义的对象的集合体。

面向对象的数据库系统在逻辑上和物理上实现了从面向记录转变为面向对象、面向具有复杂结构的一个逻辑整体；允许用自然的方法，并结合数据抽象机制，在结构和行为上对复杂对象建模，从而大幅度提高了管理效率，降低了用户使用的复杂性。

6.3.6 对象—关系数据库

1. 面向对象数据库存在的问题

尽管面向对象的数据库系统具有很多优点，但目前，面向对象的数据库系统并不十分理想，真正商品化的系统还不多见，远未被广大用户所接受。其中的原因主要有：一方面用户已经非常熟悉关系数据库的各种使用方法，这种习惯仍要持续一段时间；另一方面，面向对象的数据库系统还存在一些问题，尤其是缺少有力的查询优化语言。

2. 对象—关系数据库的产生

由于上述原因，人们开始研究一些中间产品，其中之一就是对象—关系数据库（ORDBMS），它结合了关系数据库技术与面向对象技术。

对象—关系数据库是将传统的关系数据库加以扩展，增加面向对象的特性。这种系统既支持已经被广泛使用的SQL，具有良好的通用性；又具有面向对象特性，支持复杂对象和复杂对象的复杂行为，是对象技术与传统关系数据库技术的一种融合。

3. 对象—关系数据库特点

对象—关系数据库除了具有原来关系数据库的种种特点外，还具有以下特点：

(1) 允许用户扩充基本数据类型

允许用户根据应用需求自己定义数据类型、函数和操作符。

(2) 能够在SQL中支持复杂对象

能够支持由多种基本类型或用户定义的类型所构成的对象。

(3) 支持继承

能够支持子类对超类的各种特征的继承。

(4) 提供通用的规则系统

能够提供功能强大而通用的规则系统，并且规则系统与其他对象—关系处理方式相统一。例如，规则中的事件和动作可以是任意的SQL语句等。

4. 面向对象数据库管理系统与对象—关系数据库管理系统的区别

面向对象数据库管理系统的目标是适合于以对象为中心的应用，数据库应用的设计、开发和使用始终是以对象为中心的；而对象—关系数据库管理系统以优化大数据集合操作为重点，虽然支持面向对象的特征，但不是以对象为中心。

5. 对象—关系数据库系统的实现方法

对象—关系数据库系统的实现方法主要有：

(1) 从头开发对象—关系数据库管理系统

采用面向对象的技术，结合关系数据库系统的思想，从头开发对象—关系数据库系统。这种开发方式比较费力，需要付出的代价非常高。

(2) 扩展现有的关系型数据库管理系统

在现有的关系型数据库管理系统的基础上进行合适的扩展，形成对象—关系数据库系统，是比较切实可行、也是最主要的和最有效的方法。目前主要的扩展方法有两种：

1) 从关系型数据库管理系统的核心进行扩充，逐渐增加对象特性。

这种方法相对比较安全，开发出来的新系统的性能也比较好，既有明显的关系特征，也有突出的面向对象特征。许多关系数据库系统厂商都采用这种方法，推出最新版本的对象—

关系数据库系统。

2）不修改现有的关系型数据库管理系统核心，而是在外面加上一个包装层。

由包装层提供对象—关系型应用的编程接口，并由包装层负责将用户提交的对象—关系型查询转换成关系型数据库管理系统的查询，再送给核心的关系型数据库管理系统处理，最终将处理结果转换后交给基于对象—关系数据库的应用程序。

这种方法会因为包装层（转换功能）的存在而使系统效率受到一定的影响。

随着新技术的不断出现，面向对象技术与关系数据库技术的结合更加完美。目前，主流数据库商家，如 IBM、Oracle 和 Sybase 等的产品均逐步完善成为对象—关系数据库管理系统。

6.3.7　工程数据库

1. 工程数据库的产生

随着 CAD/CAM 技术及计算机集成制造系统（CIMS）在机械、电子、化工、建筑和航天等领域的广泛应用，工程设计和制造中的数据管理逐步由数据库管理系统取代了文件管理系统。由于工程活动的多变性、设计工程的反复试探性，要求数据库管理系统支持丰富的语义和复杂的数据模型。

而传统的层次、网状和关系数据模型在复杂的工程应用中都存在不足。例如：层次数据模型的中间层部件的相互调用和底层部件的调用不易实现；网状数据模型数据的存取需要程序员导航；关系型数据库不允许嵌套定义，即关系范式中规定“表中不允许再有表”，这就缺乏直接描述实体内部的结构关系和有效的数据处理手段。显然，传统的数据库管理系统已经不能满足工程设计的应用需求。因此，从 20 世纪 70 年代末开始出现了工程数据库管理系统。

工程数据库管理系统（Engineering Database Management System, EDBMS）主要是解决有关工程对象的复杂表示和数据库的建模、大容量及复杂对象数据的快速存取、对象之间的关系导航等，以满足计算机辅助设计、特别是计算机集成制造系统中各种单元系统集成的需要。

2. 工程数据库的特点

工程领域中的数据管理与传统的面向事务型的数据管理是不同的，主要有以下一些特点。

（1）复杂的数据类型

工程数据的多样性、工程对象本身的系统性等特点，使得工程数据庞大而复杂。例如，建筑工程中的环境规划图、建筑渲染图和设计方案等。

工程数据包括设计环境数据和设计对象数据。设计环境数据主要指设计规则、设计方法、标准元素和设计条件等；而设计对象数据主要指设计产品定义、设计约束控制、产品性能、产品要求、经济核算和设计方案优化等。

工程数据库中的数据主要分为 3 种：信息管理数据、工程数据和产品模型数据。工程数据库管理系统一方面要存储和管理普通信息，如标准部件、材料特性和规格要求等，以及基本标准数据类型，又要存储和管理非结构化的变长数据以及设计过程中产生的新部件、新结构和由它们产生的组装设备。

因为基于传统数据模型的数据库管理系统难以用自然的方式对复杂对象进行描述、操纵、检索、调度和使用，所以，在工程数据库中，为了反映各种设计语言和设计层次，特别是复杂对象之间的互联关系，允许用户定义任意复杂的数据结构，既有层次之分，更有网状结构。此外，工程中关于知识和规则的数据表示和存取，特别是许多事实知识（设计和生产经验）本身就存在描述的模糊性，这就使设计对象或管理对象具有复杂的逻辑关系和不确定性。因此，工程数据的表示是非常复杂的。

（2）动态模式的数据

传统的数据库设计在需求分析和概念结构设计后，就可以确定模式，并依据模式建立数据库。模式是相对静止的。

工程数据库设计是反复试探和交互式的设计过程，一些数据是在工程设计过程中随着设计行为的展开而动态产生的，并且直接关系到工程结果的数据，如力学模型、结构分析计算等。所以，工程数据库结构模型具有动态构造的性质，它允许在设计过程中动态定义子模式，由子模式复合的模式也是动态的，可能直到工程对象最终结果产生出来，数据库模式的构造才完成。

（3）特殊的数据处理需求

工程设计是试探性的过程，具有反复性、尝试性和发展性；而且，有些设计往往是对范例的修改，有些设计还可能产生多个不同的设计方案，每个设计方案称为该对象的一个版本。这就要求保留和管理设计的历史、不同的设计方案和动态变化的模式等。因此，工程数据库在运行方式上有版本控制的要求。

（4）数据管理的一致性

由于工程数据的复杂性，在数据演变的过程中，必须保证维护数据状态的一致性，包括：数据类型、阈值、设计条件和安全限制等。同时，由于工程数据的试探性和反复性，在一定范围内可以允许数据的不一致，但这种不一致是暂时的，数据库的最终状态应该是一致的。

上述这些特点使得工程数据库管理系统的结构和数据模型都不同于传统的数据库管理系统。

6.3.8 空间数据库

空间数据是指二维、三维或更高维的空间坐标及空间范围的数据，如地图的经纬度、城市等。空间数据模型是描述空间实体和空间实体之间关系的数据模型。

关系数据库模型中，没有存储空间数据的位置，只能处理一维的属性数据。与传统的数据处理相比，空间数据库的处理是一项时间和空间开销更大的操作。一般来说，空间数据库可以用传统的数据模型加以扩充和修改来实现，空间数据库是在关系型数据库内部对空间数据进行物理管理。也可以用面向对象的数据模型来实现空间数据库。

空间数据库有以下一些特点。

（1）空间数据模型

空间数据库常用的空间数据结构有矢量数据结构和栅格数据结构两种。

在矢量数据结构中，一个区域划分成若干个多边形，每个多边形由若干条线段或弧组成。每条线或弧包含两个结点，其位置用 X、Y 坐标表示。空间的点、边、线和面等之间的关系可以用隐式或显式的方式来表示。矢量数据结构数据存储量小、图形精度高、容易定义单个空间对象，但是处理空间关系比较费时。常用于描述图形数据。

在栅格数据结构中，实体位置用网格单元的行和列标识，其每个元素（灰度）与实体的特征相对应。栅格数据的表示简单，且容易处理空间位置关系，但数据存储量大。常用于描述图像数据。

（2）空间数据查询语言

空间数据查询除了常规的属性查询外，还有位置查询、空间关系查询等，这两种查询是空间数据库特有的，包括点、线和面之间某种组合的查询（如面面查询等）。开发空间查询语言的目的就是为了正确表达各种空间查询请求。

（3）空间数据库管理系统

空间数据库管理系统的主要功能是：提供对空间数据和空间关系的定义和描述、空间查询语言、对空间数据的存储和组织和对空间数据的直观显示等。

空间数据库管理系统看似很复杂，实际上理解空间数据库的基础和工作原理是非常简单的。

空间数据库管理系统将数据（矢量、栅格等）存储在商业数据库管理系统中，可以有一个完整的数据管理策略，极大地简化了支持和维护过程，减少了费用。

目前，支持多用户的空间数据库访问的 ArcSDE 可以基于 Oracle 或 Microsoft SQL Server 等。

6.4 数据仓库

6.4.1 什么是数据仓库

数据库技术的成果令人瞩目，但它们仅涉及到信息处理和管理的表面，即它们只提供了信息获取与存储的部分功能。管理系统的最终目标还应该包括为用户（个人或组织）制定决策提供有用的和实时的信息。

数据仓库技术是近十几年来出现的、发展迅速的一种流行的关键技术，它可以充分利用数据仓库中已存储的数据，并帮助用户从大量的数据中提取有用的信息，以支持决策等应用。

所谓数据仓库（Data Warehouse），就是把一个单位的历史数据收集到一个中央仓库中以便于处理。

目前，数据仓库的定义还不统一，公认的数据仓库之父 W. H. Inmon 将其定义为“数据仓库是支持管理决策过程的、面向主题的、集成的、随时间而变的、持久的数据集合，是当今信息管理中的主流趋势”。

数据仓库技术是一个企业决策支持系统必不可少的部分，在电信、移动通信、邮政业务、图书馆、企业信息系统建设、股票交易数据分析、地区电力调度和网管系统等多方面都获得了广泛的应用。

6.4.2 操作型数据与分析型数据的区别

在任何一个商业机构中，都有两种类型的数据。一种是“操作型数据”，它包含执行日常业务所需的必要信息。另一种是“分析型数据”，它帮助管理人员研究业务、确定业务运行情况、指出问题所在或挖掘机遇等。

操作型数据与分析型数据在用途和使用方面有着显著的差异。

1）操作型数据必须总是即时的、精确的。

当一名顾客付了账单后，账目接收文件必须被立即更新以表明目前的账目收支平衡状况。当存货被出售后，库存记录必须被立即更新以表明最新的存货数量。

操作型数据必须永远不得陈旧。

2）分析型数据必须是相对静态的。

分析型数据必须被保护起来，以避开一时一个样的操作型数据的变化的影响。

分析型数据必须是相对静态的，否则，在上午9：00运行的一个分析在9：05就不能被重复进行了，这样的话，就永远不能进行有意义的比较，因为数据成了一个移动的目标。

分析型数据对某一时刻来说不是精确的，但对一个特定的时间段来说是精确的。例如，昨天营业结束时、上周、上个月和去年等。

3）操作型数据必须聚焦在树木而不是森林。

一个顾客并不关心上周13%的顾客订购了同样的产品，他只想确保他自己的定货能够准时送达。

4）分析型数据必须允许用户聚焦在森林而不是树木。

如果不从10000个定货记录中得出有意义结论的话，那就没有太大用处。

所有这些说明了操作型数据和分析型数据差异太大，不能将其保存在一起。一个好的分析型数据可能会导致一个糟糕的操作型数据；而一个好的操作型数据又可能会导致一个糟糕的分析型数据。解决的办法倒是出奇地简单：别把操作型数据与分析型数据混在一起，相反地，要维持各自单独的操作型和分析型数据库。

6.4.3 数据仓库与数据库的区别

数据仓库与数据库是不同的，后者支持多种方式的在线事务处理（OLTP），而前者具有以下的特征。

（1）面向主题

它可以根据最终用户的观点组织和提供数据，而大多数数据库系统只能按照应用的观点组织数据，因为这样可使应用程序访问数据的效率更高一些。

（2）管理大量信息

大多数数据仓库包含历史数据。

由于数据仓库必须管理大量信息，因而它就要提供概括和聚集机制来对巨大的数据容量进行分类。也就是说，数据仓库要在粒度的不同层次（At Different Levels of Granularity）上管理信息，需要将大表划分成若干个小表，需要进行查询并进行优化，需要高效的索引、连接、读取和存储操作，需要提高磁盘空间的管理性能。简而言之，数据仓库可以使用户在“森林中找到所需要的树木”。

由于需要管理所有的历史数据和当前数据，所以，数据仓库的容量要远远大于数据库的容量。

（3）信息存储在多个存储介质上

因为必须管理大量的、不同的信息，所以，数据仓库中的数据往往存储在多个不同的存储介质上。

（4）跨越数据库模式的多个版本

因为数据仓库必须存储和管理历史数据，这些历史信息都在不同时间的数据库模式的不同版本之中，所以，数据仓库有时还必须处理来自不同数据库的信息。

（5）信息的概括和聚集

通常的数据库中存储的信息对于做出决策似乎过于详细，数据仓库可将信息进行概括和聚集，并以人们易于理解的方式提供出来。

(6) 从许多数据来源中将信息集成并使之关联

由于要管理本单位的历史信息，且在操作这些信息时要涉及到多个应用程序和多个数据库，所以，数据仓库需要收集和组织这些应用程序多年来获得的数据。

下面介绍在决策分析方面非常成功的一个系统——SAS（Statistical Analysis System，统计分析系统）。

6.4.4 统计分析软件包 SAS

1. 什么是 SAS

人类社会正处于信息时代。如何利用现代化的手段对大量的数据资料进行加工、处理，并提取出有用的信息，从而为科学管理及促进科学发展提供可靠的依据，是一件极其重要的工作。

由于对数据的分析大多是基于基本的统计分析原理进行的，所以，国内外许多学者多年来编制了许多统计软件包，SAS 软件包就是诸多统计软件包中的佼佼者。它是目前使用最广泛的一种统计软件包，已被广泛用于自然科学和社会科学领域中的数据管理与数据分析处理。

SAS 是一个用于数据分析、决策支持的大型集成信息系统。它是美国 SAS 研究所于 20 世纪 60 年代开始研制、并于 1976 年推出的一个优秀的统计分析系统。最初的 SAS 只能运行于大型机上，1985 年开始推出在 VAX 机和 IBM PC-XT 及其兼容机上运行的 SAS 版本。

在世界各地，SAS 用户非常多。SAS 协会（SAS User Group International，SUGI）每年都要召开会议对该软件的使用进行交流和研究。SAS 研究所每年都在不断改进 SAS。

2. SAS 的组成及功能

SAS 的功能强大，资料丰富，是一个将计算机技术与统计学完美地结合在一起的范例。SAS 是一个模块化、集成化的应用软件系统，使用 SAS 可以实现对数据的完全控制和充分运用。

SAS 主要完成以数据为中心的 4 大任务：数据管理、数据分析、数据呈现和数据访问。

SAS 主要由下面几部分组成：

(1) SAS 数据库部分

主要由 SAS/BASE 模块提供常见的商业型数据库管理功能，是 SAS 的基础，所有其他模块必须与之结合起来使用。

(2) SAS 分析核心

这一部分是 SAS 的灵魂，也是 SAS 与其他各种软件系统的本质区别。换而言之，SAS 分析与决策支持功能是严肃的、权威的，这一点无论是从商业应用方面还是科学研究方面都是可以确认的。

属于这部分的模块有：统计（SAS/STAT）、预测（SAS/OR）、规划管理（SAS/IML）等功能模块。

(3) SAS 开发及呈现工具

SAS 提供了便捷的、面向对象的开发工具，该工具支持客户/服务器的应用开发。属于这部分的模块有图形（SAS/GRAPH）等。

(4) SAS 对分布处理模式的支持及其数据仓库设计

属于这部分的模块有 SAS/ACCESS、SAS/CONNECT、SAS/SHARE 等，以实现与其他数据库的接口等。

用 SAS 处理数据时，数据必须在 SAS 数据集中，这样才能利用 SAS 过程去分析它们。

SAS 的功能主要有：

1）SAS 软件包可对数据进行一般描述的统计分析、分类统计检验、分布评价、可信区间计算、方差分析、因子分析和回归分析（包括 Logistic 回归分析）等多因素统计分析，也可进行时间系列分析。

2）由于 SAS 系统在处理数据过程中与磁盘不断地交换数据，因此它可以处理大样本、多变量的数据，样本数由磁盘空间所决定。

3）数据处理精度达小数点后 11 位。

4）SAS 具有 14 种数据的输入/输出格式。

5）SAS 在商业分析、人口分析等方面，特别是在管理决策方面越来越显示出其非凡的能力。

3. SAS 的特点

（1）信息存储方便

SAS 能读任何形式的数据值，然后在 SAS 数据集中对数据进行组织和整理，数据集（库）中的数据包含了数据的值和对它的描述。SAS 数据集（库）的这种特殊的结构使对数据集的维护量减至最小。

（2）语言编程能力强

SAS 有 100 多种函数，并有各种算术和逻辑运算符，可以使用赋值语句、条件语句、数组和循环语句等对变量进行各种操作。

SAS 语言的功能很强，其程序的书写自由简洁。

（3）对数据连续处理

SAS 能从几个数据集中组合变量值和观测值，建子集，连接、合并和修改数据值，它同时能处理多个输入文件。

SAS 可以对信息连续处理，它可以存储一个会话的结果或中间结果以便以后使用。

（4）统计分析方法丰富，使用简单

SAS 是一个出色的统计分析系统。从简单的概率统计到复杂的多变量分析，它汇集了大量的统计分析方法，并编制了大量的使用简单的统计分析过程。

（5）报表输出能力强

几乎每个 SAS 过程都以漂亮清晰的格式输出结果，SAS 用户也能以任何形式设计产生打印报告，包括在磁盘上输出文件。

（6）宏功能

SAS 有较 dBASE 更强的宏代换功能。如果需要多次做类似的工作，而其中只是参数不同，则可以使用宏功能定义宏体，在宏体中可以使用宏变量。然后，就可以使用不同的参数调入宏体，从而大大地简化了程序的编写。

（7）SAS 过程选单系统

为了使不论是初学者还是经验丰富的程序员都能容易地使用每一个过程，SAS 设计了过程选单系统。这个系统是由填空画面组成。按照画面上的句法，用户能够学习如何去使用这个过程，而不必记住他们调用某一过程时需要使用的各种选择项。

6.5 办公自动化

6.5.1 群件的概念

网络技术和软件技术的飞速发展，特别是 Internet 和 Intranet 技术的普及，使得群件的应用范围日趋扩大。那么群件到底是一个怎样的概念？Lotes Notes 作为群件产品又与 Lotes 1-2-3 及 Office 办公软件有何不同呢？

为了实现管理与办公自动化，虽然已经有了许多应用软件提高了个人的办公效率，如 Lotes 1-2-3 和 Office 系列等，但是这些办公软件基本上都是针对于个人办公。而在现代化的办公和管理中，需要许多人协同工作。而协同工作就需要进行信息的交流、工作的协调与合作。

群件就是针对群体工作开发出来的产品，其目的是为了促进群体的交流和资源的共享，充分提高群体的工作效率。这里所说的群体，包括在地理上分布很广、甚至分布在地球上的各个地方，以至于工作时间都可能不一样的一群工作人员。

6.5.2 什么是 Lotus Notes

Lotus Notes 通常被称为群件，它可以使一组人员集成他们的知识、工作过程和应用系统，以获取更好的商业效应。

Lotus Notes 是一个文档数据库管理系统，其最基本的元素就是单独的文档。Lotus Notes 的文档既可以包括结构化（信息能够用数据或统一的结构加以表示）的内容，也可以包括非结构化（如图像、声音等难以用数字或者统一的结构表示的信息）的内容。所以，Lotus Notes 能够存储、管理和处理关系型数据库或者其他数据库无法存储和管理的各种数据。

群件是一个集通信处理、文档存储和丰富的应用环境于一体的软件，它支持在各种不同计算机平台和包括 Internet 在内的各种网络之间共享各种类型的数据。

6.5.3 Lotus Notes 的主要特点

Lotus Notes 是一种网络应用软件，它集成了先进的电子邮件、分布式文档数据库、自动化的 Web 生成和管理功能，并有强大的开发功能，它支持多种网络协议及跨平台操作。Lotus Notes 对促进企业管理和生产的信息化与自动化、提高企业的生产与运行效率是非常有效的。

Lotus Notes 的功能很强，下面介绍几个主要特色，从中可以对 Lotus Notes 有一个大概的了解。

（1） Lotus Notes 的数据管理功能强大

所谓结构化数据是指能够用统一的结构加以表示的数据。而非结构化数据是指难以用数字或者统一结构表示的数据，如图像、声音或包含大量附加信息（如排版信息）的文字信息。非结构化数据包含结构化数据，但又不止是结构化数据；结构化数据是非结构化数据的特例。Lotus Notes 采用文档数据库的概念管理非结构化数据。

（2） 文档数据库

Lotus Notes 是一个文档数据库管理系统，Lotus Notes 数据库的基本元素就是文档。这里的文档和关系数据库中的记录类似。

Lotus Notes 文档的结构是由表单（Form）定义的，而表单由一组字段域组成。

用户通过视图（View）浏览文档。

因为 Lotus Notes 文档数据库的基本元素就是文档本身，而 Lotus Notes 文档可以同时包含结构化的数据和非结构化的信息，所以，Lotus Notes 能够存储和管理类似文档这样的非结构化数据。而传统的数据库管理系统，对于非结构化信息的管理则显得力不从心。由于采用了文档模型，Lotus Notes 向用户提供了大量有用的管理非结构化信息的工具。

（3）复制功能

群件平台的一个最基本的特征就是支持工作组成员跨越时空界限共享信息。工作组成员常常分布在不同的岗位，有时甚至跨越了省、市和国家。为了支持本地成员方便、快捷和经济地访问数据，每一个工作地点通常都需要配置本地服务器。

群件平台利用复制技术将位于远程服务器上的数据库定期地“复制”到本地服务器上，而无需用户时时连接到异地服务器上，即复制技术可保持信息的同期更新。在功能和效率方面，Lotus Notes 的复制技术是无法比拟的。

（4）多平台支持

如果 Lotus Notes 只能在少数几个计算机平台上运行，势必会限制它的应用范围。幸运的是，Lotus Notes 具有独立于平台的特征。

Lotus Notes 几乎支持业界所有主流的操作系统和网络协议。

Lotus Notes 服务器支持多种操作系统平台，如 Windows、Novell Netware 和 UNIX 等。

Lotus Notes 客户端也支持多种操作系统平台，如 Windows、UNIX 等。

Lotus Notes 支持更多的传输协议：TCP/IP/MIME、X. 25 和 Apple Talk 等。

（5）可伸缩性

为适应不同用户的需要，Lotus Notes 具有良好的可伸缩性，它向用户提供了多种不同的配置选择。

Internet/Intranet 是当今最流行的热门话题之一，基于 Internet/Intranet 上的种种应用也正如火如荼地进行着。群件 Lotes Notes 是一个完全支持 Internet/Intranet，且面向业务流的文档数据库管理系统。Lotes Notes 作为当前办公自动化的主流平台之一，受到越来越广泛的重视。

6.6 程序设计语言

6.6.1 程序设计语言的发展

在计算机行业中，通常用几代语言来描述程序设计语言的发展。

第一代编程语言（1GL），即机器语言，是计算机能够直接执行的语言，命令是由 0 和 1 组成的串。第一代编程语言的特征是面向机器。

第二代编程语言（2GL），即汇编语言，命令是采用一些助记符形式（如 ADD 表示加法运算），由汇编程序将汇编语言转换成机器语言。第二代编程语言虽然用针对指令的符号代替二进制代码，但其仍然是面向机器的。

第三代编程语言（3GL），即高级编程语言，如 Basic、C、Pascal 等，编译器会把一个具体的高级编程语言的语句转换为机器语言。第三代编程语言的特征是面向开发者。

第四代编程语言（4GL），它是比 3GL 更为接近于自然语言的程序设计语言。访问数据库的语言通常称为 4GL。

第五代编程语言（5GL），是利用可视化或图形化接口编程，从而生成一种原语言，这种原语言通常用 3GL 或 4GL 语言编译器来进行编译。例如微软等公司就生产了一些 5GL 可视化编程工具，这些工具可以用 Java 语言来开发一些应用程序。可视化编程可以使用户很容易地想像出面向对象编程的类层面，并且可以用一些拖拉式图标来装配程序组件。

6.6.2 Visual Basic

人们希望有一种语言工具，在 Windows 下编程就像在 DOS 下使用 Quick Basic 编程那样方便。应运而生的就是微软公司 1991 年推出的 Visual Basic——可视化的 Basic。

Visual Basic 体现了许多先进的编程思想，它的方法新鲜奇特，用它可以很容易地编写出专业化的 Windows 应用程序，且编写出的程序在运行速度上丝毫不逊色于用 C ++ 编写的程序。

Visual Basic 的另一个为人称道的优点是：特别好学，使用方便。

Visual Basic 编程系统用一种非常巧妙的办法将 Windows 编程的复杂性封装了起来，它综合运用了 Basic 语言和新的可视化开发工具，它既未牺牲 Windows 为之闻名的优良性能和图形工作环境，又提供了编程的简易性。研究如何用 C ++ 编写程序可能需要几个月的时间，但当用户借助一本好的参考书学 Visual Basic 时，会发现用一两天便能入门，一个月以后便可以编写非常专业化的软件了。

Visual Basic 的编程效率和编程的简易性受到一致的赞美。使用 Visual Basic，不论是书写程序还是调试程序，都非常简单。这使它成为公认的编写 Windows 应用程序的最好用、最受欢迎的编程环境之一。

6.6.3 Visual C ++

Visual C ++ 是微软公司于 1993 年 5 月推出的新一代程序设计语言，可用于 16 位及 32 位环境下的程序设计。

由于面向对象方法增加了程序的可靠性、可扩充性和可维护性，并大大提高了程序员的编程效率，因此，面向对象技术已经成为程序设计方法的主流。进入 20 世纪 90 年代以来，大多数的高级语言都已经实现了面向对象的扩充，如 Basic、C、Pascal 等。面向对象语言的标准已逐渐形成，其中 C ++ 由于既保持了 C 语言的高效，又对 C 进行了非面向对象和面向对象的扩充，因此，成为受到普遍欢迎的面向对象的语言，并且成为了事实上的标准。

Visual C ++ 是为了支持大规模的软件开发而设计的，提供了功能完善的 C ++ 源码调试器、集成开发环境和类库。在此软件中，支持对象、类、方法、消息、子类和继承性等面向对象的机制。Visual C ++ 完全在 Windows 环境下工作，分别使用 C 和 C ++ 语言可设计不同类型的程序。

（1） MS-DOS 应用程序

运行时，Windows 将切换回 DOS 环境，列出运算结果，然后又立即返回到 Windows 环境。

（2） Windows 应用程序

为了在 Windows 环境中运行而编写的程序，并使用 Windows 应用程序接口（API）函数来完成其任务。

尽管 C ++与 C 最明显的区别是它支持面向对象的程序设计，但新的语言在非面向对象的特性上也作了许多改进。例如，C ++允许在分程序内可执行代码之后出现变量说明，而不一定必须在程序的开始处对要使用的每一个变量加以说明，即程序员可在分程序内第一次使用某变量的地方对变量进行说明。

但用 C ++之类的语言工具去开发 Windows 应用程序并不是一件简单的事情。以往在 DOS 环境下用很少代码就能解决问题的程序，若移植到 Windows 环境下，程序的长度要扩充很多。

Visual FoxPro、Visual Basic 和 Visual C ++等一起组成了 Microsoft 公司的 Visual 系列开发工具，并与其他一些开发工具一起以 Visual Developer Studio 的形式推向市场，获得了极大的成功。

6.6.4 BORLAND C ++

1988 年 Borland 公司在受到普遍欢迎的 Turbo C 的基础上，推出了最新的、面向对象的程序设计软件包——Borland C ++2.0。它继承并发扬了原来 Turbo C 集成环境的优良特性，又包含了面向对象的思想和设计方法，也是目前深受欢迎的、面向对象的程序设计软件包。

Borland C ++与 Turbo C 兼容，它的库函数和集成环境都与 Turbo C 很相似、或者几乎相同，所以用 Turbo C 编写的程序可以很容易地移植到 Borland C ++中来。

6.6.5 MATLAB

随着控制理论的迅速发展，控制效果的要求越来越高，控制算法越来越复杂，控制器的设计也越来越困难。因此，在这种情况下，若只是依靠简单的运算工具，是难以达到预期效果的。

随着计算机技术的飞速发展，出现了许多优秀的计算机应用软件，在控制系统计算机辅助设计领域也是如此。控制系统计算机辅助设计（Computer Aided Control System Design, CACSD）从成为一门单独的学科以来至今已经有 30 多年的历史，在其发展过程中出现了各种各样的理论成果和实用工具，MATLAB 就是国际控制界最流行的控制系统计算机辅助设计语言。

MATLAB 是 MATrix LABoratory（即矩阵实验室）的简称。它除了具有传统的交互式编程功能之外，还提供了丰富可靠的矩阵运算、图形绘制、数据处理、图像处理及方便的 Windows 编程等便利工具，特别是，看起来那么烦琐的矩阵运算，在 MATLAB 下却变得令人难以置信的简单；同时，利用 MATLAB 还可以十分容易地绘制出各种各样精美的图形。

MATLAB 是一个高度集成的系统，它集科学计算、图像处理和声音处理于一身。丰富的 Windows 图形界面设计方法，可使用户在不失强大功能的前提下，设计出友好的图形界面。

目前，MATLAB 可以在下列各种类型的计算机上运行：PC 及其兼容机、Macintosh、Sun 工作站、VAX 机、Apollo 工作站、HP 工作站、DEC station 工作站、SGI 工作站、RS/6000 工作站、Convex 工作站以及 Cray 计算机等。

如果单纯地使用 MATLAB 语言进行编程（不采用其他外部语言），则用 MATLAB 编写出来的程序不作丝毫修改就可以移植到其他机型上去使用，也就是说，它和机器类型无关。

但有一点需要着重说明的是，用 MATLAB 编写出来的程序不能脱离开 MATLAB 环境而运行。

MATLAB 不仅流行于控制界，在生物医学工程、语音处理、图像信号处理、雷达工程和信号分析等许多行业中都得到极其广泛的应用。它不仅仅是一个“矩阵实验室”，而是已经成为具有广泛应用前景的全新的计算机高级编程语言。

6.6.6 Java

近年来，在 Internet 上出现的特别引人注目的事情就是 Java 语言和用 Java 语言编写的 HotJava 浏览器。

Java 是适合 Internet 网络上各种平台的面向对象的程序设计语言。

Java 于 1995 年由 Sun 公司开发，它是不依赖于具体软硬件平台、面向对象的编程语言，其目的是为了解决在 Internet 软件开发过程中所遇到的问题，目前它正在逐步成为 Internet 网上应用的主力开发语言，成为 Internet 上的“世界语”。在我国，Java 的推广和应用的进程也是比较快的。

Java 语言与 C ++ 语言有许多相似之处，如果有一定的 C ++ 基础，掌握 Java 是非常容易的。

Java 语言具有如下一些特点。

(1) 简单

许多 C 和 C ++ 应用程序复杂性的来源之一是存储管理，即申请和释放内存。而 Java 的自动空间回收能力所带来的好处不仅仅是使得编程更加容易，同时，也显著地减少了错误。

简单的另一个方面是小巧。Java 的目标是使软件独立地运行在小机器上。其基本的解释器和类支持模块，外加基本的标准库和线程支持模块的大小是 170KB 左右。

(2) 解释性

Java 是一种解释型的语言，由 Java 解释器解释执行。Java 解释器可以在任何机器上直接运行 Java 代码，只要这些机器上移植了 Java 解释器。

(3) 面向对象

该特点与目前流行的开发模式相适应。

(4) 分布式

Java 有一个扩展的例程库，可以方便地使用 TCP/IP 协议，它还使程序员如同访问本地文件那样方便地打开和访问网络上的远程对象。

(5) 结构中立

一般来说，网络是由各种各样的 CPU 和操作系统所组成的，而 Java 就是为了支持网络上的应用程序而设计的。

为了使 Java 的应用程序能够在网络上的任何地方运行，编译器生成了一种结构中立的对象文件格式：编译后的代码在给出相应的 Java 运行系统后，可在许多处理器上运行，即 Java 编译器产生了与特定的计算机结构无关的字节代码，它们不仅被设计成易被任何机器所解释，而且可以容易地转换成本地机器代码。

因此，Java 的诞生对传统的计算机模型提出了新的挑战，工业界不少人预言：“Java 语言的出现，将会引起一场软件革命”。

(6) 可移植性

结构中立是可以被移植的基础。那些属于系统一部分的库被定义为可移植的接口。例如，有一个抽象的窗口类及其在 UNIX、Windows 和 Macintosh 上的实现过程。

(7) 安全可靠

设计 Java 的目的是将其用在网络/分布式的环境下，为此，许多设计的重点放在安全性上。Java 是防病毒、无损害的语言。

6.6.7 Delphi

Delphi 是由著名的 Borland 公司开发的可视化软件开发工具。Delphi 这个名字源于古希腊的城市名。

Delphi 以 Object Pascal 为基础，结合了传统的编程语言 Object Pascal 和数据库语言两个体系的优点，扩充了面向对象的能力，并且完美地结合了可视化的开发手段。它既可以用于传统的计算编程，又可以用于数据库编程，特别是 Delphi 具有强大的数据库功能，利用 Delphi 的数据库工具，根本不需要编写任何 Object Pascal 代码便可以创建一个简单的数据库应用。

Delphi 具有简单、高效和功能强大的特点。与 VC 相比，Delphi 更简单、更易于掌握，而在功能上却丝毫不逊色；与 VB 相比，Delphi 则功能更强大、更实用。可以说 Delphi 同时兼备了 VC 功能强大和 VB 简单易学的特点。它一直是程序员至爱的编程工具。所以，Delphi 自 1995 年 3 月一经推出就受到了人们的关注，并在当年一举夺得了多项大奖。

Delphi 不是数据库语言，它不是专门为数据库设计的。但在 Delphi 众多的优势当中，它在数据库方面的特长显得尤为突出：适应于多种数据库结构，从客户机/服务器模式到多层数据结构模式；高效率的数据库管理系统和新一代更先进的数据库引擎；最新的数据分析手段和提供的大量的企业组件等，是开发中型数据库软件理想的编程工具。

Delphi 可以将编好的程序自动转换成 .EXE 文件，它的运行速度比 VB 快，而且编译后不需要其他的支持库就能运行。

Delphi 适用于应用软件、数据库系统和系统软件等类型系统的开发。

习　　题

1. 什么是 Internet 和 Intranet？
2. 什么是路由器？
3. 什么是 IP 地址、域名？它们有什么用处？
4. 什么是超文本和超媒体？
5. 什么是 3W？
6. 什么是媒体、多媒体、多媒体计算机？
7. 简述多媒体计算机的主要应用领域。
8. 分别简述分布式数据库系统、并行数据库系统、多媒体数据库系统、面向对象数据库系统、工程数据库系统和空间数据库系统的特点。
9. 什么是数据仓库？数据仓库与数据库有什么区别？
10. 什么是 SAS？SAS 的主要功能有哪些？
11. 什么是 Lotus Notes？其主要特点有哪些？

12. 什么是 Visual Basic？其主要特点有哪些？
13. Visual C++在 C 语言的基础上做了什么扩充？
14. 什么是 MATLAB？其主要应用领域是什么？
15. 什么是 Java？其主要特点有哪些？
16. 什么是 Delphi？其主要特点有哪些？

参考文献

[1] 姚全珠，等．软件技术基础［M］．北京：电子工业出版社，2005.

[2] 麦中凡，等．计算机软件技术基础［M］．2版．北京：高等教育出版社，2003.

[3] 沈被娜，等．计算机软件技术基础［M］．3版．北京：清华大学出版社，2000.

[4] 徐士良，等．计算机软件技术基础［M］．2版．北京：清华大学出版社，2007.

[5] 冯萍，等．计算机软件技术及应用基础［M］．北京：清华大学出版社，2004.

[6] 张海藩．软件工程导论［M］．4版．北京：清华大学出版社，2003.

[7] 郭荷清．现代软件工程——原理、方法与管理［M］．广州：华南理工大学出版社，2005.

[8] 胥光辉，等．软件工程方法与实践［M］．北京：机械工业出版社，2004.

[9] 熊才权，等．软件工程［M］．武汉：华中科技大学出版社，2005.

[10] 陈春玲，等．软件工程与数据库概论［M］．西安：西安电子科技大学出版社，2002.

[11] 洪志全，等．数据库原理及应用［M］．北京：电子工业出版社，2004.

[12] 黄德才，等．数据库原理及其应用教程［M］．北京：科学出版社，2006.

[13] 来宾，等．数据库原理及其应用［M］．北京：冶金工业出版社，2003.

[14] 高荣芳，等．数据库原理［M］．西安：西安电子科技大学出版社，2003.

[15] 郭盈发，等．数据库原理［M］．西安：西安电子科技大学出版社，2002.

[16] 雷景生，等．数据库系统及其应用［M］．北京：电子工业出版社，2005.

普通高等教育“十一五”国家级规划教材
普通高等教育电气工程与自动化类“十一五”规划教材

书名	主编	
★电路基础	东南大学	黄学良
电路实验教程	燕山大学	毕卫红
工程电磁场基础及应用	山东大学	刘淑琴
数字电子技术	中国计量学院	王秀敏
电子技术实验	天津大学	王萍
★计算机软件技术基础	哈尔滨工程大学	李金
通信技术基础（非通信类）	重庆邮电大学	鲜继清
★微型计算机原理及应用	西安交通大学	张彦斌
计算机网络与通信	清华大学	张曾科
★自动控制理论	合肥工业大学	王孝武　方敏　葛锁良
★自动控制理论	西安理工大学	刘丁
★现代控制理论基础（第2版）	合肥工业大学	王孝武
现代控制理论	浙江大学	赵光宙
控制工程基础	浙江工业大学	王万良
信号分析与处理（第2版）	浙江大学	赵光宙
自动化概论	四川大学	赵曜
★电力电子技术（第5版）	西安交通大学	王兆安　刘进军
电力电子技术（少学时）	华南理工大学	张波
Power Electronics		吴斌
★电机及拖动基础（第4版）（上下册）	合肥工业大学	顾绳谷
电力拖动基础	四川大学	张代润
★电力拖动自动控制系统——运动控制系统（第4版）	上海大学	阮毅　陈伯时
电力拖动自动控制系统——运动控制系统（少学时）	上海海运大学	汤天浩
控制系统数字仿真与CAD（第2版）	哈尔滨工业大学	张晓华
★过程控制与自动化仪表（第2版）	西安理工大学	潘永湘

书名	主编	
过程控制与自动化仪表	浙江大学	张宏建
过程控制系统	华东理工大学	俞金寿
传感器与检测技术	清华大学	赵勇
自动检测技术与系统设计	东南大学	周杏鹏
计算机控制技术	沈阳大学	范立南
现场总线技术及应用	哈尔滨工业大学	佟为明
电磁兼容原理及应用	华中科技大学	熊蕊
★电气绝缘技术基础（第4版）	西安交通大学	曹晓珑
★电机学	重庆大学	韩力
电力工程基础	河海大学	鞠平
★供电技术（第4版）	西安理工大学	余健明
智能控制理论及应用	湖南大学	王耀南　孙炜
智能电器	大连理工大学	邹积岩
建筑智能化系统	东北大学	吴成东
控制电机	山东大学	李光友
智能机器人引论	中国科学技术大学	关胜晓
机器人引论	清华大学	张涛
嵌入式系统原理与应用	青岛大学	范延滨
数字图像处理与应用基础	西安理工大学	朱虹
电网络理论	浙江大学	周庭阳
非线性电路理论	北京机械工业学院	刘小河
非线性系统理论	上海大学	康惠骏
最优控制理论与应用	西安交通大学	吴受章
系统建模理论与方法	东南大学	夏安邦
高等数字信号处理	海军工程技术大学	吴正国
高等电力电子技术	合肥工业大学	张兴
现代电机控制技术	沈阳工业大学	王成元

1. 本套教材全部配有免费电子课件，欢迎选用本套教材的老师索取，索取邮箱：wbj@mail.machineinfo.gov.cn

2. 书名前标“★”号的为“普通高等教育‘十一五’国家级规划教材”